多源图像融合

王兆滨　张耀南　马义德　著

U0263279

科学出版社

北　京

内 容 简 介

本书围绕多源图像融合技术，基于脉冲耦合神经网络、随机漫步、引导滤波和稀疏表示理论深入研究并探索多聚焦图像融合和多模态医学图像融合的方法。本书内容来自作者研究团队10多年来的科研积累和知识沉淀，相关方法也都是作者研究团队在现有基础上的创新与改进。

本书可以作为高等院校计算机类、电子信息类等相关专业高年级本科生和研究生的参考书，也可供人工智能、机器视觉、模式识别、数字图像处理等领域的科研人员阅读。

图书在版编目(CIP)数据

多源图像融合/王兆滨，张耀南，马义德著. —北京：科学出版社，2024.11
ISBN 978-7-03-075585-8

Ⅰ. ①多⋯　Ⅱ. ①王⋯　②张⋯　③马⋯　Ⅲ. ①图像处理-研究
Ⅳ. ①TP391.413

中国国家版本馆 CIP 数据核字(2023)第 089786 号

责任编辑：王喜军　霍明亮 / 责任校对：高辰雷
责任印制：赵　博 / 封面设计：无极书装

科学出版社 出版

北京东黄城根北街 16 号
邮政编码：100717
http://www.sciencep.com

北京富资园科技发展有限公司印刷
科学出版社发行　各地新华书店经销

*

2024 年 11 月第 一 版　　开本：720×1000　1/16
2024 年 11 月第一次印刷　　印张：16 1/2
字数：333 000

定价：158.00 元
(如有印装质量问题，我社负责调换)

前　　言

本书围绕多源图像融合技术，基于脉冲耦合神经网络、随机漫步、引导滤波和稀疏表示理论对多聚焦图像融合和多模态医学图像融合方面进行深入研究。作者团队经过 10 多年坚持不懈的探索，不断积累成果，遂成此书。本书共 7 章。第 1 章介绍多聚焦图像融合的基本概念、基本方法和基本框架，并总结常见的评价指标和数据集。第 2 章介绍脉冲耦合神经网络相关原理及其在图像融合中的应用，详细讲述一种基于脉冲耦合神经网络的多聚焦图像融合算法。第 3 章首先介绍随机漫步的原理及应用，然后详细介绍一种基于随机漫步的多聚焦图像融合新算法。第 4 章首先介绍引导滤波原理及其在图像处理中的应用，然后介绍基于引导滤波和随机漫步的图像融合改进算法。第 5 章介绍图像融合原理在图像拼接中的应用，详细介绍一种基于曲波变换的拼接缝融合算法，该算法可在一定程度上解决图像拼接中的拼接缝消除问题。第 6 章围绕基于脉冲耦合神经网络的多模态图像融合相关算法和原理，提出一种基于多通道脉冲耦合神经网络的图像融合算法。第 7 章首先介绍稀疏表示相关理论及其在图像处理中的应用情况，然后介绍基于自适应稀疏表示的两种多模态图像融合算法，即基于自适应稀疏表示与引导滤波的图像融合算法、基于自适应稀疏表示与拉普拉斯金字塔的图像融合算法。

在本书成书过程中，作者团队研究生曹珊、张天睿、吕永科、柳新朝在资料整理、章节组织方面做了大量的工作。王帅、王浩、郭丽杰、杨泽坤、陈丽娜、崔子婧、马一鲲等研究生参与了相关章节内容的研究工作。作者团队其他研究生也对书中的内容做出了各自的贡献，分别是时玥、李艳、姚林军、赵佳傲、陈杰、古骅骏、雷冠南、王睿等。在此对他们的辛勤付出表示衷心感谢。

本书相关成果的研究工作得到了国家重点研发计划"基础科研条件与重大科学仪器设备研发"重点专项"冰冻圈大数据挖掘分析关键技术及应用"项目(2022YFF0711700)"冰冻圈环境多源数据智能融合数据制备技术"课题(2022YFF0711702)、中国科学院信息化专项"国家寒旱区环境演变研究'科技领域云'的建设与应用"(XXH13506-103)等项目的支持。同时，本书还得到了国家冰川冻土沙漠科学数据中心的大力支持，作者在此一并表示感谢。

　　由于作者水平有限，书中难免有不足之处，希望广大读者朋友、专家同行进行批评指正，并提出宝贵的建议和意见。

作　者

二〇二三年九月

于兰州大学

目　　录

第 1 章　多聚焦图像融合

图像融合技术可以充分地利用冗余信息和互补信息，将有利的显著特征信息保留，如边缘信息、纹理信息等，还可以减少引入影响融合图像质量的信息，避免出现失真、块效应、清晰度下降、人工边界、振铃效应等现象的不良影响。图像融合技术对噪声信息或由于配准误差带来的干扰有良好的抗干扰性，即鲁棒性较强。图像融合现已成为一门结合传感器、图像处理、信号处理、人工智能等多类技术的交叉学科，已经被应用于军事监测、目标跟踪与识别、显微成像、医疗诊断等多个领域。例如，在遥感多光谱图像的分析与处理中，图像融合技术已经得到了更为广泛和深入的研究，被广泛地应用于对地貌和地形的测绘、对汛情的预警和监控、对土地资源的调查及卫星定位系统等各领域当中。在医学领域中，图像融合技术可以把各种医学图像的信息有机地结合起来，完成多模态图像融合，从而帮助医生准确地诊断疾病。

1.1　多聚焦图像融合概述

1.1.1　图像融合基础

图像融合是数据融合技术的一个重要研究方向。融合后的图像比源图像信息量更大、细节更丰富、轮廓更清晰、更能精确地描述目标，同时融合图像包含了源图像更多的冗余信息和互补信息。

1. 图像融合

由于人们获取图像的传感器不同，图像中蕴含的信息也大不相同。将两张及两张以上的源图像综合在一张图像上即图像融合。一般来说，待融合的源图像包含三类信息：出现在多张源图像中的冗余信息、只出现在一张源图像中的互补信息和可能出现在任意的源图像中且可以降低图像质量的噪声信息。

通过图像融合，人们可以从一张图片中获得所有需要的特征信息，并且排除一些无关信息的干扰，从而能够更加便于人眼的观察，或者为后续的图像处理技术，如特征提取、目标识别、图像增强等，提供比源图像更加精确、信息更丰富的图像。

根据融合处理所处的阶段不同，一般将图像融合划分为三个层次：像素级图像融合、特征级图像融合和决策级图像融合，如图 1.1 所示。其中，像素级图像融合是最低层次的融合，直接对图像像素值进行融合处理，是更高层次的图像融合 (特征级图像融合及决策级图像融合) 的基础。同时，像素级图像融合也是现在图像融合的研究热点之一。

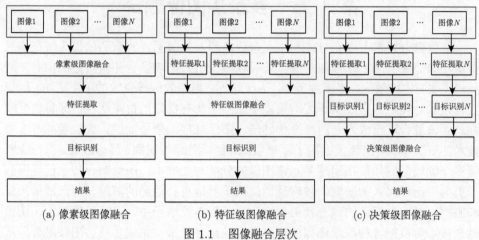

(a) 像素级图像融合　　　　　(b) 特征级图像融合　　　　　(c) 决策级图像融合

图 1.1　图像融合层次

　　像素级图像融合最大限度地保留了源图像的原始信息，和特征级图像融合及决策级图像融合相比，提供的图像信息的丰富程度和精确程度更胜一筹。但是，像素级图像融合要求融合所需的源图像有较高的配准精度。并且，像素级图像融合在融合过程中需要处理大量的数据，导致像素级图像融合速度较慢，对实时图像融合有一定影响。

　　特征级图像融合是利用从源图像中得到的特征信息来进行融合的。其主要思想是先对源图像提取特征信息 (如邻域、纹理、边缘、形状等)。接下来，按照具体需求对这些特征信息进行融合处理。特征级图像融合的优点是在融合过程中能对信息实现可观的压缩并实现实时处理，能为决策分析提供大量特征信息，但同时特征级图像融合可能会丢失比像素级图像融合更多的信息。当前，特征级图像融合的主要方法有神经网络法、表决法、贝叶斯估计法、信息熵法、聚类分析法等。

　　决策级图像融合是更高层次的融合，各种控制或决策需要由其结果提供依据。因此，决策级图像融合的结果将影响最后的决策水平，必须考虑具体的决策目的和实际需求。决策级图像融合有许多优点，如实时性好、分析能力强、数据要求低和容错性高，但其结果更加依赖前期处理，如预处理和特征提取。和特征级图像融合及像素级图像融合相比，决策级图像融合丢失的信息量更大。目前，常用的决策级图像融合方法主要有专家系统法、神经网络法、模糊聚类分析法、贝叶斯估计法等。

　　图像融合的这三个层次彼此之间有着紧密的联系。图像融合的层次不同，所采用的融合算法也不相同。在实际应用时，可以综合考虑不同融合层次的优缺点，根据实际需求进行选择。本书的内容主要聚焦在像素级图像融合技术。

2. 常见图像融合类型

1) 多传感器图像融合

多传感器图像融合是指利用各种图像传感器获得同一场景的不同图像，结合图像间的互补与冗余信息在一定的融合规则下进行自动分析和综合，最终融合成更高质量图像的技术。融合的图像比任何单一传感器获取的图像更能反映真实的场景信息，这是因为不同类型的传感器拥有其他传感器不可替代的作用。当各种传感器进行多层次、多空间的信息互补和优化组合处理时，最终产生的图像才能对同一场景环境做出一致性解释。

如图 1.2 所示，可见光图像可以在白天提供高质量的图像，但在夜间或雾天时所获得的图像质量差。而红外图像可以反映场景的热对比度，不受天气、光照条件影响。融合图像扬长避短，很好地综合了可见光图像与红外图像的有用信息。多传感器图像融合最早用于遥感图像处理，近些年也被广泛地用于医学影像等相关领域。

(a) 可见光图像　　　　　　　(b) 红外图像　　　　　　　(c) 融合图像

图 1.2　多传感器图像融合

2) 多模态图像融合

模态 (modality) 是德国物理学家亥姆霍兹 (Helmholtz) 提出的一种生物学概念，即生物凭借感知器官与经验来接收信息的通道，如人类有视觉、听觉、触觉、味觉和嗅觉模态。多模态是指将多种感官进行融合。这一概念的内涵得到进一步扩大。目前一般将不同的存在形式或信息来源称为一种模态。多模态通常用来表示不同形态的数据形式或者同种形态不同的格式，如文本、图片、音频、视频、混合数据。由两种或两种以上模态组成的数据称为多模态数据。多模态数据是指对于同一个描述对象，通过不同领域或视角获取到的数据，并且把描述这些数据的每一个领域或视角称为一个模态。多模态图像主要包括可见光图像、多光谱图像 (红外、近红外等)、深度图、各种医学图像。

现在多传感器图像融合与多模态图像融合常常混用，两个概念描述的内容大致相当，但后者比前者内涵更为丰富。在过去经常使用多传感器图像融合的说法，现在多模态图像融合的概念更为常用。在有些著作中也将多聚焦图像、多曝光图像等看作多模态图像。

3) 多曝光图像融合

普通的数码相机等成像设备不能完全地反映真实场景的亮度动态范围，拍摄出的图像存在光晕、梯度反转、颜色失真等现象，导致无法真实地还原人眼所能看见的场景信息。而高动态范围 (high dynamic range, HDR) 图像通过扩展图像的动态范围来弥补以上成像的不足。利用普通成像设备多次曝光图像生成高动态范围图像的方法称为多曝光图像融合 (multi-exposure image fusion)。

多曝光图像即一系列曝光度不同的图像，如图 1.3 所示。每张图像的内容相同，都是一样的场景，不同点在于曝光度不同，即图像的明暗程度不同。对这些曝光度不同的图像通过某些图像变换和一定的融合规则，便可以生成纹理细节信息丰富、图像质量高的高动态范围图像。

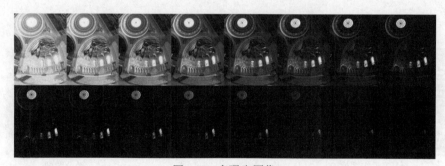

图 1.3　多曝光图像

1.1.2　多聚焦图像及其融合技术

1. 成像原理与多聚焦图像

多聚焦图像的产生与透镜的成像原理密切相关。图 1.4 为凸透镜成像原理示意图。其成像公式见式 (1.1)，其中，f 为焦距，即焦点到透镜中心的距离；u 和 v 分别为物距与像距。在理想情况下，目标物体均处于一个平面内，且该平面与透镜的光轴是垂直的。此时，当目标物体与透镜的距离一定且 $u > 2f$ 时，目标物体清晰倒立的实像就呈现在聚焦面上。这样只要是在聚焦面处获取的图像，它就是清晰的。

$$\frac{1}{f} = \frac{1}{u} + \frac{1}{v} \tag{1.1}$$

由于成像面是平面的，而现实物体是三维目标，因此不可能保证目标上的点均处于同一平面内，获得的图像也就不可能完全是清晰的，如图 1.5 所示。获得聚焦的目标表现为图像中清晰的区域 (聚焦区域)，没有获得聚焦的目标就是图像中不清晰的区域 (离焦或散焦区域)。

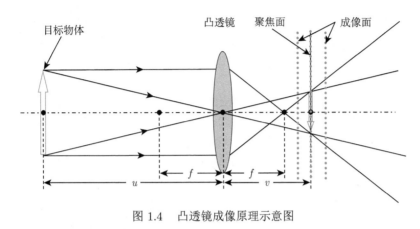

图 1.4　凸透镜成像原理示意图

 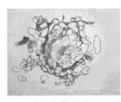 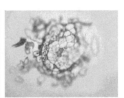

(a) 风景照片 1　　(b) 风景照片 2　　(c) 显微照片 1　　(d) 显微照片 2

图 1.5　多聚焦图像示例

为了使图像中更多区域保持清晰的状态，减少图像模糊区域的方法通常有两种：一种是采用组合镜头代替单个镜头以改进光学成像性能。该方法可以在一定程度上改善图像的质量，但成本比较高。二是使用图像融合方法，即分别在不同焦距下获取图像，然后再将各个图像中清晰的区域提取出来并融合出一幅全聚焦图像，即多聚焦图像融合。

2. 多聚焦图像融合技术

成像设备的景深有限使得无法得到清晰的全聚焦图像。然而在数字图像处理、计算机视觉等领域，研究所需的图像必须是全聚焦的。如果没有全聚焦图像，那么图像分割、图像特征提取、图像识别等研究将受到不同程度的影响。

多聚焦图像融合技术是将来自同一场景不同聚焦区域的多幅图像融合成一幅全聚焦图像，其目的是获得一幅信息量更丰富、纹理细节更准确、噪声含量更少的图像。现以图 1.6 为例来说明多聚焦图像融合技术。

(a) 源图像 1　　　　　　　(b) 源图像 2　　　　　　(c) 融合图像

图 1.6　多聚焦图像融合技术的应用实例

　　图 1.6(a) 与 (b) 是关于兰州大学校徽和校名校址的多聚焦图像，图 1.6(c) 是通过基于多通道脉冲耦合神经网络 (pulse coupled neural network, PCNN) 的多聚焦图像融合技术得到的融合图像。从图 1.6 中可以看出图 1.6(a) 的上半部分即校徽部分模糊，下半部分即校名校址部分清晰，而图 1.6(b) 则与之相反，即上半部分清晰、下半部分模糊，图 1.6(c) 融合图像的所有字体和图像都是清晰的，即多聚焦图像融合技术能够将多幅 (两幅及以上) 源图像的聚焦部分信息综合到一张图里，使融合图像里的所有物体都聚焦。很显然，通过多聚焦图像融合技术，可以得到一幅清晰度更高、信息量更丰富的图像，极大地提高了图像质量。

1.2　多聚焦图像融合框架

　　自多聚焦图像融合技术产生以来，研究人员对其进行了广泛的研究，也逐渐形成了三种较为成熟的图像融合技术框架：基于空间域的融合方法、基于变换域的融合方法和基于深度学习的融合方法。

1.2.1　基于空间域的融合方法

　　基于空间域的多聚焦图像融合方法的一般技术框架如图 1.7 所示。图 1.7 中源图像为同一场景不同聚焦区域的图像，即经过坐标配准后的图像。源图像分别

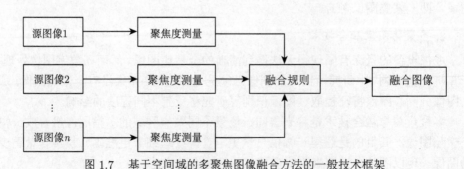

图 1.7　基于空间域的多聚焦图像融合方法的一般技术框架

经过聚焦度测量，得到清晰度参数，将这些参数经过一定的融合规则，融合出一幅全聚焦图像。

1. 常见融合方法

基于空间域的融合方法不需要变换，可以直接对图像像素进行融合处理，根据融合时所取区域的大小不同又可以分为基于像素的图像融合、基于分块的图像融合和基于区域的图像融合三种方法。

1) 基于像素的图像融合方法

基于像素的图像融合方法提出得较早，其融合流程如图 1.8 所示。直接对图像的每个像素进行聚焦度测量，并根据每个像素的聚焦程度对待融合源图像的对应像素进行加权融合，最终生成融合图像。

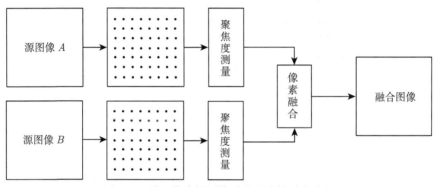

图 1.8　基于像素的图像融合方法的融合流程

像素值加权方法如式 (1.2) 所示：

$$I_F(x,y) = w_1 I_1(x,y) + w_2 I_2(x,y) + \cdots + w_n I_n(x,y) \tag{1.2}$$

式中，$I_i(x,y)$ 为源图像 $I_i(i=1,2,\cdots,n,n \geqslant 2)$ 在 (x,y) 处像素点的灰度值；$I_F(x,y)$ 为融合图像 F 在 (x,y) 处像素点的灰度值；$w_i(i=1,2,\cdots,n,n \geqslant 2)$ 为源图像 I_i 的权重，w_1 到 w_n 的和为 1，该系数取决于对应像素的聚焦度。若 $w_1 = w_2 = \cdots = w_n = 1/n$，则称这种融合算法为加权平均融合。在加权平均法中，权重的取值对图像融合效果的性能有着很大的影响。

一般而言，权重的大小可以根据像素的局部对比度、清晰度或聚焦度等特征来确定。相对其他方法，基于像素的图像融合方法，融合规则相对简单、计算复杂度低，但是需要对每个像素逐个计算，这方面的时间花销变大了。另外，这种方法更容易丢失源图像中的边缘及轮廓等信息，使得融合图像质量提升有限，抗噪声性能低，最终融合效果不够理想。

2) 基于分块的图像融合方法

为了避免对像素逐个计算聚焦度，减少计算量，人们将源图像分割为一系列的图像块 (block)，然后计算每个块的聚焦度以衡量该块的清晰度，根据清晰程度将清晰块组合成最终的融合图像，融合流程如图 1.9 所示。

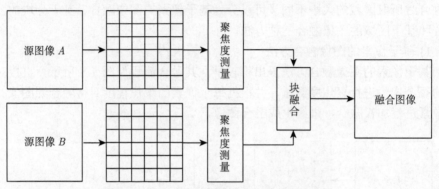

图 1.9　基于分块的图像融合方法的融合流程

基于分块的融合方法简单易懂、运算快，但是分块的尺寸会影响融合图像的质量：分块过大，会导致同一子块中既包括聚焦区域又包括散焦区域，影响融合图像质量；分块过小，计算量增加、误选子块的概率增加，易产生马赛克效应。

3) 基于区域的图像融合方法

由于源图像中的聚焦区域往往是成片的，且聚焦区域内像素间具有一定的相关性，因此基于分块的图像融合方法从某方面而言提高了融合的准确性。然而划分子块的图像分割方法往往比较复杂。当子块划分不当时，同一子块内既有聚焦的清晰区域，也有模糊区域。因此以块为单位进行融合往往会导致融合图像中出现小部分模糊区域，产生图像不连续现象，甚至会选择出模糊区域面积大于清晰区域面积的子块。

为了解决这个问题，本节改进了分块的方式。从规则的分块方式演变成不规则区域的融合方法，即基于区域的图像融合方法。与基于分块的方法类似，基于区域的融合方法同样也使用一定的策略对源图像进行划分，不同之处在于分割所得为尺寸大小可变、形状不规则区域，而图像划分也更加灵活。通常的做法是对源图像进行聚焦度测量，再对聚焦度数据进行分割。如此一来，分割出的区域为聚焦区域即清晰区域。将各个源图像分割出的区域按照一定的融合规则进行融合，成为一幅全新的图像，流程如图 1.10 所示。

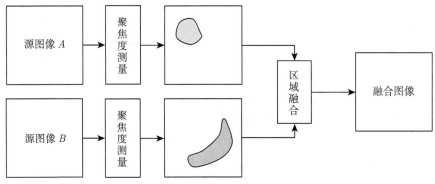

图 1.10 基于区域的图像融合方法的融合流程

总之, 基于空间域的融合方法以像素、块或区域为运算单元, 根据其本身的像素值或测量系数来判断单元处于聚焦还是散焦区域, 然后将所有的聚焦区域组合得到融合图像, 计算量具有一定优势。但是容易受噪声干扰, 带来块效应、边缘不连续、图像伪影等现象, 影响融合图像的效果。

2. 聚焦度测量方法

聚焦度测量, 顾名思义就是测量图像聚焦的程度。由透镜成像原理可知, 当聚焦面与成像面重合时图像最为清晰, 此时的聚焦度最大。相反, 聚焦面与成像面距离越远, 聚焦度会变小, 当然图像也就越模糊。而聚焦图像融合的最终目标就是将聚焦度最高的区域提取出来, 重新构建一幅高聚焦度的图像。因此, 聚焦度测量在多聚焦图像的融合中起着非常重要的作用。对于基于空间域的多聚焦图像融合, 大多数都需要通过测量特定区域的聚焦度以评价图像的清晰度, 这里列出一些常用的聚焦度测量方法。

1) 方差 (variance) 法

$$\sigma^2 = \frac{1}{M \times N} \sum_{i=0}^{M-1} \sum_{j=0}^{N-1} (f(i,j) - \mu)^2 \tag{1.3}$$

式中, $f(i,j)$ 表示图像中的像素值; M、N 表示图像的大小;

$$\mu = \frac{1}{M \times N} \sum_{i=0}^{M-1} \sum_{j=0}^{N-1} f(i,j)$$

2) 梯度能量 (energy of gradient, EOG) 法

$$\text{EOG} = \sum_{i=0}^{M-1} \sum_{j=0}^{N-1} \left((f(i,j) - f(i+1,j))^2 + (f(i,j) - f(i,j+1))^2 \right) \tag{1.4}$$

3) 空域能量 (spatial energy, SE) 法

$$\text{SE} = \sqrt{\frac{1}{M \times N} \sum_{i=0}^{M-1} \sum_{j=0}^{N-1} ((f(i,j) - f(i+1,j))^2 + (f(i,j) - f(i,j+1))^2)} \quad (1.5)$$

4) 拉普拉斯能量 (energy of Laplacian, EOL) 法

$$\text{EOL} = \sum_{i=0}^{M-1} \sum_{j=0}^{N-1} (-f(i-1,j-1) - 4f(i-1,j) - f(i-1,j+1)$$

$$- 4f(i,j-1) + 20f(i,j) - 4f(i,j+1)$$

$$- f(i+1,j-1) - 4f(i+1,j) - f(i+1,j+1))^2 \quad (1.6)$$

5) 改进拉普拉斯绝对和 (sum of modified Laplacian, SML) 法

$$\text{SML} = \sum_{i=x-N}^{x+N} \sum_{j=y-N}^{y+N} \nabla_{\text{ML}}^2 f(i,j) \quad (1.7)$$

式中

$$\nabla_{\text{ML}}^2 f(i,j) = |2f(i,j) - f(i-1,j) - f(i+1,j)|$$

$$+ |2f(i,j) - f(i,j-1) - f(i,j+1)|$$

式 (1.7) 中 SML 的值是在以 (x,y) 为中心、边长为 $2N+1$ 的矩形区域内计算得出的。

1.2.2　基于变换域的融合方法

与基于空间域的融合方法不同，基于变换域的融合方法不直接操作像素，而是先将源图像进行变换。在变换域中对变换系数进行融合处理，然后再对融合的系数进行逆变换，得到融合图像，流程如图 1.11 所示。

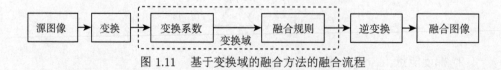

图 1.11　基于变换域的融合方法的融合流程

根据使用的变换方法不同，基于变化域的融合方法可以细分为基于金字塔变换的方法、基于 X-let 变换的方法和基于其他变换的方法。

1. 基于金字塔变换的方法

基于金字塔变换的方法主要有拉普拉斯金字塔 (Laplacian pyramid, LP)、形态学金字塔 (morphological pyramid, MP)、比率低通金字塔 (ratio of low-pass pyramid, ROLP) 和梯度金字塔 (gradient pyramid, GP)。

拉普拉斯金字塔方法将图像多次依次分解得到对应的高频 (high frequency, HF) 成分和低频 (low frequency, LF) 成分。对不同频率分量选择不同大小的融合窗口进行处理，在低频处采用较大的融合窗口以避免截断现象，在高频处采用较小的融合窗口以避免鬼影现象。MP 方法利用形态学算子能够更好地表示符合人眼观察的视觉特征，但是容易出现图形细节部分丢失的现象。比率低通金字塔方法可以保留图像中的高亮度区域的局部对比度细节，但忽略了部分图像的对比度、细节等信息。GP 方法引入了方向性，弥补了基于金字塔变换的方法缺乏表征方向性特征的缺点，但是清晰度有所损失。

尽管金字塔变换在图像融合中获得了优异表现，但该变换也存在着很多缺陷：计算量大，信息冗余大；金字塔各层数据的相关性很难确定，这是由分解所造成的冗余及图像本身的特性形成的；进行金字塔变换时有时会丢失一些高频信息，这使得重构后的图像可能变得模糊甚至失真；金字塔变换忽略了图像中与方向相关的细节信息。随着小波技术的发展，金字塔变换在图像融合中的应用逐渐被小波技术替代。

2. 基于 X-let 变换的方法

1989 年，Mallat [1] 提出了一种适用于二维图像的小波算法——快速离散小波分解算法，并首次将小波引入图像处理领域中。随后，小波变换 (wavelet transform, WT) 在图像融合领域中也得到了研究和应用 [2]。WT 同时具有多分辨特性和时频局部特性。因此，WT 在能成功提取到图像低频信息的同时还能成功获得图像的各方向的高频细节信息，使得 WT 克服了金字塔变换的某些不足。一些对小波进行改良后的多尺度变换工具也相继出现 [3]。

然而 WT 也有自身的局限性。二维小波虽然考虑到了图像存在的点奇异性，但在图像中线或面的奇异性更加普遍存在，如图像中的边缘和轮廓等。为了更好地表达和利用图像中的几何特征，各种小波的衍生模型应运而生，这里统称为 X-let。X-let 变换并非某种变换，而是特指所有小波及其各种由小波衍生多尺度多分辨率的一大类变换，如离散小波变换 (discrete wavelet transform, DWT)、双树复小波变换 (dual-tree complex wavelet transform, DTCWT)、曲波变换 (curvelet transform, CVT)、轮廓波变换 (contourlet transform, CT)、非下采样轮廓波变换 (nonsubsampled contourlet transform, NSCT)、剪切波变换 (shearlet transform, ST) 等。

基于 X-let 变换的图像融合具有相似的融合流程，如图 1.12 所示。首先，将源图像进行 X-let 正变换，获得相应的高频系数和低频系数。然后分别针对高低频系数按照对应的融合规则进行系数融合。最后，对融合后的高低频系数进行逆变换，就得到了最终的融合图像。

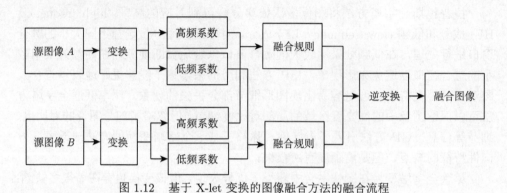

图 1.12   基于 X-let 变换的图像融合方法的融合流程

3. 基于其他变换的方法

虽然基于 X-let 变换的方法在图像融合方面性能优越，但是在特定应用场景下，也出现了无法准确达到预期融合效果的情况。为此，人们又提出了一些其他变换方法，如基于人类视觉系统 (human vision system, HVS) 变换的方法、基于梯度变换的方法、基于离散余弦变换的方法、基于稀疏表示 (sparsa representation, SR) 的方法等，以提高融合图像在清晰度、亮度、对比度等方面的质量。

1.2.3   基于深度学习的融合方法

近些年，深度学习技术在图像分割、图像识别等图像处理领域取得了巨大成功。研究人员也在积极探索深度学习在多聚焦图像融合领域的应用。基于深度学习的图像融合方法可以从大量数据中学习，具有良好的泛化能力，融合过程更加鲁棒。

基于深度学习的方法从训练方式上可以分为监督学习与无监督学习；从网络架构上可以分为卷积神经网络 (convolutional neural networks, CNN) 和对抗生成网络 (generative adversarial network, GAN)，最近也出现了一些基于 Transformer 的方法；从融合图像生成的方式上可以分为回归模型与分类模型。

基于深度学习的方法的发展是一个从有监督到无监督的过渡过程，与传统方法类似，绝大多数基于深度学习的方法也要生成精确的决策图来引导图像融合过程。这里按照基于深度学习的网络架构进行介绍。

1. 基于 CNN 的深度学习方法

基于 CNN 的多聚焦图像融合的方法研究较早, 成果较多。Liu 等 [4] 较早提出了一种基于 CNN 的多聚焦图像融合方法, 利用一个 CNN 去学习从源图像到聚焦图像的映射。该方法可以联合传统学习方法中聚焦度测量和融合规则分别进行处理, 再通过初始分割、一致性验证得到最终决策图, 最后通过像素加权平均的方法来生成融合图像。之后各种基于 CNN 的方法被提出, 这些方法可以分为基于决策图的方法和基于端到端的方法。

1) 基于决策图的方法

在上述研究之后基于决策图的方法发展主要在以下几个方向上, 包括改进聚焦测量、多层次特征、多尺度特征、注意力机制、处理聚焦和散焦的边界、全卷积算法等。在全卷积算法中, 大多数网络都使用了全连接层, 致使测试图像的大小受限于训练图像的大小。为了解决这个问题引入全卷积网络, 它对输入图片的大小没有要求, 基于此 Li 等 [5] 提出了一种算法, 该算法不需要任何贴片操作, 直接将整个图像转化为一个二进制掩码 (加权映射), 然后根据这些加权图片生成融合后的图像。然而在前景和背景区域并不总是存在一个清晰的边界, 因此该算法在处理聚焦和散焦边界时还存在一些问题。Ma 等 [6] 提出了一种基于编码器-解码器网络的无监督算法, 该算法采用结构相似度指数度量 (structure similarity index measure, SSIM) 作为损失函数的一部分, 在推理阶段编码器用于获取输入图像的深度特征, 然后利用这些特征和空间频率获得聚焦图, 再采用一致性验证获得最后的决策图 [6]。

2) 基于端到端的方法

基于端到端的方法的优点是通过训练直接学习源图像和融合图像之间的映射, 不需要后续处理步骤。一些基于端到端的方法采用了编码器和解码器架构, 如利用双流结构或单流结构 (包括两通道模型或六通道模型)。

Xu 等 [7] 提出了一种双流的方法, 即使用一个分支来处理一个源图像。首先采用卷积层来提取图像特征, 然后通过融合层进行融合, 最后通过上采样进行恢复。Zhang 等 [8] 利用双流结构提出了一种基于卷积神经网络的图像融合框架 (image fusion framework based on convolutional neural network, IFCNN) 的方法。与 Xu 等 [7] 的方法不同, 该方法中的特征大小在下采样中减小, 在上采样中恢复。另外, 该方法采样了感知, 使其结果具有很好的泛化能力。MLDNet 也是一种基于 CNN 的无监督算法, MLDNet 首先引入了两个额外的卷积层来提取图像的浅层特征, 然后将其与利用几个具有不同内核大小的卷积块提取的深层特征相结合, 最后重建图像 [9]。

关于使用单流网络的方法, Li 等 [10] 提出的方法是首先将图像从 RGB 色彩空间转换到 YCbCr 色彩空间，然后使用 U 形网络来融合亮度分量，使用加权网络融合 Cb 和 Cr 分量。

与以上只使用一个模型的方法不同，Amin-Naji 等[11] 提出了基于三个 CNN 的集成学习算法，其主要思想是采用不同数据集和模型进行训练以此来减少数据集中过拟合的问题。基于集成学习的算法可以结合多个模型或数据集的优点，因此对各种输入更具有鲁棒性。

2. 基于 GAN 的深度学习方法

FuseGAN 将多聚焦图像融合问题定义为图像到图像的转化问题[12]。在该框架中，为了满足双输入到单输出的要求，FuseGAN 中生成器的编码器被设计为连体网络。采用最小平方 GAN 目标来提高 FuseGAN 的训练稳定性，从而为聚焦区域检测提供准确的置信图。同时利用卷积条件随机场技术对置信度图进行了改进，以达到更好的聚焦区域检测的最终决策图。带辅助分类器的生成对抗网络 (auxiliary classifier generative adversarial network, ACGAN) 是另一种基于 GAN 的端到端的多聚焦图像融合方法，在该方法中，由于两个源图像的相应像素之间的梯度分布不同，因此该方法使用了一个自适应权重块，根据梯度来确定源像素是否聚焦。除此之外该方法还使用了一个特殊的损失函数，用于迫使融合后的图像与源图像中的聚焦区域具有相同的分布。此外，一个生成器和一个鉴别器被训练来形成一个稳定的对抗关系。生成器被训练来生成一个类似真实的融合图像，最终，融合图像在概率分布上非常接近真实图像[13]。

比较上述两种基于 GAN 的框架发现：ACGAN 是一种可以直接输出融合图像的端到端的方法，而 FuseGAN 的结果需要进一步处理；ACGAN 的生成器损失包括强度损失、梯度损失和 SSIM 损失，而 FuseGAN 以最小平方 GAN 为目标；FuseGAN 可以直接融合彩色图像而 ACGAN 在融合过程中需要做进一步处理。

面向多聚焦融合的生成对抗网络 (generative adversarial network for multi-focus image fusion, MFF-GAN) 则是一种基于 GAN 的无监督算法，该算法首先基于重复模糊的原则利用一个自适应决策块来评估源图像的清晰度，然后设计了一个内容损失，迫使生成器产生与聚焦源图像相同分布的融合结果，最后利用鉴别器与生成器相对抗，使融合图像的梯度图与源图像梯度图相似[14]。

1.3　多聚焦图像融合的评价方法

图像质量评价是图像融合过程中必不可少的一步，它的目的是评价融合图像的效果，进而分析参数选取是否得当及图像融合的好坏，最终达到帮助使用者挑选合适的参数或者选择快速有效融合方法的目的。图像融合的评价方法一般分为两类：主观评价方法和客观评价方法。

1. 主观评价方法

主观评价方法是指通过人的眼睛对融合图像进行评价的方法,也可称为目测法。主观评价方法仅仅通过人的自身经验和主观感受来评估,所以简单、快捷,与人的主观感受相符。有时,多聚焦图像融合的目的只是一些特定用途和主观感受。因此不必在意一些难以察觉的,或者根据特定需求可以人为忽略的细节信息,是否真的有效地融合进了新的图片中。此时,主观评价可以被看作一种有效的评价方法。然而,当融合方法之间的性能差异不大或者只是提取了大量人眼难以察觉的细节信息时,主观评价很难达到评估目的。此外,主观评价还具有较强的片面性及主观性,容易受到观察者的经历、专业背景、情绪等因素的影响,造成不同的人或者同一个人,在不同的环境条件下对同一幅融合图像可能有截然不同的评价结果,因此它常常需要和客观评价一起使用方能达到较好的效果。国际上给出的主观评价标准分为五级:非常差 (融合图像质量严重失真)、差 (融合图像质量的失真对观看产生了影响)、一般 (融合图像质量有清晰的失真)、好 (融合图像质量较好,对观看不产生影响)、非常好 (融合图像完全看不出有所失真)。

2. 客观评价方法

客观评价方法通过特定的数学公式对融合图像的信息熵、结构相似度、边缘保持度等信息进行测量,通常需要由融合图像自身或者融合图像与源图像、参考图像等有关图像参与,测量得到的数据值可以用于融合图像的质量评估。

客观评价基本不受主观感受的影响,能够考虑到人眼难以察觉的细节信息,可靠性比较高。图像的客观评价指标不是唯一的,并且每种评价指标都有各自的侧重点。许多年前,根据不同的标准,人们提出了多种客观评价指标。为了对图像进行全面而准确的测量与评价,我们经常使用多个不同测量标准的评价指标。以下介绍常见的评价指标。

1) 信息熵

信息熵 H 由式 (1.8) 定义,它的值越大说明图像包含的信息量越丰富,所评估图像的质量越高。融合图像的 H 能够表示出它从多幅源图像提取出来的信息量。通常,H 取值越大,信息量越多,图像的融合质量越高。

$$H = -\sum_{u \in U} p(u) \log_2 p(u) \tag{1.8}$$

式中,U 为待测评的图像;u 为待评价的图像所包含的某一个像素值;$p(u)$ 为像素值 u 在待评价的图像 U 中出现的概率值。

2) 标准差

标准差 (standard deviation, SD) 的定义见式 (1.9)：

$$\mathrm{SD} = \sqrt{\frac{1}{M \times N} \sum_{i=1}^{M} \sum_{j=1}^{N} (f(i,j) - \mu)^2} \tag{1.9}$$

式中，$f(i,j)$ 表示图像中的像素值；M、N 表示图像大小；μ 为融合图像的像素平均值；SD 反映图像的对比度情况，在评价图像质量时具有一定的作用。

3) 基于空间频率的评价指标

空间频率 (spatial frequency, SF) 可以描述图像的像素值在空间域的变化情况：在边缘和细节区域 SF 的图像值比较高，在背景区域 SF 的图像值相对较低。所以，SF 被用来测量融合图像的空间活跃度，其定义见式 (1.10)：

$$\mathrm{SF} = \sqrt{\mathrm{RF}^2 + \mathrm{CF}^2 + \mathrm{MDF}^2 + \mathrm{SDF}^2} \tag{1.10}$$

式中，RF、CF、MDF 及 SDF 由式 (1.11) $\sim$ 式 (1.14) 求解：

$$\mathrm{RF} = \sqrt{\frac{1}{MN} \sum_{i=1}^{M} \sum_{j=2}^{N} (f(i,j) - f(i,j-1))^2} \tag{1.11}$$

$$\mathrm{CF} = \sqrt{\frac{1}{MN} \sum_{j=1}^{N} \sum_{i=2}^{M} (f(i,j) - f(i-1,j))^2} \tag{1.12}$$

$$\mathrm{MDF} = \sqrt{\omega_d \cdot \frac{1}{MN} \sum_{i=2}^{M} \sum_{j=2}^{N} (f(i,j) - f(i-1,j-1))^2} \tag{1.13}$$

$$\mathrm{SDF} = \sqrt{\omega_d \cdot \frac{1}{MN} \sum_{j=1}^{N-1} \sum_{i=2}^{M} (f(i,j) - f(i-1,j+1))^2} \tag{1.14}$$

式中，RF、CF、MDF 及 SDF 分别表示水平、垂直、主对角线、副对角线方向上的梯度值；距离权重 ω_d 大小被设置为 $1/\sqrt{2}$。这四个梯度的参考值是通过取输入图像 A 和 B 在四个方向上梯度的绝对值的最大值确定的，见式 (1.15)：

$$\mathrm{Grad}^D(I_R(i,j)) = \max\left\{|\mathrm{Grad}^D(I_A(i,j))|, |\mathrm{Grad}^D(I_B(i,j))|\right\} \tag{1.15}$$

用参考梯度辅助求解四个方向上的梯度值,那么 RF、CF、MDF 及 SDF 很快就被求解出来了。接着,求出参考图像 SF_R 的值。最后,SF 误差比 Q_{SF} 的定义见式 (1.16):

$$Q_{\mathrm{SF}} = \frac{\mathrm{SF}_F - \mathrm{SF}_R}{\mathrm{SF}_R} \tag{1.16}$$

式中,SF_F 指融合图像的空间频率。对 Q_{SF} 而言,其值大于零,说明图像含有噪声,并且其绝对值越大,表明图像受到的噪声影响越严重;其值小于零,表明图像细节信息丢失,其绝对值越大,表明图像细节丢失越严重。综合来看,Q_{SF} 的绝对值越小,对应的图像对噪声的鲁棒性越强,从源图像中提取的信息量越大,融合图像的质量越高。

4) 互信息量

互信息量 (mutual information, MI) 反映了源图像 A 和 B 与融合图像 F 的相关性,可以反映融合图像从源图像中获得了多少信息,其定义见式 (1.17):

$$\mathrm{MI}(A, B, F) = \mathrm{MI}(A, F) + \mathrm{MI}(B, F) \tag{1.17}$$

式中,A、B 为源图像;F 为融合图像。$\mathrm{MI}(A, F)$ 和 $\mathrm{MI}(B, F)$ 由式 (1.18) 求得:

$$\mathrm{MI}(U, V) = \sum_{v \in V} \sum_{u \in U} p(u, v) \log_2 \frac{p(u, v)}{p(u)p(v)} \tag{1.18}$$

式中,u、v 分别为图像 U 和图像 V 包含像素中的某个灰度值;$p(u)$ 和 $p(v)$ 分别表示图像 U 与图像 V 关于 u 和 v 的概率密度函数,可以由各自图像的灰度直方图求得;$p(u, v)$ 表示图像 U 与图像 V 关于 u 和 v 的联合概率密度函数,可由归一化的联合灰度直方图求得。

5) 归一化互信息熵

归一化互信息熵 Q_{MI} 由式 (1.19) 定义,描述了融合图像从源图像中获取信息量的多少,求得的数据值越大,就意味着融合图像从源图像中保留的信息越多,融合图像的质量越高,融合效果越好。

$$Q_{\mathrm{MI}} = 2 \left(\frac{\mathrm{MI}(A, F)}{H(A) + H(F)} + \frac{\mathrm{MI}(B, F)}{H(B) + H(F)} \right) \tag{1.19}$$

式中,A 和 B 为源图像;F 为融合图像;$\mathrm{MI}(A, F)$ 和 $\mathrm{MI}(B, F)$ 分别表示源图像 A 与源图像 B 和融合图像 F 的互信息量;$H(A)$、$H(B)$ 和 $H(F)$ 分别表示源图像 A、源图像 B 及融合图像 F 的信息熵。

6) 非线性相关信息熵

非线性相关信息熵 Q_{NCIE} 反映了融合图像与源图像的相关性，其值为 0~1，求得的值越接近于 1，说明融合图像与源图像的相关程度越高，融合效果越好，并且其对噪声的干扰具有很强的鲁棒性。式 (1.20)~ 式 (1.25) 描述了 Q_{NCIE} 的求解过程：

$$H'(A, B) = \sum_{i=1}^{b} \sum_{j=1}^{b} h_{AB}(i, j) \log_b h_{AB}(i, j) \tag{1.20}$$

$$H'(A) = -\sum_{i=1}^{b} h_A(i) \log_b h_A(i) \tag{1.21}$$

$$H'(B) = -\sum_{i=1}^{b} h_B(i) \log_b h_B(i) \tag{1.22}$$

$$\mathrm{NCC}(U, V) = H'(U) + H'(V) - H'(U, V) \tag{1.23}$$

$$\mathrm{Re} = \begin{bmatrix} \mathrm{NCC}_{AA} & \mathrm{NCC}_{AB} & \mathrm{NCC}_{AF} \\ \mathrm{NCC}_{BA} & \mathrm{NCC}_{BB} & \mathrm{NCC}_{BF} \\ \mathrm{NCC}_{FA} & \mathrm{NCC}_{FB} & \mathrm{NCC}_{FF} \end{bmatrix}$$

$$= \begin{bmatrix} 1 & \mathrm{NCC}_{AB} & \mathrm{NCC}_{AF} \\ \mathrm{NCC}_{BA} & 1 & \mathrm{NCC}_{BF} \\ \mathrm{NCC}_{FA} & \mathrm{NCC}_{FB} & 1 \end{bmatrix} \tag{1.24}$$

$$Q_{\mathrm{NCIE}} = 1 + \sum_{i=1}^{3} \frac{\lambda_i}{3} \log_b \frac{\lambda_i}{3} \tag{1.25}$$

式中，$h_{AB}(i, j)$ 为两幅源图像在像素位置 (i, j) 处的联合灰度直方图；$h_A(i, j)$ 及 $h_B(i, j)$ 分别对应源图像 A、源图像 B 的归一化边缘直方图；λ_i 为非线性相关矩阵 Re 的特征值。

7) 基于梯度的评价指标

基于梯度的评价指标 Q_G 反映了融合图像保留下来的边缘信息量，求得的数据越大，表明算法的边缘保持度越好，相应的融合效果越好，其定义见式 (1.26)：

$$Q_G = \frac{\sum_{n=1}^{N} \sum_{m=1}^{M} \left(Q^{AF}(i, j) \omega^A(i, j) + Q^{BF}(i, j) \omega^B(i, j) \right)}{\sum_{n=1}^{N} \sum_{m=1}^{M} \left(\omega^A(i, j) + \omega^B(i, j) \right)} \tag{1.26}$$

式中，A 和 B 表示源图像。式 (1.27) 可以计算出 $Q^{AF}(i,j)$ 和 $Q^{BF}(i,j)$ 的值。$\omega^A(i,j)$ 和 $\omega^B(i,j)$ 的计算公式为 $\omega^A(i,j)=|g_A(i,j)|$，$\omega^B(i,j)=|g_B(i,j)|$，它们分别表示 $Q^{AF}(i,j)$ 和 $Q^{BF}(i,j)$ 的权重。此外，$g_A(i,j)$ 和 $g_B(i,j)$ 可以由式 (1.32) 计算得出。

$$Q^{AF}(i,j)=Q_g^{AF}(i,j)Q_\alpha^{AF}(i,j) \tag{1.27}$$

$Q_g^{AF}(i,j)$ 和 $Q_\alpha^{BF}(i,j)$ 由式 (1.28) $\sim$ 式 (1.33) 求解，分别表示边缘强度和方向保持度。

$$Q_g^{AF}(i,j)=\frac{\varGamma_g}{1+\mathrm{e}^{K_g(G^{AF}(i,j)-\sigma_g)}} \tag{1.28}$$

$$Q_\alpha^{AF}(i,j)=\frac{\varGamma_\alpha}{1+\mathrm{e}^{K_\alpha(\varDelta^{AF}(i,j)-\sigma_\alpha)}} \tag{1.29}$$

$$G^{AF}(i,j)=\begin{cases}\dfrac{g_F(i,j)}{g_A(i,j)}, & g_A(i,j)>g_F(i,j)\\[3mm]\dfrac{g_A(i,j)}{g_F(i,j)}, & \text{其他}\end{cases} \tag{1.30}$$

$$\varDelta^{AF}=1-\frac{2}{\pi}(\alpha_A(i,j)-\alpha_F(i,j)) \tag{1.31}$$

$$g_A(i,j)=\sqrt{s_A^x(i,j)^2+s_A^y(i,j)^2} \tag{1.32}$$

$$\alpha_A(i,j)=\arctan\left(\frac{s_A^x(i,j)}{s_A^y(i,j)}\right) \tag{1.33}$$

式中，$s_A^x(i,j)$ 与 $s_A^y(i,j)$ 分别表示图像 A 中位置 (i,j) 处水平方向和垂直方向的 Sobel 算子；F 和 A 分别表示融合图像与其中的一幅源图像；$\varGamma_g=1$；$K_g=-10$；$\sigma_g=0.5$；$\varGamma_\alpha=1$；$K_\alpha=-20$；$\sigma_\alpha=0.75$。

　　在上述客观评价指标中，信息熵 H 用来测量融合图像所含信息量的多少，SD 用来反映图像的全局对比度，基于空间频率的评价指标 Q_{SF} 可以用来衡量融合图像的空间活跃程度，归一化互信息熵 Q_{MI} 的测量值反映了融合图像从源图像中提取信息的能力，非线性相关信息熵 Q_{NCIE} 的取值可以用来判断融合图像的结构保持能力的大小，基于梯度信息的评价指标 Q_{G} 能够用于评估相应融合算法的保边效果。

　　8) SSIM

　　SSIM 是 Wang 等[15] 提出的一种评价图像质量的方法，一般是从图像中提取亮度、对比度和结构这三方面的信息，进行相似度的比较。SSIM 指标的值为

$0 \sim 1$，其值越趋近于 1 则说明融合图像的结构与输入图像的结构越相似，失真越少则融合效果越好；反之则代表融合图像与输入图像之间的差异较大。

亮度相似度定义见式 (1.34)：

$$l(A, F) = \frac{2\mu_x\mu_y + C_1}{\mu_x^2 + \mu_y^2 + C_1} \tag{1.34}$$

式中，μ_x 为图像水平方向的均值；μ_y 为图像垂直方向的均值；C_1 为参数，用于防止分母为零。

对比度相似度定义见式 (1.35)：

$$c(A, F) = \frac{2\mathrm{SD}_A\mathrm{SD}_F + C_2}{\mathrm{SD}_A^2 + \mathrm{SD}_F^2 + C_2} \tag{1.35}$$

结构相似度定义见式 (1.36)：

$$s(A, F) = \frac{2\mathrm{SD}_{\mathrm{AF}} + C_3}{\mathrm{SD}_A\mathrm{SD}_F + C_3} \tag{1.36}$$

$$\mathrm{SSIM}(A, F) = [l(A, F)]^{\alpha} [c(A, F)]^{\beta} [s(A, F)]^{\gamma} \tag{1.37}$$

式中，$\alpha > 0$、$\beta > 0$ 和 $\gamma > 0$ 是用来调整三种成分相对重要的参数，可以直接将其都设置为 $\alpha = \beta = \gamma = 1$，且 C_1、C_2 和 C_3 是常数。

参 考 文 献

[1] Mallat S G. Multifrequency channel decompositions of images and wavelet models[J]. IEEE Transactions on Acoustics, Speech, and Signal Processing, 1989, 37(12): 2091-2110.

[2] Li H, Manjunath B S, Mitra S K. Multi-sensor image fusion using the wavelet transform[J]. Graphical Models and Image Processing, 1995, 57(3): 235-245.

[3] Philippe P, Philippe S M, Lever M. Wavelet packet filterbanks for low time delay audio coding[J]. IEEE Transactions on Speech and Audio Processing, 1999, 7(3): 310-322.

[4] Liu Y, Chen X, Peng H, et al. Multi-focus image fusion with a deep convolutional neural network[J]. Information Fusion, 2017, 36: 191-207.

[5] Li J X, Guo X B, Lu G M, et al. DRPL: Deep regression pair learning for multi-focus image fusion[J]. IEEE Transactions on Image Processing, 2020, 29: 4816-4831.

[6] Ma B Y, Zhu Y, Yin X, et al. SESF-FUSE: An unsupervised deep model for multi-focus image fusion[J]. Neural Computing and Applications, 2021, 33(11): 5793-5804.

[7] Xu K, Qin Z, Wang G, et al. Multi-focus image fusion using fully convolutional two-stream network for visual sensors[J]. KSII Transactions on Internet and Information Systems, 2018, 12(5): 2253-2272.

[8] Zhang Y, Liu Y, Sun P, et al. IFCNN: A general image fusion framework based on convolutional neural network[J]. Information Fusion, 2020, 54: 99-118.

[9] Mustafa H T, Zareapoor M, Yang J. MLDNet: Multi-level dense network for multi-focus image fusion[J]. Signal Processing: Image Communication, 2020, 85: 115864.

[10] Li H G, Nie R C, Cao J D, et al. Multi-focus image fusion using U-shaped networks with a hybrid objective[J]. IEEE Sensors Journal, 2019, 19(21): 9755-9765.

[11] Amin-Naji M, Aghagolzadeh A, Ezoji M. Ensemble of CNN for multi-focus image fusion[J]. Information Fusion, 2019, 51: 201-214.

[12] Guo X P, Nie R C, Cao J D, et al. FuseGAN: Learning to fuse multi-focus image via conditional generative adversarial network[J]. IEEE Transactions on Multimedia, 2019, 21(8): 1982-1996.

[13] Huang J, Le Z L, Ma Y, et al. A generative adversarial network with adaptive constraints for multi-focus image fusion[J]. Neural Computing and Applications, 2020, 32(18): 15119-15129.

[14] Zhang H, Le Z L, Shao Z F, et al. MFF-GAN: An unsupervised generative adversarial network with adaptive and gradient joint constraints for multi-focus image fusion[J]. Information Fusion, 2021, 66: 40-53.

[15] Wang Z, Bovik A C, Sheikh H R, et al. Image quality assessment: From error visibility to structural similarity[J]. IEEE Transactions on Image Processing, 2004, 13(4): 600-612.

第 2 章　基于脉冲耦合神经网络的多聚焦图像融合

2.1　脉冲耦合神经网络理论

1943 年美国心理学家 McCulloch 和数学家 Pitts 建立了世界上第一个原始的神经元数学模型 (即 MP 模型)，自此开创了人工神经网络 (artificial neural network, ANN) 研究的时代。此后数十年间，人们在人工神经网络的研究方面取得了突飞猛进的发展。

20 世纪 80 年代末，Gray 等 [1] 发现哺乳动物大脑皮层的视觉区有神经激发相关振荡现象，同时 Eckhorn 等 [2,3] 在对猫的视觉皮层进行研究时发现，在猫的中脑处存在同步脉冲发放现象。在以后的研究中，他们发现可利用此现象来解释猫的视觉形成原理。于是，他们根据此现象并结合相关知识，提出了 Eckhorn 神经元模型 [4]，该模型可以有效地模拟同步脉冲发放现象。20 世纪 90 年代初，Rybak 等 [5,6] 在研究猪的视觉皮层时也发现了类似的现象。同样 Rybak 等 [5,6] 也提出了自己的神经元模型，即 Rybak 模型。Eckhorn 模型与 Rybak 模型的相继提出为 PCNN 的诞生奠定了坚实的实验基础。

Eckhorn 模型与 Rybak 模型为人们研究同步脉冲的动态变化提供了一种简单有效的方法，引起了人们的广泛关注。Johnson 等 [7-10] 基于 Eckhorn 模型与 Rybak 模型，并结合现有神经网络的特点，对这两个模型进行了整合，进而提出了一个改进型神经网络，即 PCNN。该网络无须训练，具有相似状态的神经元同时点火的特性。Lzhikevich [11,12] 对 PCNN 模型从较严格数学角度进行了分析，证明实际生物细胞模型与 PCNN 模型是一致的。这为 PCNN 理论及其应用研究奠定了坚实的数学基础。

自从 20 世纪 90 年代，PCNN 模型被正式提出之后，人们对于该模型本身的研究就一直没有间断过。对于 PCNN 的研究方式大致可以分为两类：一类是面向应用的研究，其研究思路是尝试着将现有或自己改进的 PCNN 模型应用到各自感兴趣的研究领域中去；另一类是理论探索研究，其研究思路是完善理论基础和挖掘模型新的特性。纵观这些年相关的文献资料，可以发现，前者文献居多，而后者的文献相对缺乏一些，即 PCNN 理论研究明显滞后于应用研究。

2.1.1 PCNN 模型

Johnson 等提出的模型称为标准模型,而其他模型均称为改进模型。所有的改进模型都是从标准模型演化来的。这里将首先介绍一下标准模型,然后再介绍一下其他一些有影响的改进模型。

1. 标准模型

标准 PCNN 模型是一种反馈网络,通过对脉冲耦合神经元横向连接而形成。该网络是由若干个神经元组成的,其大小是可以根据具体的应用环境灵活设定的。为了更好地了解 PCNN 的性能,先从最简单的神经元说起。标准 PCNN 的神经元数学模型如式 (2.1) ~ 式 (2.5) 所示:

$$F_{ij}[n] = \mathrm{e}^{-\alpha_F} F_{ij}[n-1] + S_{ij} + V_F \sum_{kl} (W_{ijkl} Y_{kl}[n-1]) \tag{2.1}$$

$$L_{ij}[n] = \mathrm{e}^{-\alpha_L} L_{ij}[n-1] + V_L \sum_{kl} (M_{ijkl} Y_{kl}[n-1]) \tag{2.2}$$

$$U_{ij}[n] = F_{ij}[n](1 + \beta L_{ij}[n]) \tag{2.3}$$

$$Y_{ij}[n] = \begin{cases} 1, & U_{ij}[n] > T_{ij}[n] \\ 0, & \text{其他} \end{cases} \tag{2.4}$$

$$T_{ij}[n+1] = \mathrm{e}^{-\alpha_T} T_{ij}[n] + V_T Y_{ij}[n] \tag{2.5}$$

式中,下标 ij、kl 分别表示第 (i,j)、(k,l) 个神经元;n 为图像的迭代次数;S_{ij} 为神经元的外部激励,如像素的亮度值等;V_F、V_L 及 V_T 为电压常数;α_F、α_L 和 α_T 均为指数衰减因子;$F_{ij}[n]$ 表示神经元的反馈输入通道;$L_{ij}[n]$ 表示神经元的另一个输入通道——连接通道;$U_{ij}[n]$ 表示神经元的内部活动状态;$T_{ij}[n]$ 表示神经元的点火阈值;$Y_{ij}[n]$ 表示神经元的输出,一般而言神经元的输出是 0 或 1。

PCNN 应用于图像处理领域时,图像中的像素与 PCNN 的神经元一一对应。每个神经元均位于 N 阶权重矩阵的中心 (一般 $N=3$)。PCNN 的每一个神经元都是具有动态脉冲发放特性的动态神经元。PCNN 各个神经元在进行迭代时的点火周期并不相同,其动态阈值在一段时间内按照相应的周期衰减,只有满足当动态阈值 E 小于内部活动项 U 时,PCNN 才能够动态发放脉冲。

神经元内部的连接与通信模式对整个网络性能的影响非常大,因此,设置内部连接参数 (W_{ijkl} 与 M_{ijkl}) 时要特别谨慎。不过,大部分文献还是采用高斯距离加权函数作为内部连接的方式。该连接方式只与两神经元的距离有关系,随着距离的增加,其对当前神经元产生的影响会变小。另外,对整个网络性能的影响比较大的参数还有连接强度 (β) 的设置、指数衰减因子 (α_F、α_L 和 α_T) 和电压常数 (V_F、V_L

和 V_T)。其中连接强度的设置比较灵活,如强连接和弱连接。设置方式也比较多,如人工设置和其他各种各样的自适应设置方式。从过去十几年的文献资料来看,人们对自适应 PCNN 的研究大多数均集中在对于该参数的自适应设置上。指数衰减因子的影响最直接反映在有关数据的衰减快慢程度上。一般而言,大的指数衰减因子必然导致数据迅速衰减,这不利于细致地处理数据。而小的指数衰减因子也会使网络陷入漫长的迭代处理状态,需要耗费大量时间。因此,数据处理效率与精度之间是不可兼得的。具体应用时必须根据实际情况做权衡处理。

2. 工作原理

上面阐述了 PCNN 神经元的数学模型及相关变量参数的含义,这一部分将着重说明神经元的工作原理,即 PCNN 神经元是如何处理数据的。接着叙述由单个神经元组成的神经网络所具有的一些特性。

PCNN 神经元模型结构如图 2.1 所示。由此可以看出,该神经元由三部分构成。第一部分为数据输入,该部分主要作用是收集来自神经元外部及周围神经元的数据;第二部分是数据连接,其作用是将前一部分收集的数据运送到神经元的内部活动项中;第三部分为输出数据产生,该部分先将内部活动项里的数据与此时神经元自身的点火阈值进行比较,以决定输出数据,而后再将输出的数据传送到周围神经元的数据输入部分,进而完成一次完整的数据处理过程。

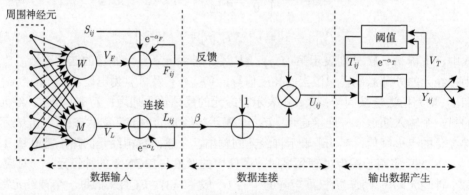

图 2.1　PCNN 神经元模型结构

因此,单个神经元的工作过程就是:神经元首先通过两个数据通道的前端收集来自周围神经元和外部的数据,经数据通道传送到神经元内部的数据区。接着神经元将这些数据与当前自身的动态阈值进行比较,大于当前阈值就输出 1,反之就输出 0。然后对自身的动态阈值进行更新,同时输出的数据也被传送到周围神经元中。接着又重复刚才所介绍的处理过程。虽说是重复同样的过程,但是由于在此过程中受周围神经元的影响,阈值不断地更新变化,所以每次重复处理的输出数据并不完全相同。

与传统的人工神经网络一样，一个神经元由于功能单一，故而其用处似乎不大。但是如果组成神经网络，其网络的整体性能就变得相当强大。这也是人们对 PCNN 感兴趣的重要原因。

PCNN 的特性较多，但归结起来也就两大特性，即同步激发特性和指数衰减特性。同步激发特性也称为同步脉冲发放特性，是指在同一区域内具有相似状态的神经元能够同时点火并释放出相同的脉冲信号。几乎所有与 PCNN 应用有关的研究均使用了该特性。尤其是在图像分割领域，该特性的优越性尤为突出。指数衰减特性也是 PCNN 的另一重要性质，它指的是 PCNN 里的数据 (如阈值) 衰减方式是以指数方式衰减的。而这一特性与人类的视觉特性相吻合，也说明 PCNN 处理数据的方式与人眼的数据处理方式类似。

PCNN 与传统网络很大的区别是不需要预先训练就可以直接处理数据，这是 PCNN 的诸多优点之一。事实上，这一性质为使用者带来方便的同时，也带来了一定的不利影响。主要表现在 PCNN 缺乏对现有知识的学习，即 PCNN 没有对先前知识的记忆能力。这在一定程度上也阻碍了 PCNN 在更多领域的应用。

3. 改进模型

自从 PCNN 产生以来，人们都在积极地将其应用到各自感兴趣的研究领域。在此过程中，研究人员本着高效实用的理念提出了各种各样的改进模型。本节将介绍几种经常使用的改进模型。

1) 交叉视觉皮层模型

交叉视觉皮层模型 (intersecting cortical model, ICM) [13] 是基于视觉皮层模型的。ICM 是 PCNN 模型的简化，相比 PCNN 模型，其没有连接输入。当其应用于图像处理时，在保持了皮层模型的有效性的同时，又减少了计算成本。ICM 继承了 PCNN 模型的一些特性，其同样具有旋转、尺度、平移等不变性，对噪声也具有很好的鲁棒性，适用于图像特征提取。ICM 由一个耦合振荡器、少量的连接和一个非线性函数组成，其模型如图 2.2 所示，由式 (2.6) ～ 式 (2.8) 进行数学描述：

$$F_{ij}[n+1] = fF_{ij}[n] + S_{ij} + W\{Y_{ij}[n]\} \tag{2.6}$$

$$Y_{ij}[n+1] = \begin{cases} 1, & F_{ij}[n+1] > \theta_{ij}[n] \\ 0, & \text{其他} \end{cases} \tag{2.7}$$

$$\theta_{ij}[n+1] = g\theta_{ij}[n] + hY_{ij}[n+1] \tag{2.8}$$

所有神经元耦合的状态是由一个二维数组 F 表示的，相应的阈值振子是由一个二维数组 θ 表示的。因此，第 ij 个神经元有状态 F_{ij} 和阈值 θ_{ij}，由式 (2.6) 和式 (2.8) 得到。

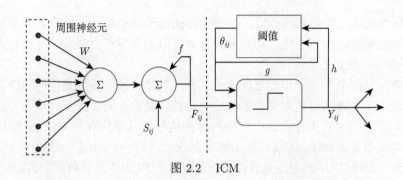

图 2.2　ICM

　　在这些公式中，S 是激励 (输入图像经过缩放使得最大像素值为 1)，Y 是神经元的发射状态 (输出图像)。f、g 和 h 都是标量，n 表示迭代次数。神经元之间的连接通过函数 $W\{\}$ 描述，通常是由一个卷积核与输入图像进行卷积来实现的。标量 f 和 g 是衰减常数，标量 h 是一个较大的数，神经元激发时极大地增加了阈值。激发状态由式 (2.7) 计算得到。ICM 的输出是二值图像 $Y[n]$，这些图像通过 n 个神经脉冲的迭代产生，也称为脉冲图像。ICM 的参数通常由经验设定。

　　由于 ICM 由三个简单的方程构成，每个神经元有一个振荡器和一个非线性操作，当神经元收到激励时，每个神经元能够产生一个尖峰脉冲序列，大量本地连接的神经元能够同步脉冲活动。当有图像激励时，这些集体表示了激励图像的固有部分。因此，ICM 将成为在处理特征提取时的一个有力工具。

　　此外，ICM 可以尽可能地避免本地错误信息对识别结果的不良影响，其原因是 ICM 处理的是整个图像。当 ICM 运行时，它将从输入图像创建一组脉冲图像，如图 2.3 所示。一般来讲，各种形状都可以从脉冲图像得到。Kinser [13] 指出这些脉冲模式取决于图像的纹理。换句话说，从理论上讲，这些脉冲模式对于源图像是唯一的。

图 2.3　典型脉冲图像

　　因此，从这些图像得到的熵序列对于激励图像也是唯一的。Ma 等 [14] 提出了熵序列的概念 (EnS$[n]$)，其定义见式 (2.9)：

$$\mathrm{EnS}[n] = -P_1 \log_2 P_1[n] - P_0 \log_2 P_0[n] \tag{2.9}$$

式中，$P_1[n]$ 与 $P_0[n]$ 分别表示 $Y_{ij}[n] = 1$ 和 $Y_{ij}[n] = 0$ 的概率，而且大量实验表明熵序列的效果要比时间序列等特征好。

2) 脉冲发放皮层模型

脉冲发放皮层模型 (spiking cortical model, SCM) 也是一种简化的 PCNN 模型。其是由 Zhan 等[15] 在 ICM 的基础上对 ICM 进行深入研究后提出的。该模型可以较好地提取图像中的特征,在图像检索方面有着很好的应用前景。SCM 如图 2.4 所示。

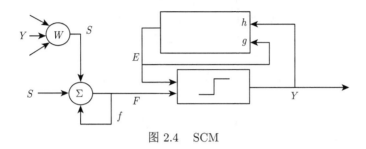

图 2.4 SCM

SCM 的数学描述为

$$F_{ij}[n] = fF_{ij}[n-1] + S_{ij} + S_{ij} \sum_{kl} (W_{ijkl}Y_{kl}[n-1]) \qquad (2.10)$$

$$E_{ij}[n] = gE_{ij}[n-1] + hY_{ij}[n] \qquad (2.11)$$

$$Y_{ij}[n] = \begin{cases} 1, & F_{ij}[n] > E_{ij}[n-1] \\ 0, & \text{其他} \end{cases} \qquad (2.12)$$

式中,f、g 和 h 的含义与 ICM 中的含义相同,与 ICM 的主要区别在于输入部分。当活动阈值 E_{ij} 小于反馈输入 F_{ij} 时,SCM 的神经元点火产生输出脉冲。

3) 双输出脉冲耦合神经网络模型

双输出脉冲耦合神经网络 (dual-output pulse coupled neural network, DPCNN) 模型是 PCNN 的一种改进模型。PCNN 提取特征尽管能够有效地表示图像的纹理,但是仍有一定的局限性。主要表现在以下三个方面:

(1) 脉冲发生器只有一个,缺乏对神经元激励的补偿机制。

(2) 周围神经元对当前神经元的影响并没有考虑到输入激励本身的影响。

(3) 它的外部激励一直处于不变状态中。

为此,DPCNN 模型对标准 PCNN 模型进行了一些修改。如图 2.5 所示,可以发现,首先,DPCNN 有两个脉冲发生器;其次,外部激励控制 DPCNN 周围神经元对当前神经元的局部激励;最后,DPCNN 中神经元的外部激励随当前输出值的变化而变化。

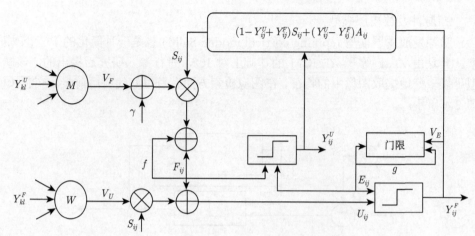

图 2.5　DPCNN 模型

DPCNN 模型的数学表达式为

$$F_{ij}[n] = fF_{ij}[n-1] + S_{ij}\left(V_F \sum_{kl}(W_{ijkl}Y_{kl}^U[n-1]) + \gamma\right) \tag{2.13}$$

$$Y_{ij}^F[n] = \begin{cases} 1, & F_{ij}[n] > T_{ij}[n] \\ 0, & \text{其他} \end{cases} \tag{2.14}$$

$$U_{ij}[n] = F_{ij}[n] + V_U S_{ij}[n] \sum_{kl}(W_{ijkl}Y_{kl}^F[n]) \tag{2.15}$$

$$Y_{ij}^U[n] = \begin{cases} 1, & U_{ij}[n] > T_{ij}[n] \\ 0, & \text{其他} \end{cases} \tag{2.16}$$

$$T_{ij}[n+1] = gT_{ij}[n] + V_E Y_{ij}^U[n] \tag{2.17}$$

$$S_{ij}[n+1] = (1 - Y_{ij}^U[n] + Y_{ij}^F[n])S_{ij}[n] + (Y_{ij}^U[n] - Y_{ij}^F[n])A_{ij} \tag{2.18}$$

式中，f 和 g 均表示衰减系数，并且 $f < 1$，$g < 1$；V 表示标准化常量；S 表示外部激励；W 表示神经元与相邻神经元之间的连接权重；A 表示校正值；γ 表示决定外部输入激励强度的一个常量；Y^F 表示反馈输出值；Y^U 表示通过比较活动阈值 E 与内部活动项 U 得到的补偿输出值。

通过 DPCNN 模型及其数学表达式，可以发现，在 DPCNN 模型中，其每一个神经元都可以当作活动神经元。首先，当受到外部激励及邻域神经元补偿输出的影响时，F_{ij} 发生改变，一旦 $F_{ij} > U_{ij}$，神经元就产生反馈输出脉冲。其次，内部活动项 U_{ij} 的值是由来自邻域神经元的反馈输出、反馈输入及外部激励共同作用来改变的，并且当 $U_{ij} > E_{ij}$ 时，就产生补偿输出脉冲。最后，活动阈值 E 及外部激励值 S 被更新。

4) 多通道 PCNN 模型

多通道 PCNN 模型的提出是基于标准 PCNN 神经元模型中只有一个外部激励的状况提出的。起初设计该模型的目的 [16] 是使 PCNN 能够更好地适应图像融合的需要。多通道 PCNN 模型的数学表达式为

$$H_{ij}^k[n] = f^k(Y[n-1]) + S_{ij}^k \tag{2.19}$$

$$U_{ij}[n] = \prod_{k=2}^{K}(1 + \beta^k H_{ij}^k[n]) + \sigma \tag{2.20}$$

$$Y_{ij}[n] = \begin{cases} 1, & U_{ij}[n] > T_{ij}[n-1] \\ 0, & \text{其他} \end{cases} \tag{2.21}$$

$$T_{ij}[n] = \mathrm{e}^{-\alpha_T} T_{ij}[n-1] + V_T Y_{ij}[n] \tag{2.22}$$

除了上述介绍的几个模型，其他一些改进或简化模型 [17-21] (如三态层叠 PCNN 模型、竞争性 PCNN 模型、unit-linking PCNN 模型等) 的应用也较为广泛。

2.1.2 在图像处理领域的应用

图像处理是 PCNN 最重要的应用领域，关于这方面的论文资料也是最多的。本节将从图像分割、图像去噪、目标检测、特征提取、图像增强及其他应用等方面进行阐述。其中，图像分割、图像去噪主要涉及的是图像预处理技术。

1. 图像分割

图像分割是图像分析的基础，也是图像处理与分析领域的研究热点和难点。PCNN 以其出众的同步脉冲激发机制在图像分割方面得到广泛应用和好评。同步脉冲激发机制，简单地说就是空间位置相邻的神经元在具有相似外部激励的情况下能够同时发出脉冲信息 [22]。因此，对于由相似区域构成的图像而言，只要条件合适，PCNN 就可以对其进行近乎完美的分割处理。

纵观现有的文献，基于 PCNN 的图像分割算法可以大致归纳为两类：常规图像分割算法和自适应图像分割算法。常规图像分割算法是指该算法在分割图像的过程中，需要外界的干预或配合才能顺利地完成。即在图像分割过程中需要人或多或少地参与其中。相对于常规图像分割算法而言，自适应图像分割算法指该算法能够根据图像内容自适应地调整参数以达到较好分割的目的。整个过程不需要外界的介入。

对于常规的图像分割, Kuntimad 和 Ranganath [22] 提出的算法堪称经典 PCNN 图像分割算法。他们不但详细论述了 PCNN 分割原理, 而且指出了 PCNN 在图像分割中的巨大应用潜力。文献 [23] 提出了多层 PCNN 模型, 利用此模型可以有效地分割相似谱信息。区域生长算法是一个快速有效的无参数图像分割技术。但是每个区域的初始位置需要事先设定。在此情况下, 文献 [24] 提出了一种基于 PCNN 的区域生长算法, 该算法先利用 PCNN 分割出区域的初始生长点, 然后利用该生长点进行后续的区域生长分割。该算法兼顾了 PCNN 和区域生长算法的优点, 取得了较好的分割效果。其他基于 PCNN 分割的应用还有很多 [25-31], 例如, 文献 [20] 使用改进的 PCNN 模型分割目标的背景。

对于自适应图像分割算法, 要解决的是相关参数的自适应确定, 其中, 迭代次数的自适应选定, 到目前为止, 这个问题都没有彻底解决。造成这一状况的主要原因是 PCNN 参数众多, 而且彼此都对输出产生或多或少的影响。此外, 现有的图像分割评价算法不能有效地反映分割后的效果, 也是原因之一。所有这一切使得 PCNN 自适应分割算法的研制步履艰难。尽管这样, 人们还是尝试着提出各种各样的算法来克服困难。人们提出了迭代终止规则以解决网络的自动终止问题。对于 PCNN 参数多的问题, 人们通常的做法是通过改进模型来减少次要参数并保留关键参数。

马义德等 [32] 提出了基于熵序列的 PCNN 迭代终止规则, 并将其应用在植物细胞图像的分割上, 取得了很好的效果。此终止规则后来被很多人引用, 如文献 [33] 在算法中就使用了该终止规则。在熵序列规则的基础上, 文献 [34] 还进一步提出了基于交叉熵 (cross entropy, CE) 的自动分割方案。文献 [35] 将输入图像的灰度值经过一定的变换来自动调整模型中的参数进而实现图像的自适应分割。文献 [36] 运用优化算法 (如遗传算法和误差逆传播学习算法) 来进行 PCNN 参数的优化求解。文献 [37] 也对 PCNN 的参数确定问题进行了研究, 并将其应用到眼底图像中, 取得了不错的效果。

2. 图像去噪

PCNN 作为出色的图像预处理工具, 在图像去噪方面也有着相当好的表现。尤其是在去除椒盐噪声方面效果出众。当然对于高斯噪声也有较好的处理效果。这些良好效果主要得益于 PCNN 的同步脉冲激发机制。由于噪声所处位置与周围像素存在着明显的不和谐, 主要表现是比周围像素亮或暗。利用这一点就可以利用 PCNN 去噪。其基本原理是, 噪声点处的神经元与周围神经元的状态不一致, 当噪声点是亮点时, 当前的神经元点火, 而周围的不点火, 进而完成噪声点的检测。若噪声表现为暗点, 则周围神经元将先点火, 噪声点将在满足条件时才能点火, 进而把噪声点检测出来。把噪声点找出来了, 接着就可以去除掉。

噪声一般分为两大类，即椒盐噪声与高斯噪声。受椒盐噪声污染的图像表现为部分像素点过亮或过暗。被高斯噪声污染的图像，其图像质量将下降。因此，相对于椒盐噪声，高斯噪声不易被处理干净。PCNN 去除噪声策略因人而异，下面逐一介绍。

作者所在的科研团队在图像去噪方面做了大量的工作。例如，Ma 和 Zhang [38]一方面结合中值滤波算法和 PCNN 来去除图像中的高斯噪声，另一方面，Ma [39]将数学形态学的方法与 PCNN 结合提出了噪声图像的去除方法。此外，Liu 和 Ma [40] 还利用赋时矩阵进行了图像去噪。

中值滤波算法可以有效地去除椒盐噪声，但它会模糊图像中的边缘信息。Ranganath 等 [8] 最初提出了一个基于 PCNN 的图像去噪算法，该算法可以逐个修正受椒盐噪声污染的像素，不过该算法比较耗时。鉴于此，文献 [41] 设计了一个基于改进 PCNN 的椒盐噪声过滤算法，该算法不但可以有效地去除椒盐噪声而且也尽可能地不损害边缘信息。对于椒盐噪声与高斯噪声的混合噪声，文献 [42] 提出了一种两步去噪的算法。此外，Chacon 和 Zimmerman [43] 利用赋时矩阵作为选择滤波器来去除噪声。文献 [44] 结合 PCNN 与模糊算法去除噪声，文献 [45] 则结合数学形态学取得了很好的去噪效果。Zhang 等 [46,47] 结合自适应中值滤波器去除椒盐噪声。而粗集理论与 PCNN 的结合也可以有效地去除图像中的噪声 [48]。

3. 目标检测

由于 PCNN 出色的分割能力，人们也将其应用到目标与边缘检测方面，取得了不错的效果。Ranganath 和 Kuntimad [49] 基于 PCNN 设计了一个目标检测系统，还阐述了 PCNN 在目标和边缘检测方面的可行性及潜力。该系统首先使用 PCNN 对图像进行平滑处理以消除噪声，然后再用 PCNN 分割出感兴趣目标。与此类似，文献 [50] 使用 PCNN 进行运动检测。Wolfer 等 [51] 用 PCNN 增强待处理的超声图像，然后再对增强后的图像进行边缘检测。Berthe 和 Yang [52] 设计了一种从有噪图像提取目标与边缘的自动化系统，该系统中使用了混合 PCNN 小波 (pulse couple neuron networks wavelet, PCNNW) 模型。文献 [53] 针对特殊的放射图像提出了一种基于 PCNN 的地标检测系统。对于双眼立体视觉图像，Ogawa 等 [54] 构建了三维 PCNN 模型并用于差异检测。另外，其他改进模型 (如 ICM) 也用于变化检测 [55] 和方位检测 [56]。

4. 特征提取

在特征提取方面，PCNN 的应用潜力主要表现在其出色的特征提取能力。最初有这个想法的是 McClurkin 等 [57]，他们使用 PCNN 对其获取的生物图像进行特征提取。同时他们还对不同输入图像的神经响应进行了分析，指出神经元的输出响应与输入图像呈对应关系。此后，关于这方面的文献大量涌现出来。在分析已有文献的基础上，这里将按照 PCNN 提取特征的方式分别进行叙述。

1) 时间序列

Johnson [58,59] 首先提出了时间序列的概念，并证明了时间序列具有几何不变性，即位移、放缩、旋转、光线亮度不变性。时间序列将二维数据转化成了一维数据，实现了维数的压缩，当然也大大减少了数据量。从某种意义上说，时间序列是图像的一种高效描述手段。时间序列 $G[n]$ 的计算方法为

$$G[n] = \sum_{ij} Y_{ij}[n] \tag{2.23}$$

因此，它比较适用于图像特征提取与模式识别这样的领域。Rughooputh 等 [60,61] 使用其改进的 PCNN 模型进行视频图像的监控，并将其布置到法院进行使用。Rughooputh 等 [62] 还利用 PCNN 进行导航标志的识别。Waldemark 等 [63,64] 利用 PCNN 处理与分析卫星图像，甚至机载侦查图像和导弹图像。Bečanović [65] 结合 PCNN 和自组织映射 (self-organizing map, SOM) 对图像目标进行分类。Muresan [66]利用 PCNN 和离散傅里叶变换实现了目标识别。Nazmy 等 [67] 使用 PCNN 和数学形态学完成了对牙齿放射图像的分类处理。另外，文献 [68]~ [70] 介绍了一些时间序列的其他应用。

2) 熵序列

熵序列是在研究 PCNN 终止条件时提出来的 [14,32]，其计算方法如式 (2.9) 所示。经研究发现，熵序列与时间序列有着极其相似的特性，如熵序列也具有一定的旋转、放缩和位移不变性 [71,72]。因此，它也可以用于特征提取和模式识别。例如，文献 [72] 利用熵序列提出了一种基于内容的图像检索算法，而文献 [73] 和 [74] 将其应用到虹膜识别中。

3) 其他

除了上述的两种方法，人们还提出了其他的方法。例如，Godin 等 [75] 将统计分析方法引入 PCNN 模型中，进一步提高了手写体数字识别的准确性。Allen 等 [76] 提出一种与统计模式识别很相似的 PCNN 识别算法。文献 [77] 结合学习矢量量化 (learning vector quantization, LVQ) 网络和 PCNN 提出了一种适合指纹分类的算法。此外，赋时矩阵也被应用到基于 PCNN 的模式识别中 [78]。

5. 图像增强

利用 PCNN 增强图像是一个比较新的研究领域。不过由于 PCNN 的图像处理机制与人眼的视觉特性非常吻合，所以 PCNN 在图像增强方面的应用也有较好的理论基础。

张军英等[79,80] 提出了 PCNN 与马赫带效应结合的方法增强灰度或彩色图像，同时，石美红等[81] 还针对低对比度图像提出了相应的增强方法。李国友等[82,83] 将 PCNN 与 Ostu 算法结合提出了一种图像增强算法，接着又提出了基于遗传算法的 PCNN 图像增强算法[84]。文献 [85] 等利用 PCNN 的点火特性对红外图像进行增强。运用优化策略，文献 [86] 提出了一种基于 PCNN 的自适应彩色图像增强算法。

目前关于彩色图像增强算法的研究大多都是基于单通道进行的，即未考虑通道间的相互影响与联系。这类方法处理不慎易导致色彩失真，进而降低图像质量。

6. 其他应用

Kinser[87] 将 PCNN 应用在凹点检测上，取得了不错的效果。Tanaka 等[88] 使用 PCNN 设计出了自动化的凹点检测系统，该系统可以自发地检测出边缘上的凹点。为了较好地处理高维数据，Kinser 等[89] 对 PCNN 模型进行改进，并将其用于处理高维化学结构数据。Åberg 和 Jacobsson[90] 将 PCNN 应用到定量结构保留关系中，他们使用 PCNN 输出的图像序列对分子的三维图像进行预处理。Yamada 等[91] 使用 PCNN 的快速抑制连接处理提取出来的部分面部图像像素，进而实现人脸的识别。文献 [92] 利用 PCNN 的脉冲并行传播特性提取图像的形状信息以达到细化图像的目的。文献 [93] 提取了一类二值图像的细化算法，文献 [94] 将其用于细化二值化的指纹图像。马义德等[95,96] 首次将 PCNN 应用到图像编码领域，并提出了基于 PCNN 与格拉姆-施密特正交化的图像压缩编码算法。

2.1.3 在非图像处理领域的应用

PCNN 不但能够很好地应用在图像处理领域，而且在路径优化、语音识别等非图像处理领域也有着出色的处理能力。这里主要介绍一下 PCNN 在路径优化和语音识别方面的应用情况。

在路径优化方面，Caulfield 和 Kinser[97] 较早使用 PCNN 成功地解决了迷宫中的最短路径问题。赵荣昌等[17] 提出了三态 PCNN 模型并将其应用到寻找最短路径的问题中，取得了很好的效果。聂仁灿等[18] 提出的竞争型 PCNN 模型可以很好地求解多约束服务质量 (quality of service, QoS) 网络的最优路径。文献 [98] 提出的基于多输出 PCNN 不确定算法也较好地解决了最短路径问题。此外，还有人将 PCNN 改进模型应用到解决路径优化问题中[99]。

在语音识别方面，Sugiyama 等[100] 使用 PCNN 改进模型进行音素识别。该改进模型利用突触间的反馈连接可以存储模式信息。这些存储的信息可以利用径向基函数重新找到。Timoszczuk 和 Cabral[101] 设计出了一种基于 PCNN 的独立文本识别系统。该系统由双层 PCNN 和多层感知机组成，其分别用于特征提取和分类处理。

在其他方面的应用，Szekely 等[102,103] 利用脉冲耦合神经网络分解 (pulse coupled neural networks factoring, PCNNF) 增强"气味图像"以提高气味的检测精度，还采用进化算法来实现自动处理。文献 [104] 基于 WT 设计出一种 PCNN 预测模型并将其用于分析每年的降雨量与径流量。Izhikevich [105] 提出了一种简单的神经元模型，该模型可以产生与 PCNN 类似的脉冲输出和同步激发特性。

最后，介绍一下有关 PCNN 混沌特性的研究进展。PCNN 实际上也是一个复杂的非线性网络，在某种条件下可以产生混沌现象。Torikai 和 Saito [106] 对 PCNN 的混沌特性进行了较为系统的研究，提出了基于 PCNN 的混沌振荡器，并分别阐明了重叠与非重叠区域的参数区间。Yamaguchi 等 [107,108] 设计了混沌脉冲耦合神经元模型，并对其混沌特性进行相关分析，该模型在局部兴奋与全局抑制的条件下构成一维网络便能产生混沌。文献 [109] 运用 Marotto 定理从理论上证明了 PCNN 在特定的参数条件下可以进入混沌，并给出了数值仿真和相应的计算。

2.1.4　硬件实现

上面这些应用均是在软件仿真的情况下实现的，而且软件仿真存在速度慢的缺点。因此，人们就考虑在硬件上实现 PCNN。最早成功做此实验的是 Ota 和 Wilamowski [110]。他们开发出了基于模拟互补金属氧化物半导体 (complementary metal oxide semiconductor, CMOS) 的 PCNN 硬件结构，该结构利用 PCNN 实现了信号的加权和累加。而后 Clark 等 [111] 将 PCNN 理论应用到光学系统中，建成了一个新型自适应光学系统。该系统利用 PCNN 的平滑能力来降低噪声的不利影响。Roppel 等 [112] 也设计了一个基于硬件的低能耗便携式传感器系统，其中，PCNN 主要用于特征提取。Schafer 和 Hartmann [113] 研制出了一款基于现场可编程门阵列 (field programmable gate array, FPGA) 的 PCNN 通用硬件仿真器。该仿真器的硬件结构可以根据不同的学习规则进行在线 Hebbian 学习。Grassmann 等 [114] 设计了一种基于 PCNN 的神经元计算机，该计算机由事件驱动，采用并行处理策略来提高仿真速度。Ota [115] 则利用 CMOS 技术提出了基于超大规模集成电路的 PCNN 电路结构。Schafer 等 [116] 提出了一种硬件实现方案，该方案可以对大而复杂的 PCNN 进行快速地仿真。他们采用了包括减少神经元与突触运算在内的多种方法以减少时间消耗。另外一个显著的地方是他们使用了商用通信硬件来解决并行计算的问题。Takahashi 等 [117] 提出了一种简单的产生超混沌的电路，该电路可用于大规模 PCNN 硬件的实现。Vega-Pineda 等 [118] 基于 FPGA 平台设计了一个 PCNN 系统，该系统可以对图像进行实时分割。

2.2　PCNN 在图像融合中的应用

通过 2.1 节的讲述可知，PCNN 在图像处理中得到了广泛应用，其中也包括图像融合领域。1996 年，Broussard 和 Rogers [119] 发表了论文 "Physiologically motivated image fusion using pulse coupled neural networks"。在论文中，他们从

生理学角度解释了为什么 PCNN 可以融合图像，并指出基于 PCNN 的图像融合是可行且具有优势的。经过多年的图像融合研究，大量的方法出现在不同的应用中。通常，这些图像融合方法分为空间域融合和变换域融合。PCNN 也应用于空间域和变换域。因此，下面分别介绍一下 PCNN 在空间域和变换域的研究进展。

2.2.1 空间域图像融合

虽然基于 PCNN 的图像融合方法有很多，但它们的图像融合框架本质上非常相似。因此，首先介绍基于 PCNN 空间域图像融合的一般框架，如图 2.6 所示。

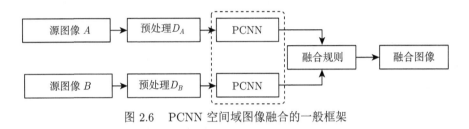

图 2.6　PCNN 空间域图像融合的一般框架

在这个框架中，源图像首先被预处理成中间变量 D，然后将 D 作为 PCNN 的激励。在 PCNN 之后，融合规则决定融合后的图像效果。在一些参考文献中，没有中间变量 D。对于 PCNN，不同的研究人员通常采用不同的改进 PCNN 模型。如果采用单输入 PCNN，那么每个源图像都需要一个 PCNN。

许多基于 PCNN 空间域图像融合方法通常会对 PCNN 模型进行改进。据此将相关方法分为两部分：基于标准 PCNN 的融合方法和基于改进 PCNN 的融合方法。

基于标准 PCNN 的融合方法相对较少。例如，Huang 和 Jing [120] 首先将源图像划分为小的图像块，并计算每个块的图像 EOL。然后使用 PCNN 处理特征图。最后，通过比较 PCNN 的输出，从源图像中选择图像块来构建融合图像。将图像 EOL 特征数据作为 PCNN 的外部激励。例如，Qu 等 [121] 将方向信息作为特征来激励 PCNN；Wang 等 [122] 使用对比作为特征来激励 PCNN；文献 [123] 通过空间频率和 EOL 的结合来创建特征数据。

为了获得更好的图像融合结果，有必要根据图像融合的具体应用改进相关的 PCNN 模型。通常使用的手段是修改连接强度和其他参数。

1. 修改连接强度

在 PCNN 模型中，连接强度 β 决定了当前神经元与周围神经元之间的相互作用。通常网络中所有神经元的 β 值都是一样的，即一个固定值。但对于图像融合而言，自适应的连接强度更为有用。

Miao 和 Wang [124-126] 采用三种不同的方法将对比度 C_{ij} 定义为连接强度, 定义分别如式 (2.24) ~ 式 (2.26) 所示:

$$C_{ij}^1 = \sum_{(k,l) \in g_{ij}} \nabla^2 h_{kl} \qquad (2.24)$$

式中, C_{ij}^1 表示邻域 g_{ij} 中灰度梯度向量的平方和。

$$C_{ij}^2 = \sum_{(k,l) \in g_{ij}} (h_{kl} - \mu_{ij})^2 P_{kl} \qquad (2.25)$$

式中, h_{kl} 为邻域 g_{ij} 中的像素值; μ_{ij} 为邻域的平均值; P_{kl} 为对应于 h_{kl} 值的邻域归一化直方图分量。

$$C_{ij}^3 = \frac{L - L_B}{L_B} \qquad (2.26)$$

式中, L 为局部强度; L_B 为邻域内局部强度的均值。类似地, 文献 [127] 中将局部方差作为连接强度, 其中局部方差的定义见式 (2.27):

$$\rho_{ij} = \frac{1}{N^2} \sum_{(k,l) \in g_{ij}} (h_{kl} - \mu_{ij})^2 \qquad (2.27)$$

Liu 等 [128] 提高单元连接 PCNN 中的连接强度, 其定义见式 (2.28):

$$\beta_{ij} = \frac{\sqrt{\rho_{ij}}}{\mu_{ij}} \qquad (2.28)$$

但是, 这种方法在经过 PCNN 处理后, 决策过程比较复杂。

Ye [129] 也做了类似的研究。不同于文献 [120], Li 等 [130] 将源图像的 EOL 作为 PCNN 的连接强度。Shu [131] 利用几何矩使 PCNN 的连接强度自适应化。

与上述文献不同, Jiao 等 [132] 提出了一种自适应连接强度的方案, 其中, 连接强度 β 定义见式 (2.29) 和式 (2.30):

$$\beta_{ij}[n] = \gamma_{ij}[n]S_{ij}[n] + (1 - \gamma_{ij}[n])\beta_{ij}[n-1] \qquad (2.29)$$

$$\gamma_{ij}[n] = \frac{1}{\lambda e + 1}(\lambda e^{|S_{ij}[n] - \beta_{ij}[n-1]|} - 1) \qquad (2.30)$$

式中, 参数 $\lambda \in [0, 1]$, 可以改变 $\gamma_{ij}[n]$ 的影响力。

Li 等[133] 还提出了一种自适应连接强度方案。假设图像 A 与图像 B 是源图像，$PCNN^A$ 与 $PCNN^B$ 用于处理 I_A 和 I_B。$PCNN^A$ 与 $PCNN^B$ 的连接强度分别为 β^A 和 β^B，定义见式 (2.31)：

$$\beta_{ij}^A = \frac{1}{1 + \mathrm{e}^{-\eta D_{ij}}}, \quad \beta_{ij}^B = \frac{1}{1 + \mathrm{e}^{\eta D_{ij}}} \tag{2.31}$$

式中，D_{ij} 为图像邻域清晰度的均值，可以消除错误的定义值；β_{ij}^A 是增函数；β_{ij}^B 是减函数。因此，如果像素点所在区域越清晰，相应神经元的连接强度就越大，进而融合图像中的权重值越高。

2. 修改其他参数

Li 等[134, 135] 首先通过简化的 PCNN 对源图像进行分割，并从每个图像区域中提取显著性和可见性以表示清晰度。这里使用每个区域的显著性和可见性值来计算区域融合权重，这反映了不同源图像之间对融合结果的不同贡献。

Agrawal 和 Singhai[136] 首先将源图像分解为小块并计算清晰度，然后使用 PCNN 选择更好的图像块来构建融合图像。由于改进了 PCNN 的反馈域，所以该方法的计算时间更少。

3. 多通道 PCNN 融合

每个源图像使用一个 PCNN，所有 PCNN 并行工作会导致图像融合的复杂度增加。为了降低复杂性，许多研究人员探索和开发了多通道 PCNN。由于多通道 PCNN 可以同时接收多个输入，所以图 2.7 所示框架中只有一个 PCNN，与上述图 2.6 所示框架不同。在这个框架中，将一个源图像或相应的中间变量 D 作为 PCNN 的通道输入。

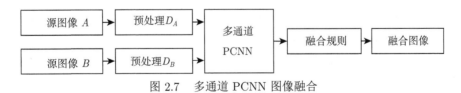

图 2.7　多通道 PCNN 图像融合

1997 年，Kinser[137] 提出了一种基于多通道 PCNN 的图像融合方法。1999 年，Inguva 等[138] 提出了一个紧凑的多通道模型并将其应用于图像融合。2007 年，Wang 和 Ma[139] 提出了一种基于双通道 PCNN 的图像融合方案。Feng 等[140] 将这种双通道 PCNN 应用于基于二维经验模态分解 (bi-dimensional empirical mode decomposition, BEMD) 的图像融合。2008 年，Wang 和 Ma[141] 提出了一种基于 m-PCNN 模型的医学图像融合方法。随后，该 m-PCNN 模型被用于融合多聚焦图像[142]。Bao 等[143] 提出了一种基于 m-PCNN 的图像融合方法。Zhao 等[144,145] 提出了一种基于改进的 m-PCNN 的图像融合方法。

2.2.2　变换域图像融合

除了空间域图像融合，变换域图像融合也是一种常用的方法。变换域图像融合总体框架如图 2.8 所示。假设有两个源图像 (图像 A 和图像 B)，首先，两个源图像在变换域中都被变换或分解成对应的系数 (CA_1 和 CA_2，CB_1 和 CB_2)。然后通过融合规则 R_1 将这些处理后的系数融合到 CF_1 中。同理，CA_2 和 CB_2 将通过系数处理方法 (M_2) 进行处理，然后通过融合规则 R_2 将这些处理后的系数融合到 CF_2 中。最后，根据融合系数 CF_1 和 CF_2 进行逆变换并重建融合图像。

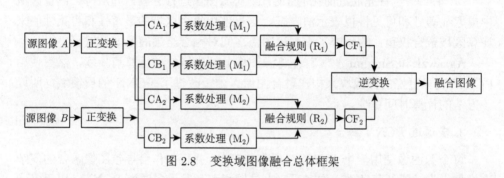

图 2.8　变换域图像融合总体框架

在上述框架中，假设每个源图像通过变换分解为两种不同的系数，如 HF 系数和 LF 系数。事实上，一些变换可以将图像分解为三种或更多种类的系数。无论变换得到多少种系数，每种系数的处理方式都与上述相同。然而，每种系数通常采用不同的融合规则。

基于 PCNN 的变换域图像融合也采用了这个框架。变换、处理方法和融合规则是基于 PCNN 的变换域图像融合算法的三个要素。大多数研究人员直接将变换作为分解源图像的工具。下面将重点介绍基于 PCNN 的系数处理方法和融合规则。

近年来，许多研究人员利用许多不同的变换进行基于 PCNN 的图像融合。这些变换包括 X-let 变换和非 X-let 变换。X-let 变换指的是 NSCT、轮廓波变换、WT、纹波变换 (ripplet transform, RT)、条带波变换 (bandelet transform, BT)、小群变换 (grouplet transform, GT)、ST、非下采样剪切波变换 (non-subsampled shearlet transform, NSST)、框架变换 (framelet transform, FT)、表面波变换 (surfacelet transform, SFT) 等。非 X-let 变换是指除 X-let 变换之外所有可能的变换。

1. WT

1) 传统 WT

小波作为一种较好的多分辨率分析工具，可以提供丰富的时间和频率信息。即 WT 在 HF 的时间分辨率上很好，而对于慢变函数，频率分辨率是显著的。

Liu 等[146] 使用 PCNN 融合 LF 系数，而结构相似度算子用于融合小波域中的 HF 系数。Wu 等[147] 首先将小波系数作为连接强度来构建自适应 PCNN，然后用它来融合所有系数。Ge 和 Li[148] 也提出了类似的方法，但将系数的局部平均值作为连接强度。

除了传统的 WT，参考文献 [123]、[149]、[150] 中还提到了 DWT。与连续 WT 相比，DWT 更适合计算机实现。Yuan 等[151] 提出了基于 PCNN 和 DWT 的图像融合方法来检测印制线路板 (printed circuit board, PCB) 故障，其中小波系数的局部熵被用作连接强度。Liu 等[152] 结合 PCNN 和压缩感知提出了一种 DWT 域中的图像融合方法。在该方法中，PCNN 用于融合 LF 系数，而基于平均梯度 (average gradient, AG) 和互信息的加权融合规则用于融合 HF 系数。最后，采用压缩采样匹配追踪算法对融合图像进行重构。

2) 多孔小波

与传统小波相比，多孔小波是一种非正交、位移不变、非抽取的 DWT。Zou 等[153] 采用多孔小波分解源图像并提出图像基于 PCNN 的融合方法。他们还使用 PCNN 来融合系数，而 PCNN 的连接强度由式 (2.32) 计算：

$$\beta_{ij} = \frac{\sigma}{m} \tag{2.32}$$

式中，m 与 σ 是外部激励邻域中的局部平均值和标准偏差。

3) 小波包变换

与传统的 WT 不同，小波包变换 (wavelet packet transform, WPT) 可以分解为 HF 分量和 LF 分量。因此它可以为信号分析提供更丰富的可能性。Li 和 Zhu[154] 采用全局耦合和脉冲同步特性 PCNN 提出了一种基于 WPT 的图像融合算法。Feng 和 Bao[155] 还提出了一种基于 WPT 的遥感图像融合方案，其中，在 LF 域中使用加权平均，而在 HF 域中使用 PCNN 融合系数。

此外，Zhao 等[156] 使用冗余提升的不可分离小波分解源图像。加权平均法用于融合 LF 系数，而 PCNN 用于融合 HF 系数。

2. 基于轮廓波的变换

1) 轮廓波变换

轮廓波变换是一种真正的二维变换，可以捕捉内在的几何结构，并已应用于图像处理中的许多任务。Lin 等 [157] 在 2007 年尝试将 PCNN 和轮廓波变换结合起来。首先将源图像通过轮廓波变换分解，然后使用 PCNN 做出智能决策。

2010 年，Yang 等 [158] 提出了一种新的 Contourlet 包，并在该变换域中实现了基于 PCNN 的图像融合。实际上，PCNN 被视为一种现有的融合系数的工具。后来，Yang 等 [159] 在轮廓波变换域中采用了隐马尔可夫树，提出了一种基于 Contourlet 域隐马尔可夫树驱动 PCNN 的图像融合方法。Zhang 等 [160] 提出了另一种基于 Contourlet 域上下文隐马尔可夫模型 (context hidden Markov model, CHMM) 的图像融合方法。LF 系数根据幅度最大规则选择，HF 系数首先使用 CHMM 进行处理，然后再使用 PCNN 进行融合。Zou 等 [161] 在提出的方法中同时使用多小波和轮廓波。多小波分解源图像，轮廓波分解多小波系数的子图像。作为轮廓波变换的一种变体，Wang 和 Chen [162] 采用基于小波的轮廓波对源图像进行分解与融合。

2) NSCT

NSCT 比轮廓波变换更适合图像融合应用，因为基于 NSCT 的图像融合算法远多于基于轮廓波变换的算法。一般通过 NSCT 可以得到 HF 系数和 LF 系数。现有方法有两种方案：一个是使用 PCNN 融合 HF 系数或 LF 系数，另一个是使用 PCNN 分别融合 HF 系数和 LF 系数。首先，我们介绍第一个方案。PCNN 和 NSCT 结合的较早尝试是在 2008 年。基于 NSCT 的图像融合的框架如图 2.9 所示。Wang 等 [163] 提出了一种在 NSCT 域中基于 PCNN 的图像融合方法。在该论文中，PCNN 用于融合 HF 系数，而其连接强度定义见式 (2.33)：

$$\beta_{ij} = \sum_{(p,q)\in N} [f(p,q) - \mu_N]^2 \tag{2.33}$$

式中，N 为邻域；μ_N 为 N 的平均值。

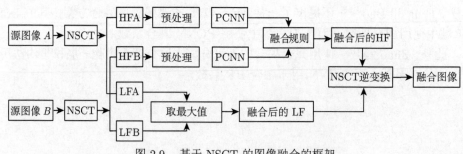

图 2.9　基于 NSCT 的图像融合的框架

　　Yao 和 Lei[164] 也提出了与 PCNN 类似的方案。Li 等[165] 使用区域方差规则来融合 LF 系数，而简化的 PCNN 用于融合 HF 系数。Das 和 Kundu[166] 使用最大选择规则 (maximum selection rule, MSR) 来融合 LF 系数，而将由修改后的空间频率驱动的 PCNN 用于融合 HF 系数。在他们的论文中，除了行和列频率，还添加了对角线频率以提高捕获方向信息的能力。Wang 等[167] 也采用了这个框架，但是，他们尝试分别采用脉冲皮层模型、双通道 PCNN[168] 和改进 PCNN[169] 来融合 HF 系数。在这些论文中，最大选择规则用于融合 LF 系数，而高频子带的空间频率被认为是图像的梯度特征来激发神经网络。Li 等[170] 使用区域能量加权方法融合 LF 系数，而 HF 系数的融合由 PCNN 完成。Ma 和 Zhao[171] 将源图像分解为三部分：LF 系数、通带系数和 HF 系数。LF 系数采用加权平均法融合，通带系数和 HF 系数分别采用 PCNN 融合。

　　与上述方法不同，Xin 等[172] 提出了一个双层 PCNN 模型。第一层由两个并列的 PCNN 组成，第二层由一个 PCNN 组成，第一层的输出作为第二层的输入。双层 PCNN 用于融合 LF 系数，而局部能量匹配规则用于选择 HF 系数。

　　另外一种方案是所有分解的系数都将由 PCNN 来融合。虽然 LF 和 HF 系数的融合都是由 PCNN 完成的，但 PCNN 的输入通常是不同的。因此，这里我们将关注 PCNN 的输入和 PCNN 本身的改进。Ge 和 Li[173] 采用由对比度和区域空间频率驱动的简化 PCNN 来融合 HF 系数，而 LF 系数直接输入到 PCNN。Liu 等[174,175] 使用 PCNN 直接融合所有分解的系数，但对于融合规则，Liu 等提出了图像的匹配度，其定义见式 (2.34)：

$$M(x,y) = \frac{2T_A(x,y,N)T_B(x,y,N)}{T_A(x,y,N) + T_B(x,y,N)} \tag{2.34}$$

式中，$T_A(\cdot)$ 和 $T_B(\cdot)$ 为 N 次迭代后图像的触发次数。Kong 等[176] 提出了一种自适应单元快速连接 PCNN 模型，它结合了单元连接 PCNN 和快速连接 PCNN 的优点。源图像的局部清晰度作为连接强度。与上述方式一样，将所有系数输入到提出的 PCNN 中，根据时间矩阵进行融合。Zhou 等[177] 将 NSCT-DCT 能量应用于图像融合，LF 系数的清晰度和 HF 系数的能量对比度分别由 NSCT-DCT 能量定义。对于 HF 系数，构建显著性图以激发 PCNN。显著性图 Sa 定义见式 (2.35)：

$$\mathrm{Sa}(x,y) = g||F^{-1}(\mathrm{e}^{\mathrm{j}P(u,v)})|| \tag{2.35}$$

式中，F 和 F^{-1} 表示傅里叶变换和傅里叶逆变换；$P(\cdot)$ 是相位谱；g 是二维高斯滤波器。Jiao 等[178] 采用接近度比较和阈值方法来选择 LF 系数，而 HF 系数则选择为其时间矩阵。El-Taweel 和 Helmy[179] 提出了一种改进的对偶 PCNN 模型。然后将 SF 作为图像的梯度特征来激励双通道 PCNN 选择 HF 系数，而使用图像的 SML 值激励双通道 PCNN 选择 LF 系数。与上述方案一样，Zhang 等 [180] 也采用双通道 PCNN。但是不同的聚焦测量方法被用来获得更好的融合图像质量。

一些研究同时采用 WT 和 NSCT 来分解图像，然后使用 PCNN 来融合系数 [181-184]。Yang 等 [181] 采用 PCNN 融合 HF 系数，每个神经元的连接强度由系数的清晰度决定。Wang 等 [183] 简化 PCNN 以融合 HF 系数，其中，连接强度由 HF 系数的 AG 决定，并以局部方差作为输入来激励 PCNN。Das 和 Kundu [185] 提出了一种模糊自适应缩减脉冲耦合神经网络，其中，模糊隶属度 $\mu_1(i,j)$ 和 $\mu_2(i,j)$ 与连接强度 β_{ij} 的关系为

$$\beta_{ij} = \max[\mu_1(i,j), \mu_2(i,j)] \tag{2.36}$$

式中，模糊隶属度值 $\mu_1(i,j)$ 和 $\mu_2(i,j)$ 取决于局部信息熵。然后他们使用这个模型来解决 NSCT 域中的多模态医学图像融合问题。Xiang 等 [186] 提出了一种改进的双通道单元连接 PCNN，其中，将源图像的 AG 作为连接强度。将 NSCT 分解的系数，经 SML 处理后，再使用 PCNN 进行融合。

3. 基于剪切波的变换

剪切波继承了曲波和表面波的一般优点。它的表示是一个多尺度金字塔，在不同的位置和方向上定义了良好的定位波形。剪切波能够准确、高效地捕捉图像的几何信息，因为它具有处理方向性和各向异性特征的能力。

1) ST

Xu 等 [187] 提出了一种基于 3D(dimensions)-ST 域中 3D-PCNN 的图像序列融合方案，其中 3D-ST 由与锥体区域相关的剪切波系统构建。通过傅里叶空间的划分获得这些锥体区域。为了获得更好的性能，他们提出了一种基于 3D-PCNN 的时空融合规则。Geng 等 [188,189] 和 Ma 等 [190] 还使用 PCNN 来融合 ST 域中的图像。Shi 等 [191] 提出了一种 ST 域和 DWT 域图像融合的复合方法，首先用剪切波分解源图像，其次用 DWT 分解梯度特征图，梯度特征图由各个方向的系数计算得到，然后将这些 DWT 分解得到的数据作为 PCNN 的输入，最后使用逆变换获得融合图像。

2) NSST

通过结合非下采样拉普拉斯金字塔分解和剪切滤波器，构造具有与非下采样轮廓波相似的频率平铺的 NSST。2014 年，Kong 等 [192] 在 NSST 域提出了一种基于 PCNN 的图像融合方法，其中，PCNN 用于融合 NSST 获得的一对低频子图像和一系列高频子图像。然后通过增加空间频率和改进 PCNN 模型来增强这种方法。

4. 其他 X-Let 变换

除上述变换外，还有 CVT、GT、BT、RT、SFT 等。文献 [193]~ [195] 中提到了将 PCNN 与 CVT 相结合来融合图像。Cai 等 [193] 使用支持向量机来选择代表子带特征的支持值。这些选定的值将激励神经元。此外，Xin 等 [194] 提出了一个双层 PCNN 并将其用于在 CVT 域中融合图像，而 Xiong 等 [195] 只采用 PCNN 融合精细系数。

正交小群变换 (orthogonal grouplet transform, OGT) 是一种加权多尺度哈尔 (Haar) 变换，可以有效地逼近小区域内任意形状的几何结构。PCNN 用于融合变换后的所有系数，而融合规则是根据火灾次数和区域火灾方差定义的 [196]。Zhang 等 [197] 提出了一种 PCNN 和条带波的图像融合方法来检测带钢表面，其中，PCNN 融合了低通子带系数。

离散纹波变换 (discrete ripplet transform, DRT) 可以与 PCNN 结合来融合图像。例如，Das 和 Kundu [198] 提出了一种图像融合方法，其中，LF 系数使用最大选择规则融合，而 PCNN 融合 HF 系数。除了 DRT 和 PCNN，Kavitha 等 [199] 首先用 DWT 分解源图像，LF 系数通过 DRT 分解。然后使用 PCNN 融合来自 DRT 的所有系数。

Zhang 等 [200] 在 SFT 域中提出了一种基于 PCNN 的融合方法。他们使用不同的 PCNN 模型分别融合 LF 系数和 HF 系数。

5. 非 X-Let 变换

在上面的叙述中主要关注了 X-let 变换。其实除了 X-let 变换，还有采用非 X-let 变换来融合图像的方法。例如，金字塔分解、压缩感知、离散多参数分数随机变换 (discrete multi-parameter fractional random transform, DMPFRT)、BEMD 和鲁棒主成分分析 (robust principal component analysis, RPCA) 用于图像融合，在此列出一些相关研究。

金字塔分解是一种多尺度分析方法。事实上，它也很适合用于图像融合。Xu 和 Chen [201] 提出了一种基于 PCNN 和对比度金字塔 (contrast pyramid, CP) 的多传感器图像融合算法。所有的系数都作为 PCNN 的输入来实现图像融合。Deng 和 Ma [202] 没有采用对比度金字塔，而是采用可转向金字塔和 PCNN 来融合图像。在他们的方法中，PCNN 只融合了 HF 系数。

压缩感知是一种新的图像压缩方法，用于与 PCNN 进行图像融合 [203]。它是在压缩测量而不是多尺度变换系数上执行的。

在文献 [204] 中，源图像被转换为离散多参数分数随机变换域，其中，PCNN 用于提取有用信息，而 PCNN 的点火映射用于确定融合参数。

BEMD 是一种多尺度分析方法，比小波分析具有更好的空间和频率特性。Zhang

等 [205] 使用 PCNN 融合 BEMD 域中的低频分量。鲁棒主成分分析可以有效地从图像等高维数据构建低维线性子空间表示。Zhang 等 [206-208] 将 RPCA 与 PCNN 相结合，提出了一种多聚焦图像融合方法，其中，源图像通过 RPCA 分解为低秩矩阵和稀疏矩阵，然后将处理后的稀疏矩阵用于激励 PCNN。

Zhang 等 [209] 提出了一种内部生成机制 (internal generative mechanism, IGM) 和 PCNN 的图像融合方法。每个源图像通过 IGM 分解为粗糙层和精细层。然后使用 PCNN 融合精细层，而基于光谱残差的显著性方法用于融合粗糙层。最后，通过添加两个融合层来获得融合图像。

2.2.3　硬件实现

上述提到的大多数方法都是通过计算机程序模拟来实现的。然而，很少有研究人员尝试在硬件平台上使用 PCNN 设计和实现图像融合。Johnson 是个例外。1998 年，Johnson 等 [210] 设计了一个脉冲耦合神经网络传感器融合系统。在他们的系统中，多个 PCNN 以各种方式相互耦合，用于合成单个二维图案或融合图像。

图像融合通常不是图像处理的最终目标。换句话说，图像融合后还有一些任务 (如图像分割、模式识别等)。Kinser [137] 采用多通道 PCNN 和复分数功率滤波器来生成高光谱数据立方体，其中，包含不同通道中的部分目标信息。Broussard 等 [211] 使用 PCNN 融合几种对象检测技术的结果，以提高对象检测精度。Wu 等 [212] 结合 PCNN 和熵成分分析改进多模态人脸识别算法。首先，通过基于区域分割和 PCNN 的图像融合方法得到融合图像。然后，根据熵贡献提取融合图像的特征。

2.3　基于双通道 PCNN 的多聚焦图像融合算法

由前述可知，PCNN 在图像融合领域具有很好的应用。在深入分析与研究现有算法的基础上，本节提出一种基于 PCNN 的多聚焦图像融合算法。实验结果表明，该算法具有较好的融合效果，不仅适用于生物显微图像，而且对于其他类型的多聚焦图像也适用。所以，该算法在一定程度上增强了算法的实用性。

2.3.1　双通道 PCNN 模型

双通道 PCNN 与 m-PCNN 一样也是 PCNN 的一种改进模型。提出该模型的初衷是为了更好地解决标准 PCNN 在多聚焦融合领域遇到的问题。双通道 PCNN 的神经元模型如图 2.10 所示，它由信息接收区、信息融合区、脉冲产生区三部分组成。信息接收区主要负责接收外界激励和来自周围神经元的输出。信息融合区则是融合数据的地方。脉冲产生区则是阈值更新和产生脉冲的地方。

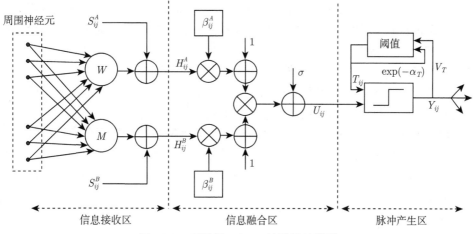

图 2.10 双通道 PCNN 的神经元模型

这里使用的 PCNN 模型见式 (2.37) ~ 式 (2.41)。公式中 U、T、Y、V_T、W_{ijkl}、M_{ijkl} 和 α_T 的含义与 m-PCNN 的参数含义基本一致，这里仅对耦合连接强度 β_{ij} 和周围神经元的输入 Sur_{ij} 进行说明。该模型中每个神经元 (i, j) 都有自己的耦合连接强度 β_{ij}，并且每一个耦合连接强度可以根据输入激励的不同而自适应地调整。这在一定程度上也体现了实际生物视觉皮层不同神经元细胞耦合的差异性。耦合连接强度的大小直接关系到各通道输入在最终结果中所占有的权重。由于通常 $K_{ijkl} = W_{ijkl} = M_{ijkl}$，所以周围神经元的输入 $\mathrm{Sur}_{ij} = \sum\limits_{kl} K_{ijkl}Y_{kl}[n-1]$。

$$H_{ij}^A[n] = S_{ij}^A + \sum_{kl} W_{ijkl}Y_{kl}[n-1] \tag{2.37}$$

$$H_{ij}^B[n] = S_{ij}^B + \sum_{kl} M_{ijkl}Y_{kl}[n-1] \tag{2.38}$$

$$U_{ij}[n] = (1 + \beta_{ij}^A H_{ij}^A[n])(1 + \beta_{ij}^B H_{ij}^B[n]) + \sigma \tag{2.39}$$

$$Y_{ij}[n] = \begin{cases} U_{ij}[n] - \mathrm{Sur}_{ij}[n], & U_{ij}[n] > T_{ij}[n-1] \\ 0, & \text{其他} \end{cases} \tag{2.40}$$

$$T_{ij}[n] = \begin{cases} \mathrm{e}^{-\alpha_T} T_{ij}[n-1], & Y_{ij}[n] = 0 \\ V_T, & \text{其他} \end{cases} \tag{2.41}$$

　　双通道 PCNN 与 m-PCNN 模型相比, 不难发现, 两者存在密切的联系, 也有着显著的区别。相同之处比较明显, 即神经元都有多个外界输入, 每个输入有各自对应的输入通道。两者的阈值衰减方式也均采用了指数衰减的方式。其不同之处主要是二者的耦合方式。前者属于硬性耦合, 即所有输入通道间的耦合系数是一致的。一般来说, 该系数是根据多次实践经验而设定的, 而后者则是软性耦合, 即各通道间的耦合系数是自适应变化的。

　　现对双通道 PCNN 的数据融合过程进行简单描述。首先两个通道同时接收外部激励和周围神经元的输出, 并将这些数据送到信息融合区。在信息融合区各通道输入的数据被加权融合。融合好的数据以神经元输出的方式释放出来, 具体过程如下所示。

　　(1) 参数初始化: $U = O = Y = 0$, $T = 1$。

　　(2) 如果 $S^A = S^B$, 那么 $O = S^A$ 或 S^B, 执行 (6)。

　　(3) 将外部激励归一化到 $[0, 1]$ 区间。

　　(4) $\mathrm{Sur} = Y * K$; $H^A = S^A + \mathrm{Sur}$; $H^B = S^B + \mathrm{Sur}$; $U = (1 + \beta^A \times H^A)(1 + \beta^B \times H^B) + \sigma$。如果 $U_{ij} > T_{ij}$, 那么 $Y_{ij} = U_{ij} - \mathrm{Sur}_{ij}$, 否则 $Y_{ij} = 0$; 如果 $S_{ij}^A = S_{ij}^B$ 或 $\beta_{ij}^A = \beta_{ij}^B$, 那么 $O_{ij} = S_{ij}^A$ 或 S_{ij}^B, 否则 $O_{ij} = Y_{ij}$; 如果 $Y_{ij} = 0$, 那么 $T_{ij} = \mathrm{e}^{-\alpha_T} \times T_{ij}$, 否则 $T_{ij} = V_T$。

　　(5) 当所有神经元均已点火以后, 执行下一步, 否则转到 (4)。

　　(6) 处理结束, O 为 PCNN 的输出。

　　从上述实现过程可以看出, 双通道 PCNN 并不是将两通道的数据单纯地加权融合。周围神经元的状态对当前神经元的融合结果也有很大的影响。正是 PCNN 所特有的同步脉冲激发机制, 使得每个神经元的输出均是不可预知的, 甚至是随机的。也就是说该模型的数据融合方式是非线性的。

2.3.2　基于双通道 PCNN 的融合算法

1. 聚焦度测量

　　聚焦度测量就是测量图像聚焦的程度, 聚焦度测量在多聚焦图像的融合中起着非常重要的作用。近年来, 人们对聚焦度测量技术提出了多种方法 [213, 214]。文献 [213] 对 1.2.1 节介绍的五种聚焦度测量方法做了比较客观的评价。其实验结果表明, EOL 法性能较为优越。因此, 这里选用 EOL 法作为聚焦度测量方法。EOL 的计算见式 (2.42):

$$\text{EOL} = \sum_{i=0}^{M-1} \sum_{j=0}^{N-1} [-f(i-1,j-1) - 4f(i-1,j) - f(i-1,j+1) - 4f(i,j-1)$$

$$+ 20f(i,j)] - 4f(i,j+1) - f(i+1,j-1) - 4f(i+1,j) - f(i+1,j+1) \tag{2.42}$$

2. 融合原理

现在阐述一下如何使用双通道 PCNN 对多聚焦图像进行融合处理。这里假定有两幅大小相同的多聚焦图像 A 和 B(分别记作 I^A 和 I^B)。$I^A(i,j)$ 和 $I^B(i,j)$ 表示位置相同的两个像素点。融合的预期目标是从图像 I^A 和 I^B 中提取清晰的像素点，重组成一幅清晰的图像。由前面的阐述可知，双通道 PCNN 有良好的数据融合能力。所以只要使得清晰像素对应通道的连接强度大，而模糊像素对应的连接强度小，就可以实现多聚焦图像的融合。

现着重叙述一下如何实现连接强度根据各通道数据的变化进行自适应调整。为了实现这一转化，这里采用了文献 [215] 使用的方法，连接强度自适应调整过程如下所示。

首先对输入 $I^A(i,j)$ 和 $I^B(i,j)$ 进行聚焦度测量，得到相应的聚焦度 $M^A(i,j)$ 和 $M^B(i,j)$。然后对 $M^A(i,j)$ 和 $M^B(i,j)$ 做差，得到式 (2.43)：

$$D(i,j) = M^A(i,j) - M^B(i,j) \tag{2.43}$$

理论上讲，如果 $D(i,j) > 0$，那么说明 $I^A(i,j)$ 比 $I^B(i,j)$ 清晰，否则 $I^A(i,j)$ 比 $I^B(i,j)$ 模糊。但是实际上，这种判断并不一定可靠，其原因是聚焦度测量的结果不一定准确可靠，所以需要借助周围像素的聚焦度信息来确保当前像素聚焦度信息的准确性。

为了较好地利用周围像素的信息，使用邻域均值，见式 (2.44)：

$$\bar{D}(i,j) = \sum_{m=-r/2}^{r/2} \sum_{n=-r/2}^{r/2} D(i+m, j+n) \tag{2.44}$$

式中，邻域大小为 $(r+1) \times (r+1)$，这样处理可有效地除去不可靠的聚焦度信息。

这样就可以通过变换得到连接强度 [215]，见式 (2.45) 和式 (2.46)：

$$\beta_{ij}^A = \frac{1}{1 + e^{-\eta \bar{D}(i,j)}} \tag{2.45}$$

$$\beta_{ij}^{B} = \frac{1}{1 + \mathrm{e}^{-\eta \bar{D}(i,j)}} \tag{2.46}$$

式中，常数 η 对连接强度的变化趋势起着重要的调节作用。如图 2.11 所示，η 越大，β_{ij}^{A} 与 β_{ij}^{B} 变化得就越剧烈，相反，则越平缓。当 $\eta = 0$ 时，$\beta_{ij}^{A} = \beta_{ij}^{B}$。所以说，调节 η 可以改变 β_{ij}^{A} 和 β_{ij}^{B} 的变化趋势，其具体数据一般视具体应用而定。

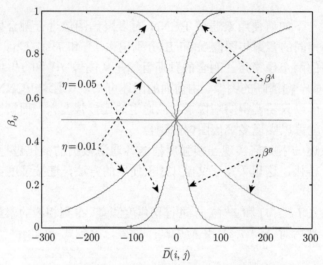

图 2.11　常数 η 与连接强度 $\overline{D}(i,j)$ 的变化关系

式 (2.43) ∼ 式 (2.46) 完成由输入激励到连接强度的转变。假设 (i,j) 邻域内 I^{A} 比 I^{B} 要清晰，则经过聚焦度测量，有 $M(I^{A}) > M(I^{B})$，从而得到相应的差值 D。根据式 (2.44) 可知，若 $\overline{D}(i,j)$ 越大，则表明 I^{A} 比 I^{B} 越清晰。由式 (2.45) 和式 (2.46) 可知，$\beta^{A}(\overline{D}(i,j))$ 是增函数，$\beta^{B}(\overline{D}(i,j))$ 是减函数。这也就是说，越清晰的点所对应神经元的连接强度就越大，进而在融合图像中所占的权重就越大。

3. 算法描述

在上述论述的基础上，这里着重叙述基于双通道 PCNN 的多聚焦图像融合算法的实现流程。算法框图如图 2.12 所示。这里双通道 PCNN 是单层的二维网络，其大小与输入图像相同。神经元的位置与输入图像的像素位置一一对应，即神经元 $N(i,j)$ 的两个外部激励分别是 $I^{A}(i,j)$ 和 $I^{B}(i,j)$。本算法假设输入图像已经配准好且大小一样。否则，必须对输入图像进行配准。输入图像通过两个输入通道进入到双通道 PCNN 内部，同时根据各自输入的源图像，计算出相应的耦合连接强度。随着神经元相继点火完毕，从而完成整个图像的融合过程。

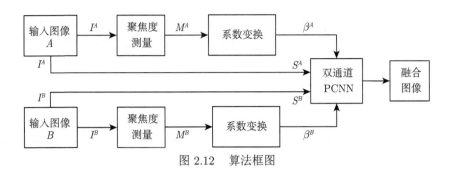

图 2.12 算法框图

具体的工作流程如下:

(1) 对输入图像 I^A 和 I^B 进行聚焦度测量,得到相应的聚焦度矩阵 M^A 与 M^B。

(2) 根据式 (2.43)~ 式 (2.46) 和聚焦度矩阵 M^A 与 M^B,计算各通道的连接强度 β^A 与 β^B。

(3) 将输入图像作为外部激励输入到双通道 PCNN 中,启动 PCNN 处理。

(4) 判断 PCNN 的终止条件,若满足,则进行下一步,否则,继续 PCNN 处理。

(5) PCNN 处理结束,得到融合图像。

2.3.3 实验结果与分析

为了更有条理地叙述仿真实验,本节分为参数设置、性能评价和实际应用三部分叙述。首先介绍有关参数设置,其次给出实验结果,为了说明该算法的优越性,还与多种算法进行对比。最后给出几幅实际应用照片。

1. 参数设置

双通道 PCNN 的参数设置见表 2.1。连接矩阵过大会造成计算量过大,进而影响处理速度,这里 $K = [1, 0.5, 1; 0.5, 0, 0.5; 1, 0.5, 1]$。

表 2.1 双通道 PCNN 的参数设置

参数	σ	α_E	V_E	r	η
参数值	-0.1	0.12	1000	14	0.01

下面通过与 CP 算法、过滤–抽取–分解 (filter-subtract-decimate, FSD) 金字塔算法、GP 算法、数学 MP 算法、位移不变的离散小波变换 (shift-invariant discrete wavelet transform, SIDWT) 算法和现有 PCNN 算法进行对比来验证本节所提算法的有效性。这些金字塔算法的分解层数为 4。相应的选择法则为对于

高频数据选取最大值，对于低频数据选择平均值。现有 PCNN 算法使用的是文献 [120] 提出的融合算法，以下简记为 HPCNN。HPCNN 的参数设置见表 2.2。

表 2.2　HPCNN 的参数设置

参数	α_L	α_T	V_L	V_T	r
参数值	1.0	5.0	0.2	20.0	13.0

2. 性能评价

为了评价本节所提算法与其他算法的性能，这里给出四组测试实验 (LETTER、BADGE、TEAPOT 和 PHOTO)。实验图像如图 2.13 所示。其中，LETTER、BADGE 与 TEAPOT 是人工合成的图像，而 PHOTO 图像则是由真实的照片经过区域模糊得到的。具体结果如图 2.14 ∼ 图 2.25 所示，从内容的丰富度来看，LETTER 内容简单单一，BADGE 与 TEAPOT 的内容逐步丰富。PHOTO 为数码相机所拍的真实景物照片。图 2.14、图 2.17、图 2.20 与图 2.23 分别是由各种算法得到的四组图像。而图 2.15、图 2.16、图 2.18、图 2.19、图 2.21、图 2.22、图 2.24 与图 2.25 是性能评价数据。

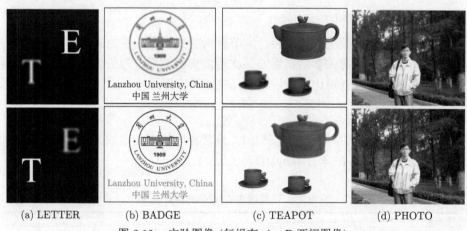

(a) LETTER　　　　(b) BADGE　　　　(c) TEAPOT　　　　(d) PHOTO

图 2.13　实验图像 (每组有 A、B 两幅图像)

一般而言，对多聚焦图像融合算法性能的评价，从主观视觉观察融合后图像清晰度 (主观评价) 和客观评价指标两个方面进行。因此，首先进行主观视觉评价，在此基础之上再进行客观评价。

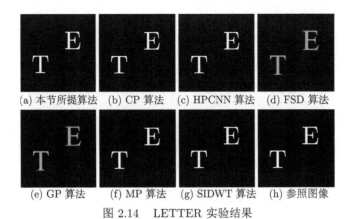

(a) 本节所提算法 (b) CP 算法 (c) HPCNN 算法 (d) FSD 算法

(e) GP 算法 (f) MP 算法 (g) SIDWT 算法 (h) 参照图像

图 2.14 LETTER 实验结果

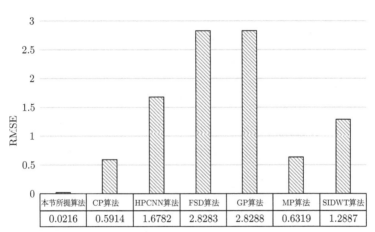

本节所提算法	CP算法	HPCNN算法	FSD算法	GP算法	MP算法	SIDWT算法
0.0216	0.5914	1.6782	2.8283	2.8288	0.6319	1.2887

图 2.15 LETTER 客观评价结果 (RMSE)

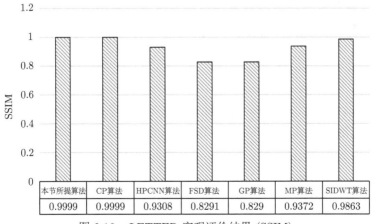

本节所提算法	CP算法	HPCNN算法	FSD算法	GP算法	MP算法	SIDWT算法
0.9999	0.9999	0.9308	0.8291	0.829	0.9372	0.9863

图 2.16 LETTER 客观评价结果 (SSIM)

(a) 本节所提算法　(b) CP 算法　(c) HPCNN 算法　(d) FSD 算法

(e) GP 算法　(f) MP 算法　(g) SIDWT 算法　(h) 参照图像

图 2.17　BADGE 实验结果

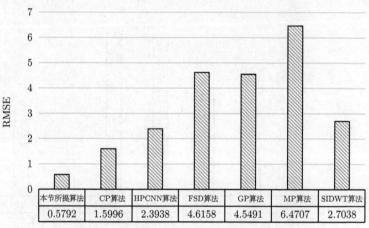

	本节所提算法	CP算法	HPCNN算法	FSD算法	GP算法	MP算法	SIDWT算法
RMSE	0.5792	1.5996	2.3938	4.6158	4.5491	6.4707	2.7038

图 2.18　BADGE 客观评价结果 (RMSE)

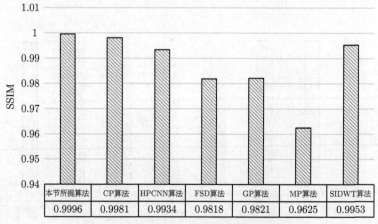

	本节所提算法	CP算法	HPCNN算法	FSD算法	GP算法	MP算法	SIDWT算法
SSIM	0.9996	0.9981	0.9934	0.9818	0.9821	0.9625	0.9953

图 2.19　BADGE 客观评价结果 (SSIM)

(a) 本节所提算法   (b) CP 算法   (c) HPCNN 算法   (d) FSD 算法

(e) GP 算法   (f) MP 算法   (g) SIDWT 算法   (h) 参照图像

图 2.20   TEAPOT 实验结果

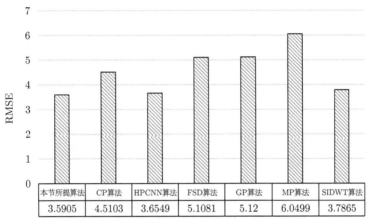

	本节所提算法	CP算法	HPCNN算法	FSD算法	GP算法	MP算法	SIDWT算法
RMSE	3.5905	4.5103	3.6549	5.1081	5.12	6.0499	3.7865

图 2.21   TEAPOT 客观评价结果 (RMSE)

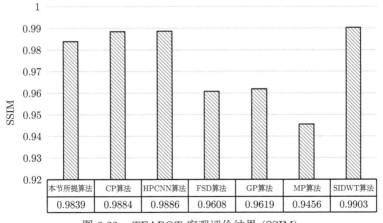

	本节所提算法	CP算法	HPCNN算法	FSD算法	GP算法	MP算法	SIDWT算法
SSIM	0.9839	0.9884	0.9886	0.9608	0.9619	0.9456	0.9903

图 2.22   TEAPOT 客观评价结果 (SSIM)

(a) 本节所提算法　　　　(b) CP 算法　　　　(c) HPCNN 算法　　　　(d) FSD 算法

(e) GP 算法　　　　(f) MP 算法　　　　(g) SIDWT 算法　　　　(h) 参照图像

图 2.23　PHOTO 实验结果

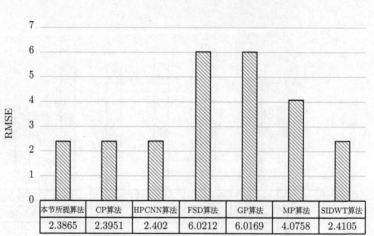

	本节所提算法	CP算法	HPCNN算法	FSD算法	GP算法	MP算法	SIDWT算法
RMSE	2.3865	2.3951	2.402	6.0212	6.0169	4.0758	2.4105

图 2.24　PHOTO 客观评价结果 (RMSE)

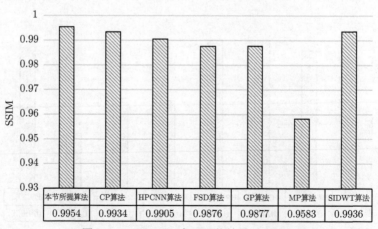

	本节所提算法	CP算法	HPCNN算法	FSD算法	GP算法	MP算法	SIDWT算法
SSIM	0.9954	0.9934	0.9905	0.9876	0.9877	0.9583	0.9936

图 2.25　PHOTO 客观评价结果 (SSIM)

(1) 主观评价。观察各组实验结果图像 (图 2.14、图 2.17、图 2.20 与图 2.23)，不难发现，FSD 算法与 GP 算法融合的图像亮度偏暗，对比度不高。显然这两种算法性能欠佳。另外，MP 算法虽然具有较好的对比度，但是边缘信息处理的效果很差，局部失真较为严重，典型的图像是图 2.14(f)、图 2.17(f) 与图 2.20(f)。其他算法融合的图像，视觉上无明显区别。

(2) 客观评价。为了较为客观地评价诸算法的性能，这里使用均方根误差 (root mean square error, RMSE) 和 SSIM 两种方法作为评价标准。RMSE 的计算方法见式 (2.47)，其中，f_F 与 f_R 分别表示融合后的图像和参照图像。

$$\text{RMSE} = \sqrt{\frac{1}{M \times N} \sum_{i=0}^{M-1} \sum_{j=0}^{N-1} [f_R(i,j) - f_F(i,j)]^2} \tag{2.47}$$

RMSE 越小说明融合后的图像与参照图像越相似，其相应的算法也就越优秀。反之，则说明相应的算法性能越差。图 2.15、图 2.18、图 2.21 和图 2.24 是 RMSE 评价的结果。

SSIM 的计算方法已在 1.3 节中介绍过，其值越大说明两者越相似。SSIM 的评价结果如图 2.16、图 2.19、图 2.22 与图 2.25 所示。

从 RMSE 与 SSIM 的评价结果来看，二者具有较好的一致性。根据上面的论述，好的算法应具有小的 RMES 与大的 SSIM。从数值上看，本节所提算法有良好的性能。例如，在图 2.15、图 2.18、图 2.21 和图 2.24 中，本节所提算法的 RMSE 最小，在图 2.16、图 2.19 和图 2.25 中，本节所提算法的 SSIM 最大。不过也有例外，如在图 2.22 中，SIDWT 算法的 SSIM 最大。此外，本节所提算法与 CP 算法、SIDWT 算法和 HPCNN 算法在图 2.21、图 2.22、图 2.24 和图 2.25 中有相似的性能。在这种情况下，有必要进行进一步的分析评价。

尽管上述四种方法有着近似的性能，但是它们的差异还是有的。这里以 LETTER 和 TEAPOT 为例使这些差异更加可视化。具体的方法如下所示。

对于 LETTER:

(1) 分别用 R_0、R_1、R_2 与 R_3 代表本节所提算法、CP 算法、HPCNN 算法和 SIDWT 算法融合后的图像。R_s 表示参照图像。

(2) 图像二值化：$B_0 = R_0 > 0$；$B_1 = R_1 > 0$；$B_2 = R_2 > 0$；$B_3 = R_3 > 0$；$B_s = R_s > 0$。

(3) 获取误差图像：$E_0 = \text{XOR}(E_0, B_s)$；$E_1 = \text{XOR}(R_1, B_s)$；$E_2 = \text{XOR}(R_2, B_s)$；$E_3 = \text{XOR}(R_3, B_s)$。其中，XOR 表示异或运算。

LETTER 误差测试结果如图 2.26 所示。

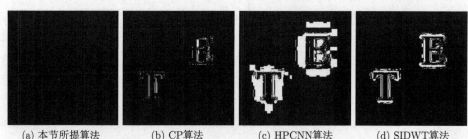

(a) 本节所提算法　　　(b) CP算法　　　(c) HPCNN算法　　　(d) SIDWT算法

图 2.26　LETTER 误差测试结果

对于 TEAPOT：

(1) 分别用 R_0、R_1、R_2 与 R_3 代表本节所提算法、CP 算法、HPCNN 算法和 SIDWT 算法融合后的图像。R_s 表示参照图像。

(2) 做差：$D_0 = |R_s - R_0| > 0$；$D_1 = |R_s - R_1| > 0$；$D_2 = |R_s - R_2| > 0$；$D_3 = |R_s - R_3| > 0$。

(3) 获取误差图像：$E_0 = D_0 > 0$；$E_1 = D_1 > 0$；$E_2 = D_2 > 0$；$E_3 = D_3 > 0$。

TEAPOT 误差测试结果如图 2.27 所示。

(a) 本节所提算法　　　(b) CP算法　　　(c) HPCNN算法　　　(d) SIDWT算法

图 2.27　TEAPOT 误差测试结果

在图 2.26 和图 2.27 中，所有图像均是二值图像，亮点代表有误差的点。在图 2.26 中，本节所提算法的误差点最少，其他算法的误差点均很多。这说明用本节所提算法融合的图像最接近参照图像。由图 2.27 可知，CP 算法和 HPCNN 算法的误差点很多，说明它们的融合图像与参考图像的差距较大。对照图 2.27(a) 与 (d)，可以发现大茶壶的误差点差不多。但是对于其旁边的两个小茶杯，图 2.27(a) 的误差点明显地要少于图 2.27(d)。这说明本节所提算法误差要少于 SIDWT 算法。由此看出，本节所提算法要优于其他算法。

由上述评价结果可以看出，本节所提算法与 HPCNN 算法的融合结果差距不大。因此有必要对这两种算法做进一步比较。其实本节所提算法至少在两个方面要优于 HPCNN 算法。一是由于本节所提算法不需要对输入图像进行分块处理，所以它的复杂性低，易于实现。二是本节所提算法效率高，具体表现是耗时少，耗时量对比见表 2.3。

算法	LETTER	BADGE	TEAPOT	PHOTO
本节所提算法	0.3340	0.4131	0.6866	0.6469
HPCNN 算法	5.5749	10.1060	18.5210	20.6628

表 2.3　耗时量对比　(单位: s)

3. 实际应用

　　本节提出的多聚焦图像融合算法有较好的性能。为此将其应用到真实的多聚焦图像中，也获得了很好的视觉效果。例如，利用本节所提算法对生物显微图像进行融合，如图 2.28 所示。图 2.28(a)、(b) 与 (d)、(e) 是我们使用 Motic 数码显微镜获得的两组多聚焦显微图像。图 2.28(c) 与 (f) 是融合结果。由结果图可以看出，本节所提算法融合的图像整体清晰，视觉效果很好。图 2.29 所用的两组多聚焦图像来自互联网，由其结果图像也可以看出本节所提算法的融合效果，这也证实了本节所提算法的适用性。

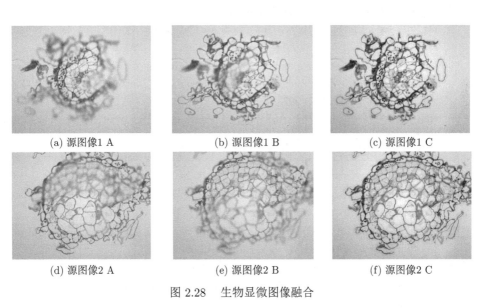

(a) 源图像1 A　　　　(b) 源图像1 B　　　　(c) 源图像1 C

(d) 源图像2 A　　　　(e) 源图像2 B　　　　(f) 源图像2 C

图 2.28　生物显微图像融合

(a) 源图像1 A　　　　(b) 源图像1 B　　　　(c) 源图像1 C

(d) 源图像 2 A

(e) 源图像 2 B

(f) 源图像 2 C

图 2.29　实际图像

参 考 文 献

[1] Gray C M, König P, Engel A K, et al. Oscillatory responses in cat visual cortex exhibit inter-columnar synchronization which reflects global stimulus properties[J]. Nature, 1989, 338(6213): 334-337.

[2] Eckhorn R, Reitboeck H, Arndt M, et al. A Neural Network for Feature Linking via Synchronous Activity: Results from Cat Visual Cortex and from Simulations[M]. Cambridge: Cambridge University Press, 1989: 293-307.

[3] Eckhorn R, Reitboeck H, Arndt M, et al. Feature linking via synchronization among distributed assemblies: Simulations of results from cat visual cortex[J]. Neural Computation, 1990, 2(3): 293-307.

[4] Reitboeck H J. A model of feature linking via correlated neural activity[J]. Synergetics of Cognition, 1989, 45: 112-125.

[5] Rybak I A, Shevtsova N A, Podladchikova L N, et al. A visual cortex domain model and its use for visual information processing[J]. Neural Networks, 1991, 4(1): 3-13.

[6] Rybak I A, Shevtsova N A, Sandler V M. The model of a neural network visual preprocessor[J]. Neurocomputing, 1992, 4(1): 93-102.

[7] Johnson J L, Ritter D. Observation of periodic waves in a pulse-coupled neural network[J]. Optics Letters, 1993, 18(15): 1253-1255.

[8] Ranganath H S, Kuntimad G, Johnson J L. Pulse coupled neural networks for image processing[C]. Proceedings of IEEE SoutheastCon '95. Visualize the Future, Raleigh, 1995: 37-43.

[9] Johnson J L. Pulse-coupled neural networks[C]. Adaptive Computing: Mathematics, Electronics, and Optics: A Critical Review, Orlando, 1994: 45-74.

[10] Johnson J L, Padgett M L, Omidvar O. Guest editorial overview of pulse coupled neural network (PCNN) special issue[J]. IEEE Transactions on Neural Networks, 1999, 10(3): 461-463.

[11] Izhikevich E M. Theoretical foundations of pulse-coupled models[C]. 1998 IEEE International Joint Conference on Neural Networks Proceedings. IEEE World Congress on Computational Intelligence, Anchorage, 1998: 2547-2550.

[12] Izhikevich E M. Class 1 neural excitability, conventional synapses, weakly connected networks, and mathematical foundations of pulse-coupled models[J]. IEEE Transactions on Neural Networks, 1999, 10(3): 499 - 507.

[13] Kinser J M. Simplified pulse-coupled neural network[C]. Aerospace/Defense Sensing and Controls, 1996: 563-567.

[14] Ma Y D, Dai R, Li L, et al. Image segmentation of embryonic plant cell using pulse-coupled neural networks[J]. Chinese Science Bulletin, 2002, 47(2): 169-173.

[15] Zhan K, Zhang H J, Ma Y D. New spiking cortical model for invariant texture retrieval and image processing[J]. IEEE Transactions on Neural Networks, 2009, 20(12): 1980-1986.

[16] Wang Z, Ma Y. Dual-channel PCNN and its application in the field of image fusion[C]. 3rd International Conference on Natural Computation, Haikou, 2007: 755-759.

[17] 赵荣昌, 马义德, 绽琨. 三态层叠 PCNN 原理及在最短路径求解中的应用[J]. 系统工程与电子技术, 2008, 30(9): 1785-1789.

[18] 聂仁灿, 周冬明, 赵东风, 等. 竞争型脉冲耦合神经网络及用于多约束 QoS 路由求解[J]. 通信学报, 2010, 31(1): 65-72.

[19] Gu X, Zhang L, Yu D. General design approach to unit-linking PCNN for image processing[C]. Proceedings of 2005 IEEE International Joint Conference on Neural Networks, Montreal, 2005: 1836-1841.

[20] Gu X D, Yu D H, Zhang L M. Image shadow removal using pulse coupled neural network[J]. IEEE Transactions on Neural Networks, 2005, 16(3): 692-698.

[21] Gu X. A new approach to image authentication using local image icon of unit-linking PCNN[C]. Proceedings of The 2006 IEEE International Joint Conference on Neural Network, 2006: 1036-1041.

[22] Kuntimad G, Ranganath H S. Perfect image segmentation using pulse coupled neural networks[J]. IEEE Transactions on Neural Networks, 1999, 10(3): 591-598.

[23] Cooley J H, Cooley T. Segmentation and discrimination of structural and spectral information using multi-layered pulse couple neural networks[C]. IEEE 1999 International Geoscience and Remote Sensing Symposium, Hamburg, 1999: 80-82.

[24] Stewart R D, Fermin I, Opper M. Region growing with pulse-coupled neural networks: An alternative to seeded region growing[J]. IEEE Transactions on Neural Networks, 2002, 13(6): 1557-1562.

[25] Karvonen J A. Baltic Sea ice SAR segmentation and classification using modified pulse-coupled neural networks[J]. IEEE Transactions on Geoscience and Remote Sensing, 2004, 42(7): 1566-1574.

[26] Ming G, Lei W, Xin Y. Car plate localization using pulse coupled neural network in complicated environment[C]. Proceedings of the 9th Pacific Rim International Conference on Artificial Intelligence, Guilin, 2006: 1206 - 1210.

[27] Iftekharuddin K M, Prajna M, Samanth S, et al. Mega voltage X-ray image segmentation and ambient noise removal[C]. Proceedings of the 24th Annual Conference

and the Annual Fall Meeting of the Biomedical Engineering Society, Houston, 2002: 1111-1113.

[28] Chacon M M I, Zimmerman S A. License plate location based on a dynamic PCNN scheme[C]. Proceedings of the International Joint Conference on Neural Networks, Portland, 2003: 1195-1200.

[29] Zhang X F, Minai A A. Temporally sequenced intelligent block-matching and motion-segmentation using locally coupled networks[J]. IEEE Transactions on Neural Networks, 2004, 15(5): 1202-1214.

[30] Yu B, Zhang L M. Pulse-coupled neural networks for contour and motion matchings[J]. IEEE Transactions on Neural Networks, 2004, 15(5): 1186-1201.

[31] Ma Y D, Qi C L. Region labeling method based on double PCNN and morphology[C]. IEEE International Symposium on Communications and Information Technology, Phoenix, 2005: 332-335.

[32] 马义德, 戴若兰, 李廉. 一种基于脉冲耦合神经网络和图像熵的自动图像分割方法[J]. 通信学报, 2002, 23(1): 46-51.

[33] Gu X, Guo S, Yu D. A new approach for automated image segmentation based on unit-linking PCNN[C]. Proceedings of International Conference on Machine Learning and Cybernetics, Beijing, 2002: 175-178.

[34] 刘勍, 马义德, 钱志柏. 一种基于交叉熵的改进型 PCNN 图像自动分割新方法[J]. 中国图象图形学报, 2005, 10(5): 579-584.

[35] 毕英伟, 邱天爽. 一种基于简化 PCNN 的自适应图像分割方法[J]. 电子学报, 2005, 33(4): 647-650.

[36] 马义德, 绽琨, 齐春亮. 自适应脉冲耦合神经网络在图像处理中应用[J]. 系统仿真学报, 2008(11): 112-115, 145.

[37] 于江波, 陈后金, 王巍, 等. 脉冲耦合神经网络在图像处理中的参数确定[J]. 电子学报, 2008, 36(1): 81-85.

[38] Ma Y D, Zhang H. A novel image de-noising algorithm combined ICM with morphology[C]. 2007 International Symposium on Communications and Information Technologies, 2007: 526-530.

[39] Ma Y D, Zhang H. New image denoising algorithm combined PCNN with gray-scale morphology[J]. Journal of Beijing University of Posts and Telecommunications, 2008, 31(2): 108-112.

[40] Liu Q, Ma Y D. A new algorithm for noise reducing of image based on PCNN time matrix[J]. Journal of Electronics and Information Technology, 2008, 30(8): 1869-1873.

[41] Ma Y D, Shi F, Li L. Gaussian noise filter based on PCNN[C]. 2003 International Conference on Neural Networks and Signal Processing, Nanjing, 2003: 149-151.

[42] Ma Y D, Shi F, Li L. A new kind of impulse noise filter based on PCNN[C]. 2003 International Conference on Neural Networks and Signal Processing, Nanjing, 2003: 152-155.

[43] Chacon M M I, Zimmerman A S. Image processing using the PCNN time matrix as a selective filter[C]. Proceedings of 2003 International Conference on Image Processing, Barcelona, 2003.

[44] 顾晓东, 程承旗, 余道衡. 结合脉冲耦合神经网络与模糊算法进行四值图像去噪[J]. 电子与信息学报, 2003, 25(12): 1585-1590.

[45] Gu X, Zhang L. Morphology open operation in unit-linking pulse coupled neural network for image processing[C]. Proceedings of 7th International Conference on Signal Processing, Beijing, 2004: 1597-1600.

[46] Zhang J Y, Dong J, Shi M. An adaptive method for image filtering with pulse-coupled neural networks[C]. IEEE International Conference on Image Processing, Genova, 2005: 111-133.

[47] Zhang J Y, Lu Z J, Shi L. Filtering images contaminated with pep and salt type noise with pulse-coupled neural networks[J]. Science in China Series F: Information Sciences, 2005, 48(3): 322-334.

[48] Ma Y, Lin D, Zhang B, et al. A novel algorithm of image enhancement based on pulse coupled neural network time matrix and rough set[C]. 4th International Conference on Fuzzy Systems and Knowledge Discovery, Haikou, 2007: 86-90.

[49] Ranganath H S, Kuntimad G. Object detection using pulse coupled neural networks[J]. IEEE Transactions on Neural Networks, 1999, 10(3): 615-620.

[50] Yu B, Zhang L M. Pulse coupled neural network for motion detection[C]. Proceedings of the International Joint Conference on Neural Networks, Portland, 2003: 1179-1184.

[51] Wolfer J, Lee S H, Sandelski J, et al. Endocardial border detection in contrast enhanced echocardiographic cineloops using a pulse coupled neural network[C]. Computers in Cardiology 1999, Hannover, 1999: 185-188.

[52] Berthe K, Yang Y. Automatic edge and target extraction base on pulse-couple neuron networks wavelet theory (PCNNW)[C]. Proceedings of International Conferences on Info-Tech and Info-Net, Beijing, 2001: 504-509.

[53] Innes A, Ciesielski V, Mamutil J, et al. Landmark detection for cephalometric radiology images using pulse coupled[C]. Proceedings of the International Conference on Artificial Intelligence, Las Vegas, 2002: 511-517.

[54] Ogawa Y, Yamaoka D, Yamada H, et al. Binocular stereo vision processing based on pulse coupled neural networks[C]. Proceedings of SICE 2004 Annual Conference, Sapporo, 2004: 311-316.

[55] Ekblad U, Kinser J M. Theoretical foundation of the intersecting cortical model and its use for change detection of aircraft, cars, and nuclear explosion tests[J]. Signal Processing, 2004, 84(7): 1131-1146.

[56] Gu X D, Zhang L M. Orientation detection and attention selection based unit-linking PCNN[C]. Proceedings of 2005 International Conference on Neural Networks and Brain, Beijing, 2005: 1328-1333.

[57] McClurkin J, Zarbock J, Optican L. Temporal Codes for Colors, Patterns, and Memories[M]. Berlin: Springer, 1994: 443-467.

[58] Johnson J L. Pulse-coupled neural nets: Translation, rotation, scale, distortion, and intensity signal invariance for images[J]. Applied Optics, 1994, 33(26): 6239-6253.

[59] Johnson J L. Time signatures of images[C]. Proceedings of 1994 IEEE International Conference on Neural Networks, Orlando, 1994: 1279-1284.

[60] Rughooputh H C S, Rughooputh S D. A pulse-coupled-multilayer perceptron hybrid neural network for condition monitoring[C]. Proceedings of IEEE 5th Africon Conference in Africa, Cape Town, 1999: 749-752.

[61] Rughooputh S D, Rughooputh H C S. Forensic application of a novel hybrid neural network[C]. Proceedings of International Joint Conference on Neural Networks, Washington, 1999: 3143-3146.

[62] Rughooputh H C S, Bootun H, Rughooputh S D D V. Pulse coded neural network for sign recognition for navigation[C]. Proceedings of IEEE International Conference on Industrial Technology, Maribor, 2003: 89-94.

[63] Waldemark K, Lindblad T, Bečanović V, et al. Patterns from the sky: Satellite image analysis using pulse coupled neural networks for pre-processing, segmentation and edge detection[J]. Pattern Recognition Letters, 2000, 21(3): 227-237.

[64] Waldemark J, Millberg M, Lindblad T, et al. Image analysis for airborne reconnaissance and missile applications[J]. Pattern Recognition Letters, 2000, 21(3): 239-251.

[65] Bečanović V. Image object classification using saccadic search, spatio-temporal pattern encoding and self-organisation[J]. Pattern Recognition Letters, 2000, 21(3): 253-263.

[66] Muresan R. Pattern recognition using pulse-coupled neural networks and discrete Fourier transforms[J]. Neurocomputing, 2003, 51: 487-493.

[67] Nazmy T, Nabil F, Samy H. Dental radiographs matching using morphological and PCNN approach[J]. Proceedings of International Conference on Graphics, Vision and Image, New York, 2005.

[68] Forgáč R, Mokriš I. Invariant representation of images by pulse coupled neural network[C]. The State of the Art in Computational Intelligence, Heidelberg, 2000: 33-38.

[69] Gu X D. Feature extraction using unit-linking pulse coupled neural network and its applications[J]. Neural Processing Letters, 2008, 27(1): 25-41.

[70] Forgac R, Mokris I. Feature generation improving by optimized PCNN[C]. Proceedings of 2008 6th International Symposium on Applied Machine Intelligence and Informatics, Herlany, 2008: 203-207.

[71] Ma Y, Wang Z, Wu C. Feature extraction from noisy image using PCNN[C]. Proceedings of 2006 IEEE International Conference on Information Acquisition, Weihai, 2006: 808-813.

[72] Zhang J, Zhan K, Ma Y. Rotation and scale invariant antinoise PCNN features for content-based image retrieval[J]. Neural Network World, 2007, 17(2): 121-132.

[73] Wang Z, Ma Y, Xu G. A novel method of iris feature extraction based on the ICM[C]. Proceedings of 2006 IEEE International Conference on Information Acquisition, Weihai, 2006: 814-818.

[74] Wang Z B, Ma Y D, Xu G Z. A new approach to iris recognition[J]. International Journal of Information Acquisition, 2007, 4(1): 69-76.

[75] Godin C, Muller J D, Gordon M B, et al. Pattern recognition with spiking neurons: Performance enhancement based on a statistical analysis[C]. Proceedings of International Joint Conference on Neural Networks, Washington, 1999: 1876-1880.

[76] Allen F T, Kinser J M, Caulfield H J. A neural bridge from syntactic to statistical pattern recognition[J]. Neural Networks, 1999, 12(3): 519-526.

[77] Ji L, Yi Z, Pu X. Fingerprint classification by SPCNN and combined LVQ networks[C]. Proceedings of 2nd International Conference on Advances in Natural Computation, Xi'an, 2006: 395-398.

[78] Liu Q, Ma Y D, Zhang S G, et al. Image target recognition using pulse coupled neural networks time matrix[C]. Proceedings of 2007 Chinese Control Conference, Zhangjiajie, 2007: 96-99.

[79] 张军英, 卢涛. 通过脉冲耦合神经网络来增强图像[J]. 计算机工程与应用, 2003, 39(19): 93-95, 127.

[80] 石美红, 李永刚, 张军英, 等. 一种新的彩色图像增强方法[J]. 计算机应用, 2004, 24(10): 69-71,74.

[81] 石美红, 张军英, 李永刚, 等. 一种新的低对比度图像增强的方法[J]. 计算机应用研究, 2005, 22(1): 235-238.

[82] 李国友, 李惠光, 吴惕华, 等. PCNN 和 Otsu 理论在图像增强中的应用[J]. 光电子·激光, 2005, 16(3): 358-362.

[83] 李国友, 李惠光, 吴惕华. 改进的 PCNN 与 Otsu 的图像增强方法研究[J]. 系统仿真学报, 2005, 17(6): 1370-1372.

[84] 李国友, 李惠光, 吴惕华. 基于脉冲耦合神经网络和遗传算法的图像增强[J]. 测试技术学报, 2005, 19(3): 304-309.

[85] 陆佳佳, 方亮, 叶玉堂, 等. 基于脉冲耦合神经网络的红外图像增强[J]. 光电工程, 2007, 34(2): 50-54.

[86] Deng C F, Zhao X Y, Zeng M W. Adaptive enhancement algorithm of color image based on improved PCNN[C]. Proceedings of 2007 8th International Conference on Electronic Measurement and Instruments, Xi'an, 2007.

[87] Kinser J M. Foveation by a pulse-coupled neural network[J]. IEEE Transactions on Neural Networks, 1999, 10(3): 621-625.

[88] Tanaka M, Watanabe T, Baba Y, et al. Autonomous foveating system and integration of the foveated images[C]. Proceedings of 1999 IEEE International Conference on Systems, Man, and Cybernetics, Tokyo, 1999: 559-564.

[89] Kinser J, Waldemark K, Lindblad T, et al. Multidimensional pulse image processing of chemical structure data[J]. Chemometrics and Intelligent Laboratory Systems, 2000, 51(1): 115-124.

[90] Åberg M, Jacobsson S. Pre-processing of three-way data by pulse-coupled neural networks—An imaging approach[J]. Chemometrics and Intelligent Laboratory Systems, 2001, 57(1): 25-36.

[91] Yamada H, Ogawa Y, Ishimura K, et al. Face detection using pulse-coupled neural network[C]. SICE Annual Conference Program and Abstracts, Fukui, 2003: 2784-2788.

[92] Gu X, Yu D, Zhang L. Image thinning using pulse coupled neural network[J]. Pattern Recognition Letters, 2004, 25(9): 1075-1084.

[93] Shang L, Yi Z. A class of binary images thinning using two PCNNs[J]. Neurocomputing, 2007, 70(4-6): 1096-1101.

[94] Ji L P, Yi Z, Shang L F, et al. Binary fingerprint image thinning using template-based PCNNs[J]. IEEE Transactions on Systems, Man, and Cybernetics, Part B, 2007, 37(5): 1407-1413.

[95] 马义德, 齐春亮, 钱志柏, 等. 基于脉冲耦合神经网络和施密特正交基的一种新型图像压缩编码算法[J]. 电子学报, 2006, 34(7): 1255-1259.

[96] Ma Y D, Qi C L, Zhang B D, et al. Segmented color image compression coding based on pulse-coupled neural network[C]. International Conference on Sensing, Computing and Automation, Chongqing, 2006.

[97] Caulfield H J, Kinser J M. Finding the shortest path in the shortest time using PCNN's[J]. IEEE Transactions on Neural Networks, 1999, 10(3): 604-606.

[98] Tang H, Tan K, Yi Z. A new algorithm for finding the shortest paths using PCNN[J]. Neural Networks: Computational Models and Applications, 2007, 53: 177-189.

[99] Gu X, Zhang L, Yu D. Delay PCNN and its application for optimization[C]. 2004 International Symposium on Neural Networks, Dalian, 2004: 413-418.

[100] Sugiyama T, Homma N, Abe K, et al. Speech recognition using pulse-coupled neural networks with a radial basis function[J]. Artificial Life and Robotics, 2004, 7(4): 156-159.

[101] Timoszczuk A P, Cabral E F. Speaker recognition using pulse coupled neural networks[C]. 2007 International Joint Conference on Neural Networks, Orlando, 2007: 1965-1969.

[102] Szekely G, Padgett M L, Dozier G. Evolutionary computation enhancement of olfactory system model[C]. Proceedings of the 1999 Congress on Evolutionary Computation, Washington, 1999: 503-510.

[103] Szekely G, Padgett M L, Dozier G, et al. Odor detection using pulse coupled neural networks[C]. International Joint Conference on Neural Networks, Washington, 1999: 317-321.

[104]   Qiang F, Yan F, Feng D C. PCNN forecasting model based on wavelet transform and its application[C]. Proceedings of the 2007 International Conference on Intelligent Systems and Knowledge Engineering, Berlin, 2007: 344 - 350.

[105]   Izhikevich E M. Simple model of spiking neurons[J]. IEEE Transactions on Neural Networks, 2003, 14(6): 1569 - 1572.

[106]   Torikai H, Saito T. Various synchronization patterns from a pulse-coupled neural network of chaotic spiking oscillators[C]. International Joint Conference on Neural Networks, Washington, 2001.

[107]   Yamaguchi Y, Ishimura K, Wada M. Chaotic pulse-coupled neural network as a model of synchronization and desynchronization in cortex[C]. Proceedings of the 9th International Conference on Neural Information Processing, Singapore, 2002: 571 - 575.

[108]   Yamaguchi Y, Ishimura K, Wada M. Synchronized oscillation and dynamical clustering in chaotic PCNN[C]. Proceedings of the 41st SICE Annual Conference, Osaka, 2002: 730 - 735.

[109]   Lin W, Ruan J. Chaotic dynamics of an integrate-and-fire circuit with periodic pulse-train input[J]. IEEE Transactions on Circuits and Systems I: Fundamental Theory and Applications, 2003, 50(5): 686 - 693.

[110]   Ota Y, Wilamowski B M. Analog implementation of pulse-coupled neural networks[J]. IEEE Transactions on Neural Networks, 1999, 10(3): 539 - 544.

[111]   Clark N, Banish M, Ranganath H S. Smart adaptive optic systems using spatial light modulators[J]. IEEE Transactions on Neural Networks, 1999, 10(3): 599 - 603.

[112]   Roppel T, Wilson D, Dunman K, et al. Design of a low-power, portable sensor system using embedded neural networks and hardware preprocessing[C]. International Joint Conference on Neural Networks, Washington, 1999: 142 - 145.

[113]   Schafer M, Hartmann G. A flexible hardware architecture for online Hebbian learning in the sender-oriented PCNN-neurocomputer Spike 128K[C]. Proceedings of the 7th International Conference on Microelectronics for Neural, Fuzzy and Bio-Inspired Systems, Granada, 1999: 316 - 323.

[114]   Grassmann C, Schönauer T, Wolff C. PCNN neurocomputers - event driven and parallel architectures[C]. Proceedings of 10th European Symposium on Artificial Neural Networks, Bruges, 2002.

[115]   Ota Y. VLSI structure for static image processing with pulse-coupled neural network[C]. IEEE 2002 28th Annual Conference of the Industrial Electronics Society, Seville, 2002: 3221 - 3226.

[116]   Schafer M, Schoenauer T, Wolff C, et al. Simulation of spiking neural networks: Architectures and implementations[J]. Neurocomputing, 2002, 48(1-4): 647 - 679.

[117]   Takahashi Y, Nakano H, Saito T. A simple hyperchaos generator based on impulsive switching[J]. IEEE Transactions on Circuits and Systems II: Express Briefs, 2004, 51(9): 468 - 472.

[118] Vega-Pineda J, Chacon-Murguia M I, Camarillo-Cisneros R. Synthesis of pulsed-coupled neural networks in FPGAs for real-time image segmentation[C]. Proceedings of the 2006 IEEE International Joint Conference on Neural Network Proceedings, Vancouver, 2006: 4051 - 4055.

[119] Broussard R P, Rogers S K. Physiologically motivated image fusion using pulse-coupled neural networks[C]. Proceedings of the International Society for Optical Engineering, Orlando, 1996: 372 - 383.

[120] Huang W, Jing Z. Multi-focus image fusion using pulse coupled neural network[J]. Pattern Recognition Letters, 2007, 28(9): 1123 - 1132.

[121] Qu X, Hu C, Yan J. Image fusion algorithm based on orientation information motivated pulse coupled neural networks[C]. Proceedings of the World Congress on Intelligent Control and Automation, Chongqing, 2008: 2437 - 2441.

[122] Wang X, Zhou D, Nie R, et al. Multi-focus image fusion based on PCNN model[C]. Proceedings of 2012 4th International Conference on Intelligent Human-Machine Systems and Cybernetics, Nanchang, 2012: 289 - 292.

[123] Wang N Y, Ma Y D, Zhan K. Spiking cortical model for multifocus image fusion[J]. Neurocomputing, 2014, 130: 44 - 51.

[124] Miao Q, Wang B. A novel adaptive multi-focus image fusion algorithm based on PCNN and sharpness[C]. Proceedings of the International Society for Optical Engineering: Sensors, and Command, Control, Communications, and Intelligence Technologies for Homeland Security and Homeland Defence IV, Bellingham, 2005: 704 - 712.

[125] Miao Q, Wang B. A novel image fusion algorithm based on PCNN and contrast[C]. Proceedings of 2006 International Conference on Communications, Circuits and Systems, Guilin, 2006: 543 - 547.

[126] Miao Q, Wang B. A novel image fusion algorithm based on human vision system[C]. Proceedings of the International Society for Optical Engineering: Multisensor, Multisource Information Fusion: Architectures, Algorithms, and Applications, Xi'an, 2006.

[127] Li J, Zou B, Liang Y, et al. Based on local mean and variance of adaptive pulse coupled neural network image fusion[C]. Proceedings of 2011 International Conference on Multimedia and Signal: 2011 International Conference on Multimedia and Signal Processing, Guilin, 2011: 180 - 183.

[128] Liu Q, Xu L, Wang Y, et al. A novel algorithm of image fusion based on adaptive ULPCNN time matrix[C]. Proceedings of WASE International Conference on Information Engineering, Beidaihe, 2010: 198 - 202.

[129] Ye M. A novel image fusion algorithm based on improved PCNN model[C]. Advanced Materials Research: 2010 International Conference on Advanced Measurement and Test, Sanya, 2010: 21 - 26.

[130] Li M L, Wang H M, Li Y J, et al. Image fusion algorithm based on energy of Laplacian and PCNN[C]. Proceedings of International Conference on Space Information Technology, Beijing, 2009.

[131] Shu Z B. PCNN model automatic linking strength determination based on geometric moments in image fusion[J]. Journal of Algorithms and Computational Technology, 2014, 8(1): 17-26.

[132] Jiao Z Q, Xiong W L, Xu B G. Image fusion using self-constraint pulse-coupled neural network[C]. Proceedings of 2010 International Conference on Life System Modeling and Simulation and the 2010 International Conference on Intelligent Computing for Sustainable, Energy and Environment, Wuxi, 2010: 626-634.

[133] Li Y, Wang K, Chen D K. Multispectral and panchromatic images fusion by adaptive PCNN[C]. Proceedings of 16th International Multimedia Modeling Conference on Advances in Multimedia Modeling, Chongqing, 2010: 120-129.

[134] Li M, Cai W, Tan Z. A region-based multi-sensor image fusion scheme using pulse-coupled neural network[J]. Pattern Recognition Letters, 2006, 27(16): 1948-1956.

[135] Li M, Cai W, Tan Z. Pulse coupled neural network based image fusion[C]. Proceedings of 2nd International Symposium on Neural Networks: Advances in Neural Networks, Chongqing, 2005: 741-746.

[136] Agrawal D, Singhai J. Multifocus image fusion using modified pulse coupled neural network for improved image quality[J]. IET Image Processing, 2010, 4(6): 443-451.

[137] Kinser J M. Pulse-coupled image fusion[J]. Optical Engineering, 1997, 36(3): 737-742.

[138] Inguva R, Johnson J L, Schamschula M P. Multifeature fusion using pulse coupled neural networks[J]. Proceedings of the International Society for Optical Engineering, 1999, 3719: 342-350.

[139] Wang Z B, Ma Y D. Dual-channel PCNN and its application in the field of image fusion[C]. Proceedings of 3rd International Conference on Natural Computation, Haikou, 2007: 755-759.

[140] Feng K, Zhang X, Li X. A novel method of medical image fusion based on bidimensional empirical mode decomposition[J]. Journal of Convergence Information Technology, 2011, 6(12): 84-91.

[141] Wang Z B, Ma Y D. Medical image fusion using m-PCNN[J]. Information Fusion, 2008, 9(2): 176-185.

[142] Wang Z B, Ma Y D, Gu J. Multi-focus image fusion using PCNN[J]. Pattern Recognition, 2010, 43(6): 2003-2016.

[143] Bao L Y, Zhao D F, Zhou D M. Image fusion algorithm based on m-PCNN[C]. Proceedings of 2nd International Workshop on Education Technology and Computer Science, Wuhan, 2010: 235-238.

[144] Zhao Y, Zhao Q, Hao A. Extended multi-channel pulse coupled neural network model[J]. International Journal of Applied Mathematics and Statistics, 2013, 48(18): 91-98.

[145] Zhao Y, Zhao Q, Hao A. Multimodal medical image fusion using improved multi-channel PCNN[C]. Proceedings of the 2nd International Conference on Biomedical Engineering and Biotechnology, Wuhan, 2013: 221-228.

[146] Liu N, Gao K, Song Y J, et al. A novel super-resolution image fusion algorithm based on improved PCNN and wavelet transform[C]. Proceedings of 6th International Symposium on Multispectral Image Processing and Pattern Recognition, Yichang, 2009.

[147] Wu Z G, Wang M J, Han G L. Multi-focus image fusion algorithm based on adaptive PCNN and wavelet transform[C]. Proceedings of International Symposium on Photoelectronic Detection and Imaging, Beijing, 2011.

[148] Ge W, Li P. Image fusion algorithm based on PCNN and wavelet transform[C]. Proceedings of 5th International Symposium on Computational Intelligence and Design, Hangzhou, 2012: 374-377.

[149] Qu X B, Yan J W. Multi-focus image fusion algorithm based on regional firing characteristic of pulse coupled neural networks[C]. Proceedings of 2007 2nd International Conference on Bio-Inspired Computing: Theories and Applications, Zhengzhou, 2007: 62-66.

[150] Xin G, Zou B, Zhou H, et al. Image fusion based on the discrete wavelet transform[J]. International Journal of Digital Content Technology and its Applications, 2012, 6(6): 8-15.

[151] Yuan Y, Jiang M, Gao W. Image fusion based on MPCNN and DWT in PCB failure detection[J]. Computer Modelling and New Technologies, 2014, 18(7): 128-132.

[152] Liu Z D, Yin H P, Chai Y, et al. A novel approach for multimodal medical image fusion[J]. Expert Systems with Applications, 2014, 41(16): 7425-7435.

[153] Zou B, Wang M C, Zhang J P, et al. Improving spatial resolution for CHANG'E-1 imagery using ARSIS concept and pulse coupled neural networks[C]. Proceedings of 2012 19th IEEE International Conference on Image Processing, Orlando, 2012: 2125-2128.

[154] Li W, Zhu X F. A new image fusion algorithm based on wavelet packet analysis and PCNN[C]. Proceedings of 2005 International Conference on Machine Learning and Cybernetics, Guangzhou, 2005: 5297-5301.

[155] Feng W, Bao W. A new technology of remote sensing image fusion[J]. TELKOMNIKA Indonesian Journal of Electrical Engineering, 2012, 10(3): 551-556.

[156] Zhao C H, Shao G F, Ma L J, et al. Image fusion algorithm based on redundant-lifting NSWMDA and adaptive PCNN[J]. Optik, 2014, 125(20): 6247-6255.

[157] Lin Y, Song L, Zhou X, et al. Infrared and visible image fusion algorithm based on contourlet transform and PCNN[C]. Proceedings of the International Society for Optical Engineering: Infrared Materials, Devices, and Applications, Beijing, 2007.

[158] Yang S Y, Wang M, Jiao L C, et al. Image fusion based on a new contourlet packet[J]. Information Fusion, 2010, 11(2): 78-84.

[159] Yang S Y, Wang M, Jiao L C. Contourlet hidden Markov tree and clarity-saliency driven PCNN based remote sensing images fusion[J]. Applied Soft Computing Journal, 2012, 12(1): 228-237.

[160] Zhang H, Luo X, Wu X, et al. Statistical modeling of multi-modal medical image fusion method using C-CHMM and M-PCNN[C]. Proceedings of International Conference on Pattern Recognition, Stockholm, 2014: 1067-1072.

[161] Zou Y, Guo Y, Tian L. Multifocus image fusion combined multiwavelet with contourlet[J]. Research Journal of Applied Sciences, Engineering and Technology, 2012, 4(20): 4066-4071.

[162] Wang X F, Chen L G. Image fusion algorithm based on spatial frequency-motivated pulse coupled neural networks in wavelet based contourlet transform domain[C]. Proceedings of 2010 2nd Conference on Environmental Science and Information Application Technology, Wuhan, 2010: 411-414.

[163] Wang M, Peng D L, Yang S Y. Fusion of multi-band SAR images based on nonsubsampled contourlet and PCNN[C]. Proceedings of 4th International Conference on Natural Computation, Jinan, 2008: 529-533.

[164] Yao C S, Lei K. Multi-sensor image fusion algorithm based on NSCT and PCNN[C]. Proceedings of International Conference on Computational Aspects of Social Networks, Taiyuan, 2010: 105-108.

[165] Li Y, Song G H, Yang S C. Multi-sensor image fusion by NSCT-PCNN transform[C]. Proceedings of 2011 IEEE International Conference on Computer Science and Automation Engineering, Shanghai, 2011: 638-642.

[166] Das S, Kundu M K. NSCT-based multimodal medical image fusion using pulse-coupled neural network and modified spatial frequency[J]. Medical and Biological Engineering and Computing, 2012, 50(10): 1105-1114.

[167] Wang N Y, Ma Y D, Zhan K, et al. Multimodal medical image fusion framework based on simplified PCNN in nonsubsampled contourlet transform domain[J]. Journal of Multimedia, 2013, 8(3): 270-276.

[168] Wang N Y, Ma Y D, Wang W L, et al. An image fusion method based on NSCT and dual-channel PCNN model[J]. Journal of Networks, 2014, 9(2): 501-506.

[169] Wang N Y, Wang W L, Guo X R. A new image fusion method based on improved PCNN and multiscale decomposition[C]. Proceedings of 2013 3rd International Conference on Materials and Products Manufacturing Technology, Wuhan, 2013: 1011-1015.

[170] Li H, Wu F X, Tan C, et al. A novel fusion method using NSCT and PCNN[C]. Proceedings of 2013 International Conference on Vehicle and Mechanical Engineering and Information Technology, Zhengzhou, 2013: 3994-3997.

[171] Ma L J, Zhao C H. An effective image fusion method based on nonsubsampled contourlet transform and pulse coupled neural network[C]. Proceedings of 3rd International Conference on Materials Science and Information Technology, Nanjing, 2013: 3542-3548.

[172] Xin G J, Zou B J, Li J F, et al. Multi-focus image fusion based on the nonsubsampled contourlet transform and dual-layer PCNN model[J]. Information Technology Journal, 2011, 10(6): 1138-1149.

[173] Ge Y R, Li X N. Image fusion algorithm based on pulse coupled neural networks and nonsubsampled contourlet transform[C]. Proceedings of 2nd International Workshop on Education Technology and Computer Science, Wuhan, 2010: 27-30.

[174] Liu F, Liao Y F, Liang X. Image fusion based on nonsubsampled contourlet transform and pulse coupled neural networks[C]. Proceedings of 4th International Conference on Intelligent Computation Technology and Automation, Shenzhen, 2011: 572-575.

[175] Liu F, Li J, Huang C Y. Image fusion algorithm based on simplified PCNN in nonsub-sampled contourlet transform domain[C]. Proceedings of 2012 International Workshop on Information and Electronics Engineering, Harbin, 2012: 1434-1438.

[176] Kong W W, Lei Y J, Lei Y, et al. Image fusion technique based on non-subsampled contourlet transform and adaptive unit-fast-linking pulse-coupled neural network[J]. IET Image Processing, 2011, 5(2): 113-121.

[177] Zhou X, Wang D, Duan Z, et al. Multifocus image fusion scheme based on nonsub-sampled contourlet transform[C]. Proceedings of the International Society for Optical Engineering, Chengdu, 2011.

[178] Jiao Z Q, Shao J T, Xu B G. A novel multi-focus image fusion method using NSCT and PCNN[C]. Proceedings of 2012 International Conference on Technology and Management, Jeju Island, 2012: 161-170.

[179] El-Taweel G S, Helmy A K. Image fusion scheme based on modified dual pulse coupled neural network[J]. IET Image Processing, 2013, 7(5): 407-414.

[180] Zhang B H, Lu X Q, Jia W T. A multi-focus image fusion algorithm based on an improved dual-channel PCNN in NSCT domain[J]. Optik, 2013, 124(20): 4104-4109.

[181] Yang S Y, Wang M, Lu Y X, et al. Fusion of multiparametric SAR images based on SW-nonsubsampled contourlet and PCNN[J]. Signal Processing, 2009, 89(12): 2596-2608.

[182] Hu C, Zhang P. Improved wavelet-based contourlet transform and its application to image fusion[J]. ICIC Express Letters, 2011, 5(3): 823-828.

[183] Wang D, Bi S B, Wang B Q, et al. Cloud image fusion based on regional feature of RLNSW-NSCT and PCNN[J]. International Journal of Digital Content Technology and its Applications, 2012, 6(21): 400-411.

[184] Yazdi M, Ghasrodashti E K. Image fusion based on non-subsampled Contourlet trans-form and phase congruency[C]. Proceedings of 2012 19th International Conference on Systems, Signals and Image Processing, Vienna, 2012: 616-620.

[185] Das S, Kundu M K. A neuro-fuzzy approach for medical image fusion[J]. IEEE Trans-actions on Biomedical Engineering, 2013, 60(12): 3347-3353.

[186] Xiang T Z, Yan L, Gao R R. A fusion algorithm for infrared and visible images based on adaptive dual-channel unit-linking PCNN in NSCT domain[J]. Infrared Physics and Technology, 2015, 69: 53-61.

[187] Xu L, Du J P, Zhang Z H. Image sequence fusion and denoising based on 3D shearlet transform[J]. Journal of Applied Mathematics, 2014: 652128.

[188] Geng P. Image fusion by pulse couple neural network with shearlet[J]. Optical Engineering, 2012, 51(6): 067005.

[189] Geng P, Zheng X, Zhang Z, et al. Multifocus image fusion with PCNN in shearlet domain[J]. Research Journal of Applied Sciences, Engineering and Technology, 2012, 4(15): 2283-2290.

[190] Ma Y, Zhai Y, Geng P, et al. A novel algorithm of image fusion based on PCNN and Shearlet[J]. International Journal of Digital Content Technology and its Applications, 2011, 5(12): 347-354.

[191] Shi C, Miao Q G, Xu P F. A novel algorithm of remote sensing image fusion based on Shearlets and PCNN[J]. Neurocomputing, 2013, 117: 47-53.

[192] Kong W W, Zhang L J, Lei Y. Novel fusion method for visible light and infrared images based on NSST-SF-PCNN[J]. Infrared Physics and Technology, 2014, 65: 103-112.

[193] Cai X, Zhao W, Gao F. Image fusion algorithm based on adaptive pulse coupled neural networks in curvelet domain[C]. Proceedings of International Conference on Signal Processing, Beijing, 2010: 845-848.

[194] Xin G, Zou B, Zhou H, et al. Image fusion based on the curvelet transform[J]. Journal of Convergence Information Technology, 2012, 7(14): 140-148.

[195] Xiong J T, Tan R J, Li L C, et al. Image fusion algorithm for visible and PMMW images based on curvelet and improved PCNN[C]. Proceedings of International Conference on Signal Processing, Beijing, 2012: 903-907.

[196] Lin Z, Yan J W, Yuan Y. Algorithm for image fusion based on orthogonal grouplet transform and pulse-coupled neural network[J]. Journal of Electronic Imaging, 2013, 22(3): 033028.

[197] Zhang X, Yan Y H, Chen W H, et al. Image fusion method for strip steel surface detect based on Bandelet-PCNN[C]. Proceedings of 2012 International Conference on Electrical Insulating Materials and Electrical Engineering, Shenyang, 2012: 806-810.

[198] Das S, Kundu M K. Ripplet based multimodality medical image fusion using pulse-coupled neural network and modified spatial frequency[C]. Proceedings of 2011 International Conference on Recent Trends in Information Systems, Kolkata, 2011: 229-234.

[199] Kavitha C T, Chellamuthu C, Rajesh R. Medical image fusion using combined discrete wavelet and ripplet transforms[J]. Procedia Engineering, 2012, 38: 813-820.

[200] Zhang B H, Zhang C T, Liu Y Y, et al. Multi-focus image fusion algorithm based on compound PCNN in Surfacelet domain[J]. Optik, 2014, 125(1): 296-300.

[201] Xu B C, Chen Z. A multisensor image fusion algorithm based on PCNN[C]. Proceedings of the World Congress on Intelligent Control and Automation, Hangzhou, 2004: 3679-3682.

[202] Deng H B, Ma Y D. Image fusion based on steerable pyramid and PCNN[C]. Proceedings of 2nd International Conference on the Applications of Digital Information and Web Technologies, London, 2009: 569-573.

[203] Kang B, Zhu W P, Yan J. Fusion framework for multi-focus images based on compressed sensing[J]. IET Image Processing, 2013, 7(4): 290-299.

[204] Lang J, Hao Z C. Novel image fusion method based on adaptive pulse coupled neural network and discrete multi-parameter fractional random transform[J]. Optics and Lasers in Engineering, 2014, 52(1): 91-98.

[205] Zhang B H, Zhang C T, Wu J S, et al. A medical image fusion method based on energy classification of BEMD components[J]. Optik, 2014, 125(1): 146-153.

[206] Zhang Y X, Chen L, Zhao Z H, et al. Multi-focus image fusion based on robust principal component analysis and pulse-coupled neural network[J]. Optik, 2014, 125(17): 5002-5006.

[207] Zhang Y, Chen L, Zhao Z, et al. Multi-focus image fusionwith sparse feature based pulse coupled neural network[J]. TELKOMNIKA Telecommunication Computing Electronics and Control, 2014, 12(2): 357-366.

[208] Zhang Y X, Chen L, Zhao Z H, et al. A novel pulse coupled neural network based method for multi-focus image fusion[J]. International Journal of Signal Processing, Image Processing and Pattern Recognition, 2014, 7(3): 361-370.

[209] Zhang X L, Li X F, Feng Y C, et al. Image fusion with internal generative mechanism[J]. Expert Systems with Applications, 2015, 42(5): 2382-2391.

[210] Padgett M L, Roppel T A, Johnson J L. Pulse coupled neural networks(PCNN), wavelets and radial basis functions: olfactory sensor applications[C]. 1998 IEEE International Joint Conference on Neural Networks, Anchorage, 1998: 1784-1789.

[211] Broussard R P, Rogers S K, Oxley M E, et al. Physiologically motivated image fusion for object detection using a pulse coupled neural network[J]. IEEE Transactions on Neural Networks, 1999, 10(3): 554-563.

[212] Wu T, Wu X J, Liu X, et al. New method using feature level image fusion and entropy component analysis for multimodal human face recognition[C]. Proceedings of 2012 International Workshop on Information and Electronics Engineering, Harbin, 2012: 3991-3995.

[213] Huang W, Jing Z L. Evaluation of focus measures in multi-focus image fusion[J]. Pattern Recognition Letters, 2007, 28(4): 493-500.

[214] Krotkov E. Focusing[J]. International Journal of Computer Vision, 1988, 1(3): 223-237.

[215] Eltoukhy H A, Kavusi S. A computationally efficient algorithm for multifocus image reconstruction[J]. Sensors and Camera Systems for Scientific, Industrial, and Digital Photography Applications IV, 2003: 332-341.

第 3 章　基于随机漫步的多聚焦图像融合

3.1　随机漫步理论

随机漫步 (random walk, RW) 这个术语最早由 Pearson[1] 于 1905 年提出。Pearson 在写给《自然》杂志的信中提到了一个有趣的问题：一个人从一个起点开始，假设在每一步，他随机选择一个角度来移动一个固定的长度，在走了很多步之后，这个人的运动轨迹分布是什么？这是最早的 RW 问题。1905 年，Einstein[2] 发表了关于布朗运动的论文，他将布朗运动模拟为 RW。这篇论文有着巨大的影响力，因为当大多数科学家认为这个问题是一个连续统一体时，它给出了离散粒子的有力证据。事实上，RW 的概念在生物学、经济学、心理学、物理学、化学和生态学等许多科学与工程领域都有应用 [3-8]，它几乎无处不在。

3.1.1　随机漫步标准模型

RW 于 1979 年被首次应用于计算机视觉领域，是 Wechsler 和 Kidode[9] 的纹理辨别工作。随后，越来越多的研究者将注意力集中在计算机视觉和图像处理中的 RW 理论上。RW 是用于分析图像中像素间关系的一个比较有代表性的图模型。大量的研究表明，应用 RW 来处理图像有很多优点。首先，建立的图模型可使数学抽象的表达更清晰；其次，算法求解的是一个多元一次的方程，便于算法的加速；最后，算法通过标记会得到更好的图像处理结果。

Grady[10] 将 RW 者定义为在边缘之间移动的步行者，其概率与边权重成正比。给定一组数据节点和所有数据节点之间的相似度，聚类的目标是将数据节点分成若干组，令同一组中的点相似，而不同组中的点不相似。构造加权图 $G(V, E, W)$ 以表示数据节点之间的关系，其中，V 是顶点的集合，E 表示边的集合，W 表示分配给每条边的权重，该权重反映了数据节点之间的相似度。因此，聚类问题转化为找到图的一个分区问题。此外，不同组之间的边缘具有非常低的权重，并且同一组内的边缘具有高权重。因此，它确保了不同群集中的点彼此不相似，同一群集中的点彼此相似。

Grady 模型是图论上传统 RW 的一种改进，它测量漫步者从未标记节点开始，首次到达一个标记节点的概率。Grady 模型已经成功地应用于包括图像分割、图像融合、图像标注和分类、2D-3D 转换在内的多个图像处理领域。

在这个模型中,RW 首先到达一个种子节点的概率就等于狄利克雷(Dirichlet)问题的解 (给定边界条件求解一个调和函数称为 Dirichlet 问题)。种子点的边界条件固定为 1, 其余部分设为 0 [11]。该理论可以从高层次的角度来理解: RW 者首先到达种子节点的概率等于相应电路的节点上的电位,其中,电导代表权重,种子节点的电压值为 1, 其他为 0 [12,13]。从未标记数据节点出发的 RW 者首先到达标记数据节点的概率可以通过用共轭梯度法求解一个线性方程组来快速获得 [14]。因此可以得到每个数据节点与种子节点之间的亲疏关系。

将 RW 应用于图像处理时,图像通常被视为具有固定数量节点及边的加权图。像素被映射到图中的节点,而像素之间的相似度则被映射到图中对应边的权重。通过这种方式,可以采用 RW 处理图像问题。

RW 算法历经 30 多年的发展,研究者提出了许多 RW 模型。这里将简要介绍一下常见的 RW 模型。

Grady 和 Funka-Lea [15] 指出,数据集 $\{d_1, d_2, \cdots, d_n\}$ 包含 n 个数据节点。标记 k 个数据节点,表示需要将数据节点聚类为 k 个类,通过计算 RW 者从未标记节点开始首次到达 k 个标记节点的概率。概率的大小代表标记节点与未标记节点之间的亲疏关系,基于概率值的大小来完成聚类。

这个理论最初是由 Grady 和 Funka-Lea [15] 在 2004 年发表的一篇会议论文中提出的, 在 2005 年得到了扩展, 在 2006 年进行了详细的描述 [10]。Grady[16] 首次把 RW 理论应用于图像的分割中。在这个模型中,图像的每一个像素点都被看作一个数据节点。通过对数据节点来进行聚类,可以成功地对目标区域和背景区域进行分割。为了便于叙述,将 Grady 模型称为标准 RW 模型。

标准 RW 模型可以简单地用图 3.1 来进行描述。图 3.1(a) 是一个 4×4 的图像,其中, L_1、L_2、L_3 分别代表用户自定义的不同的三个标记节点,灰色曲线表示其分割结果。图 3.1 (b)~(d) 表示每一个 RW 者在首次到达标记节点 L_1、L_2、L_3 的概率情况,其中,每个标记节点到达自身的概率为 1, 而到达其他的标记节点的概率为 0。从图 3.1 (b)~(d) 可以看出,图中用虚线圆圈标记红色的点到达 L_1、L_2 和 L_3 的概率分别为 0.53、0.41 和 0.06, 其和恰好为 1。由于该点到达节点 L_1 的概率是 0.53 且最大, 所以该点与标记节点 L_1 属于同一个区域。

RW 算法的主要思想十分简单。首先,给定 n 个数据节点,基于这些数据节点,本节可以构造一个全连通的加权图 $G(V, E, W)$, 一个含有 n 个节点的集合 $V = \{v_1, v_2, \cdots, v_n\}$, 含有 m 条边的集合 $E = \{e_1, e_2, \cdots, e_m\}$。每条边 e_{ij} 连接两个顶点 v_i 和 v_j。w_{ij} 代表每条边 e_{ij} 的权重。d_i 代表边的度,其定义见式 (3.1)。算法需要标记 k 个节点来作为标记的种子节点,以便将图像分割为 k 个不同的区域。

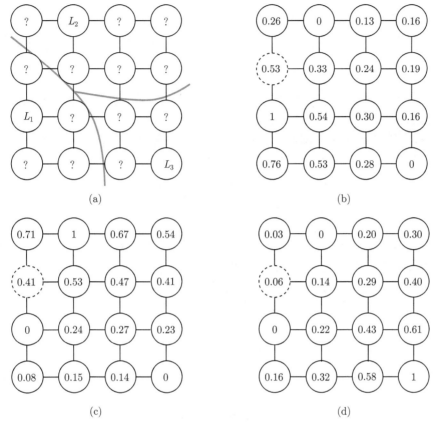

图 3.1 Grady RW 模型

$$d_i = \sum_{e_{ij} \in E} w_{ij} \tag{3.1}$$

定义矩阵 A 来表示节点和边的关系，其大小为 $m \times n$，其表达式如式 (3.2) 所示：

$$A_{e_{ij}V_k} = \begin{cases} +1, & i = k \\ -1, & j = k \\ 0, & \text{其他} \end{cases} \tag{3.2}$$

定义拉普拉斯矩阵 L，它是一个对称的大小为 $n \times n$ 的半正定矩阵，该矩阵的元素 L_{ij} 的定义见式 (3.3)：

$$L_{ij} = \begin{cases} d_i, & i = j \\ w_{ij}, & v_i, v_j \text{有边相连} \\ 0, & \text{其他} \end{cases} \tag{3.3}$$

定义本构矩阵 C，它是一个大小为 $m \times m$ 的对角矩阵，该矩阵对角线上的元素是各个边的权重。

现在，通过上面的这些定义，Dirichlet 积分函数便可以由式 (3.4) 来表示，其中，x 表示各节点到达某个标记节点的概率。

$$D(x) = \frac{1}{2}(Ax)^{\mathrm{T}}C(Ax) = \frac{1}{2}x^{\mathrm{T}}Lx = \frac{1}{2}\sum_{e_{ij} \in E}(x_i - x_j)^2 \tag{3.4}$$

节点集合 $V = \{v_1, v_2, \cdots, v_n\}$ 可以分为两大集合：未标记节点集合 V_χ 和标记节点集合 V_ζ。两个集合满足：$V_\chi \bigcap V_\zeta = \varnothing$, $V_\chi \bigcup V_\zeta = V$。通过最小化式 (3.5)，可以得到 RW 者到达每一个标记节点的概率。

$$D(x) = \frac{1}{2}\begin{bmatrix} x_\zeta^{\mathrm{T}} & x_\chi^{\mathrm{T}} \end{bmatrix}\begin{bmatrix} L_\zeta & B \\ B^{\mathrm{T}} & L_\chi \end{bmatrix}\begin{bmatrix} x_\zeta \\ x_\chi \end{bmatrix} = \frac{1}{2}(x_\zeta^{\mathrm{T}}L_\zeta x_\zeta + 2x_\chi^{\mathrm{T}}B^{\mathrm{T}}x_\zeta + x_\chi^{\mathrm{T}}L_\chi x_\chi) \tag{3.5}$$

式中，x_χ 与 x_ζ 分别代表未标记节点集合 V_χ 和标记节点集合 V_ζ 中的节点到达某个标记节点的概率。

为了求解出式 (3.5)，x_χ 需要满足式 (3.6)：

$$L_\chi x_\chi = -B x_\zeta \tag{3.6}$$

定义以下函数表示将节点标记为种子节点的过程：$Q(v_j) = s$, $\forall v_j \in V_\zeta$。因此大小为 $|V_\zeta| \times 1$ 的向量 m_j^s 的定义为

$$m_j^s = \begin{cases} 1, & Q(v_j) = s \\ 0, & Q(v_j) \neq s \end{cases} \tag{3.7}$$

假设被标记的像素点与未被标记的像素点个数分别为 k 和 u，且 $k + u = n$。那么对于标记 s 的 Dirichlet 问题可以由式 (3.8) 解决：

$$L_\chi x^s = -B m^s \tag{3.8}$$

式中，L_χ 是大小为 $u \times u$ 的矩阵；x^s 是大小为 $u \times 1$ 的向量，x^s 的元素代表每个节点到达种子节点 s 的概率；B 是大小为 $u \times k$ 的矩阵；m^s 是大小为 $k \times 1$ 的向量。

最终 Dirichlet 问题可以通过求解式 (3.9) 得出：

$$L_\chi X = -BM \tag{3.9}$$

式中，X 是大小为 $u \times k$ 的矩阵；M 是大小为 $k \times k$ 的矩阵。每个未标记的像素可以得到 k 个标记概率，代表每个 RW 者首次到达 k 个标记的概率。然后每个未标记节点按照其首次到达某个标记节点的最大概率来分配其对应的标签。这种特殊的线性方程组可以用共轭梯度法等数学方法快速求解 [14]。

3.1.2 随机漫步改进模型

从标准 RW 模型可以看出，它需要每一个分割区域都连接一个种子节点，而且只考虑了像素原有的位置和颜色梯度信息，然而像素本身所具有的颜色信息却被忽略，因此这在很大程度上限制了算法的可行性。

1. 先验随机漫步模型

Grady [16] 在 2005 年改进了算法，提出了先验随机漫步模型 (random walk using prior model, RWPM)，在该模型中，额外加入了表示先验的一些知识预先标记点。

首先定义 λ_i^s 用来表示像素点 v_i 在标记 l^s 的亮度分布内的概率密度，即预先知道的关于未标记节点和标记节点之间的知识。对于每个标记，其概率都相等，然后根据贝叶斯 (Bayes) 定理，节点 v_i 可标记为 l^s 的概率 x_i^s 可由式 (3.10) 得出：

$$x_i^s = \frac{\lambda_i^s}{\sum_{q=1}^{k} \lambda_i^q} \tag{3.10}$$

式 (3.10) 可以改写成式 (3.11)，它是该函数的最小能量分布。

$$\left(\sum_{q=1}^{k} \Lambda^q \right) x^s = \Lambda^s \tag{3.11}$$

式中，Λ^q 是需要人工添加的经验点，即标记点；Λ^s 是对角矩阵，其对角线上的元素为 λ^s。

为了获得标准模型中的期望概率，需要最小化式 (3.4)，将其转换为式 (3.12)。同理，可以得到式 (3.13)。新模型的能量总和可以由式 (3.14) 来表示。

$$E_{\text{spatial}}(x^s) = x^{s\mathrm{T}} L x^s \tag{3.12}$$

$$E_{\text{aspatial}}(x^s) = \sum_{q=1, q \neq s}^{k} x^{s\mathrm{T}} \Lambda^q x^s + (x^s - 1)^{\mathrm{T}} \Lambda^s (x^s - 1) \tag{3.13}$$

$$E_{\text{total}}^{s}(x^{s}) = E_{\text{spatial}}^{s}(x^{s}) + E_{\text{aspatial}}^{s}(x^{s}) \tag{3.14}$$

当 x^{s} 满足式 (3.15) 时，可以将式 (3.14) 最小化。

$$\left(L + \gamma \sum_{r=1}^{k} \varLambda^{r} \right) x^{s} = \gamma \lambda^{s} \tag{3.15}$$

式中，γ 代表可调参数。

　　然后结合用户的标记节点和一些先验知识，通过求解式 (3.16) 可以得到每个像素点的概率分布。

$$\left(L_{\chi} + \gamma \sum_{r=1}^{k} \varLambda_{\chi}^{r} \right) x^{s} = \lambda_{\chi}^{s} - Bm^{s} \tag{3.16}$$

2. 广义随机漫步模型

　　Shen 等 [17] 提出了广义随机漫步 (generalized random walk, GRW) 模型，用来解决图像融合问题。GRW 模型如图 3.2 所示，其中，白色节点即标记节点代表待处理的源图像，灰色节点即像素点代表融合图像中对应的像素位置。在 Grady 模型中，标记节点只与其相邻的节点有边的连接，而在图 3.2 中标记的节点与所有未标记节点都有边的连接。

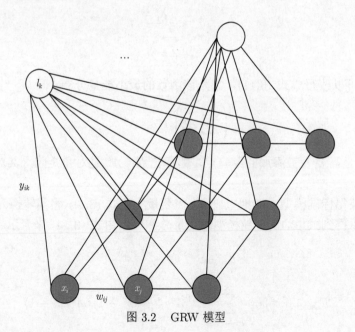

图 3.2　GRW 模型

GRW 模型的数学定义如下：首先，定义变量集 $\chi = \{x_1, x_2, \cdots, x_n\}$，表示未标记节点的集合，$x_i \in \chi$ 即对应的第 i 个像素点。定义标记集 $\zeta = \{l_1, l_2, \cdots, l_k\}$，表示标记节点的集合，$l_k \in \zeta$ 即第 k 个源图像。其次，与 Grady 模型一样，建立一个图 $G(V, E)$，其中，V 是集合 χ 跟集合 ζ 的并集。$E = \{e_1, e_2, \cdots, e_m\}$ 是可以分为两部分的集合，一部分为 χ 中像素点与四邻域像素节点连接边的集合，另一部分为 χ 中像素点与 ζ 中标记节点之间连接边的集合。边 e_{ij} 表示连接两个像素点 v_i 和 v_j。如果 e_{ij} 连接了两个像素点，其权重表达式为式 (3.17)；如果 e_{ij} 连接了一个像素点和一个标记节点，那么其权重如式 (3.18) 所示。

$$w_{ij} = \prod_k \mathrm{e}^{-\frac{\left\| p_i^k - p_i^j \right\|}{\sigma_w}} \approx \mathrm{e}^{\frac{\bar{p}_i - \bar{p}_j}{\bar{\sigma}_w}} \tag{3.17}$$

式中，p_i^k 和 p_i^j 表示在第 k 个源图像上相邻的两个像素值；$\|\cdot\|$ 表示欧氏距离。$\bar{p}_i$、$\bar{p}_j$ 可以由式 (3.19) 得到。σ_w 和 $\bar{\sigma}_w = \sigma_w / K$ 是可调参数。

$$y_{ik} = \theta_{ik} \left[\mathrm{erf}\left(\frac{|g_i^k|}{\sigma_y} \right) \right]^K \tag{3.18}$$

$$\bar{p}_i = \frac{1}{K} \sum_k p_i^k \tag{3.19}$$

式中，g_i^k 表示在第 k 个源图像中亮度通道的第 i 个像素位置处的二阶偏导数；$|g_i^k|$ 是 g_i^k 的大小；$\mathrm{erf}(\cdot)$ 是高斯误差函数；σ_y 是一个权重，通过计算 g_i^k 的方差得到。

权重 c_{ij} 反映了节点 v_i 和 v_j 的相通性，其定义如下：

$$c_{ij} = \begin{cases} \gamma_1 y_{ij}, & v_i \in \chi \bigcap v_j \in \zeta \\ \gamma_2 w_{ij}, & v_i \in \chi \bigcap v_j \in \chi \end{cases} \tag{3.20}$$

式中，γ_1 和 γ_2 是正系数，用来影响 y 和 w 的权重。

现在，可以通过式 (3.21) 来定义拉普拉斯矩阵 L，也可以用式 (3.22) 来表示。

$$L_{ij} = \begin{cases} d_i, & i = j \\ -c_{ij}, & (v_i, v_j) \in E \\ 0, & \text{其他} \end{cases} \tag{3.21}$$

$$L = \begin{bmatrix} L_\zeta & B \\ B^{\mathrm{T}} & L_\chi \end{bmatrix} \tag{3.22}$$

式中，L_ζ 是大小为 $K \times K$ 的子矩阵，表示 ζ 内部的相互作用；L_χ 是大小为 $N \times N$ 的子矩阵，表示 χ 内部的相互作用；B 表示 ζ 与 χ 之间的相互作用。

其能量函数表达式如式 (3.23) 所示：

$$E_{\mathrm{GRW}} = \frac{1}{2} \sum_{(v_i, v_j) \in E} C_{ij}(u(v_i) - u(v_j))^2 \tag{3.23}$$

式中，$u(v_i)$ 可以看作节点 v_i 第一次到达某个目标标记节点的概率。

另外，定义 u_ζ、u_χ 如式 (3.24)、式 (3.25) 所示。为了最小化能量函数 E_{GRW}，需要求解式 (3.26) 来找到合适的函数 u_χ。

$$u_\zeta = (u(l_1), u(l_2), \cdots, u(l_n))^{\mathrm{T}} \tag{3.24}$$

$$u_\chi = (u(x_1), u(x_2), \cdots, u(x_n))^{\mathrm{T}} \tag{3.25}$$

式中，如果 l_n 是目标标记节点，那么 $u(l_n)$ 概率为 1，反之 $u(l_n)$ 概率为 0。

$$L_\chi u_\chi = -B^{\mathrm{T}} u_\zeta \tag{3.26}$$

3. 限制随机漫步模型

Yang 等 [18] 考虑到使用多个用户输入信息可以更好地反映用户的意图。因此，他们提出了限制随机漫步 (constrained random walk, CRW) 模型来进行图像分割。传统模型中，只在前景和背景放置两个种子节点，用于识别前景和背景区域。而该模型与之不同，其增加了另外两个输入：软限制输入和硬限制输入。软限制输入指示了边界应经过的区域，硬限制输入指示了边界必须对齐的像素。图像分割的问题就可以转化为最小化下面的函数 (3.27)：

$$E_{\mathrm{CRW}} = \sum_{e_{ij} \in E} w_{ij}(p_i - p_j)^2 + \lambda \sum_{v_i \in S_S} (p_i - 0.5)^2, \begin{cases} p_i = 1, & v_i \in S_F \\ p_i = 0, & v_i \in S_B \\ p_i = 0.5, & v_i \in S_H \end{cases} \tag{3.27}$$

式中，S_F、S_B、S_S 和 S_H 分别表示前景种子节点、背景种子节点、软边界种子节点和硬边界种子节点；λ 表示控制边界上种子节点作用强度的系数；p_i 表示节点 v_i 首次到达前景种子节点的概率。

通过区分与每个未标记像素相关的能量函数并将其设置为零，具有软硬约束问题的 RW 问题成为求解线性方程组的问题。

4. 重启随机漫步模型

在标准 RW 中计算的首次到达的概率总是有一些限制的：它仅仅考虑了像素与其边界之间的局部关系。因此，标准 RW 模型有两个难解决的问题：弱边界问题和纹理问题[19]。重启随机漫步 (random walk with restart, RWR) 考虑了任意像素之间的关系，因此它可以反映出纹理的影响效果和图像的全局结构。同时可以很好地测量加权图中的两个节点的相似度，因此对数据的聚类有比较好的效果。

RWR 模型与 Grady 提出的标准 RW 模型有一些区别[19]。RW 是计算 RW 者从一个像素点出发首次到达标记节点的概率，而 RWR 则计算 RW 者从标记节点出发到停留在像素点的平均概率。

将数据聚类问题看作标记问题，我们自然需要得到后验概率 $p(l_k \mid x_i)$，其表达式如式 (3.28) 所示。然后通过得到的概率可直接将像素 x_i 分配给具有最大概率的标签。

$$p(l_k \mid x_i) = \frac{p(x_i \mid l_k)p(l_k)}{\sum\limits_{n=1}^{K} p(x_i \mid l_n)p(l_n)} \tag{3.28}$$

令集合 $X^{l_k} = \{x_1^{l_k}, x_2^{l_k}, \cdots, x_m^{l_k}, \cdots, x_{M_k}^{l_k}\}$，其中，$x_m^{l_k}$ 表示标签 l_k 的第 m 个种子节点，概率 $p(x_i \mid l_k)$ 可以通过式 (3.29) 得到

$$p(x_i \mid l_k) = \frac{1}{ZM_k} \sum_{m=1}^{M_k} p(x_i \mid x_m^{l_k}, l_k) \tag{3.29}$$

式中，Z 为标准化常量。

假设 RW 者从一个种子节点 $x_m^{l_k}$ 开始，然后沿节点之间的边 RW。而在每一步中，RW 者根据与下一个移动的相邻节点之间的权重所决定的概率来进行选择下一个目的地。或者选择重启概率 c 来回到种子节点 $x_m^{l_k}$。经过有限次的 RW 过程，就可以得到一个稳态概率 $r_{im}^{l_k}$，RW 者会停留在像素点 x_i。在这个模型中，稳态概率 $r_{im}^{l_k} \approx p(x_i \mid x_m^{l_k}, l_k)$，$r_m^{l_k} = |r_{im}^{l_k}|_{N\times1}$ 是一个 N 维向量，可以通过式 (3.30) 得到

$$r_m^{l_k} = (1-c)Pr_m^{l_k} + cb_m^{l_k} = c(I-(1-c)P)^{-1}b_m^{l_k} = Qb_m^{l_k} \tag{3.30}$$

式中，$b_m^{l_k}$ 是大小为 $N\times1$ 的向量，如果 $x_i = x_m^{l_k}$，那么 $b_i = 1$；反之，则 $b_i = 0$。另外，c 是其经过选择回到出发点的概率。P 是转移矩阵，由式 (3.31) 给出。Q 是大小为 $N\times N$ 的矩阵，用来计算两个像素点之间的相似度，其表达式为 $Q = [q_{ij}]_{N\times N}$，q_{ij} 表示像素点 x_i 与 x_j 有相同的标签被分配到同一区域的概率。

$$P = D^{-1} \times W \tag{3.31}$$

式中，$D = \text{diag}(d_1, d_2, \cdots, d_N)$，$d_i = \sum\limits_{j=1}^{N} w_{ij}$；$W$ 是权重矩阵。W 中第 i 行第 j 列元素 w_{ij} 的定义如前面标准 RW 所述。

将稳态概率 $r_m^{l_k}$ 代入式 (3.29) 中，概率 $p(x_i \mid l_k)(i = 1, 2, \cdots, N)$ 可以通过式 (3.32) 得到

$$[p(x_i \mid l_k)]_{N \times 1} = \frac{1}{Z \times M_k} Q \tilde{b}^{l_k} \tag{3.32}$$

式中，$\tilde{b}^{l_k} = [\tilde{q}]_{N \times 1}$ 是 N 维向量；Q 是大小为 $N \times N$ 的矩阵，用来计算两个像素点之间的相似度，其数学表达式为 $Q = [q_{ij}]_{N \times N}$，$q_{ij}$ 表示像素点 x_i 与 x_j 有相同的标签被分配到同一区域的概率。Q 的数学表达式为式 (3.33)。

$$Q = c(I - (1 - c)P)^{-1} = c \sum_{t=0}^{\infty} (1 - c)^t P^t \tag{3.33}$$

其中，P^t 表示 t 阶转移矩阵，其元素 P_{ij}^t 代表在考虑两个像素点之间所有路径的情况下，RW 者从像素点 x_j 出发，然后经历 t 次迭代，恰恰在像素点 x_i 的概率。最终 Q 可以通过矩阵求逆的方法得到。

每个像素点 x_i 被分到什么样的标签是由式 (3.34) 决定的：

$$R_i = \arg \max_{l_k} p(l_k \mid i) = \arg \max_{l_k} p(x_i \mid l_k) \tag{3.34}$$

根据式 (3.34) 可知，每个像素 i 都分配标签 R_i。当然每个未标记节点也会分配到一个标签。

3.2 随机漫步在图像处理中的应用

3.2.1 基于随机漫步的图像分割

在建立加权图之后，将图像中的像素点作为节点，将图像像素值的变化映射到权重，从而将数据节点的聚类问题转化为图像分割问题。

1. 权重函数

权重函数在图像分割算法中发挥着极其重要的作用。通常来说，权重函数用来最小化熵使图像平滑，这会直接影响最终的分割结果。为了处理各种不同情况，研究者提出了各种不同的权重函数 [10,20,21]，如式 (3.35) ~ 式 (3.37) 所示。

$$w_{ij} = \mathrm{e}^{-\beta(g_i - g_j)^2} \tag{3.35}$$

$$w_{ij} = \frac{2}{1 + e^{\beta(g_i - g_j)^2}} \tag{3.36}$$

$$w_{ij} = e^{[-\beta(g_i - g_j)^2 - (h_i - h_j)^2]} \tag{3.37}$$

式中，g_i 与 g_j 分别是节点 v_i 和 v_j 的灰度值；β 是自由参数；h_i 与 h_j 分别是节点 v_i 和 v_j 的空间位置。

上面的权重函数可以通过用 $\|g_i - g_j\|^2$ 来代替 $(g_i - g_j)^2$，从而处理颜色或者向量值等数据。

Freedman[22] 发现大多数的权重是基于相邻像素之间相似度的，例如，它们之间的灰度值或者颜色信息。因此 Freedman 提出了一种基于颜色概率分布的权重的新定义，其数学表达式如式 (3.38) 所示。这个权重考虑了当需要分割的对象是多种颜色组成的纹理性图像时的情况。

$$w^k(v_i, v_j) = \frac{1}{1 + |p^k(z(v_i)) - p^k(z(v_j))|/\sigma} \tag{3.38}$$

式中，$w^k(v_i, v_j)$ 是对于标签 k、节点 v_i 和 v_j 之间的权重；$z(v_i)$ 是节点 v_i 的颜色；$p^k(z(v_i))$ 是对于标签 k、节点 v_i 颜色的概率密度。

2. 预处理步骤

为了加快算法的速度或获得较好的分割效果，利用改进的 RW 算法，本节提出一些预处理步骤。

Guo 等[21] 利用滑降算法将图像分割为一些小的区域，接着他们把每个区域作为标准 RW 模型中的一个节点。

Freedman[22] 首次采用均值漂移算法来将图像进行过分割，然后构造了一个新的 RW 图模型，区域对应于原始图模型的节点，相邻区域的连接对应原始模型的边。新图模型远小于原始图模型，这将极大地节省算法时间。

Pian 等[23] 将结构张量应用于 RW。Pian 的算法包含一个额外的预处理步骤，即先将图像在各向异性结构张量空间中进行变换[24]。结构张量不仅包含了相邻两个像素点之间的关系，也包含了它们周围的结构信息。基于结构张量构造了一个新的图，分割结果也更加准确。

Fabijanska 和 Goclawski[25] 提出了一种基于 RW 模型的新型 3D 图像分割方法。RW 算法很少直接应用于体数的分割，因为它需要大量的内存和时间。为了节省计算资源，Anna 的算法通过应用超级像素的思想来减少图像中的节点数量。超级像素是利用 Pratt 和 Adams[26] 提出的快速区域生长方法获得的。

在标准的 RW 分割算法中，由于图像噪声、图像伪影或者在图像采集过程中的测量误差可能引起灰度值的不确定性。为了量化在使用 RW 分割时灰度值的不确定性对分割结果的影响，Pätz 和 Preusser [27] 通过一个偏微分方程，用随机图像来代替了经典图像。

用分水岭算法来对图像进行分割时通常会导致过分割 (over-segmentation)。为了解决这个问题，Sebbane [28] 将分水区域作为 RW 的图模型。分水岭邻接图中的节点数量远远小于图像中的像素数量，因此分水岭算法的运行速度更快。

Grady 和 Sinop [29] 建议在用户交互之前执行离线预分割计算。该算法由两部分组成：① 通过离线算法来计算其权重，建立拉普拉斯矩阵 L 及其 K 个特征向量 Q；② 用户输入种子节点并找到分割区域的在线算法。该算法将计算负担转移到一个预处理步骤，然后再进行用户交互。

在有斑点噪声的情况下，超声图像具有较低的信噪比 (signal to noise ratio, SNR)，因此很难获得令人满意的分割结果。Su 等 [30] 将各向异性扩散算法引入 RW 中，作为预处理步骤，解决了强相干斑点噪声下的分割误差问题。

3. 标记种子节点

标准的 RW 算法需要用户标记几个种子节点，这在处理大量图片时是不切实际的，因此人们提出了几种为解决特定问题而实现自动分割的方法。

Faragallah [31] 在一篇关于从多层螺旋计算机断层扫描 (computed tomography, CT) 心脏成像中分割心室和心肌的文章中提出了一种基于区域生长和形态学运算的种子选择方法。Maier 等 [32] 提出一种针对 CT 图像进行自动分割肝脏的方法。根据胸腔的形状和体素灰度信息，他们意识到肝脏内的几个种子节点可以自动被选择为前景标记节点。

Wighton 等 [33] 提出了一种基于 RW 模型的自动分割皮肤病变的方法。为了自动标记种子像素，应该确定两个阈值 T_s 和 T_l，它们分别表示皮肤阈值和病变阈值。设 P 表示像素点属于病变部分的概率。若 $P < T_s$，则将像素作为背景种子的候选；若 $P > T_l$，则将像素作为目标种子的候选。通过分析概率图的直方图，Wrighton 等提出了一个合理的方法来设置两个阈值。种子节点可以根据阈值限制来选择。

灰度图像的体素可以分为三个部分：背景 (C_1)、中度氟代脱氧葡萄糖 (fluorodeoxyglucose, FDG) 摄取 (C_2) 和高度摄取 (C_3)。Onoma 等 [34] 将位于 C_2 的中上部和 C_3 上的灰度级的体素定义为肿瘤种子节点。

Baudin 等 [35] 提出的方法能够根据不同的肌肉类别自动确定合适的种子位置。在他们的方法中，通过最小化马尔可夫随机场能量函数 (式 (3.39))，他们把自动放置种子像素问题看作一个标记的问题。

$$E(x) = \sum_{p \in V} \theta_p(x_p) + \sum_{(p,q) \in V} \theta_{p,q}(x_p, x_q) \tag{3.39}$$

式中, x_p 是分配给节点 p 的标签; x 是所有分配的集合; $\theta_p(\cdot)$ 由分配给节点 p 的标签决定; $\theta_{p,q}(\cdot)$ 由分配给边 (p,q) 的两个节点 p 和 q 的标签决定。

Wattuya 等[36] 提出一种组合分割的方法。首先, 保留权重为 1 的边, 然后, 删除其他的边来建立一个新的图模型。其次, 通过迭代选择两个相似度最高的候选种子区域并将它们合并成一个候选区域。如果最高的相似度低于种子区域的阈值, 那么操作停止。最后, 他们运行 RW 算法并将剩下的种子区域进行分类。

网格分割是模型理解的一个重要步骤, 它在不同的网格处理应用中都有重要的作用。Lai 等[37] 提出了一种基于 RW 的交互式自动网格分割的方法。他们提出任意地选择一个稀疏的种子集合, 因此这通常比最终期望的聚类数要多。最后, 他们通过把过多的分割区域再进行合并, 进而得到最终的分割结果。

4. 最小化能量函数

M'Hiri 等[38] 提出了一种通过整合血管信息来扩展 RW 公式的血管分割方法。血管信息通过在 Frangi 的滤波器中定义的像素点 i 的血管性 b_i 来引入能量函数, b_i 的表达式见式 (3.40), 能量函数的表达式如式 (3.41) 所示。

$$b_i = \begin{cases} 0, & \lambda_{i2} > 0 \\ \mathrm{e}^{-\frac{R^2}{2\mu_R^2}} \left(1 - \mathrm{e}^{\frac{S^2}{2\mu_S^2}}\right), & \text{其他} \end{cases} \tag{3.40}$$

式中, $R = \lambda_{i1}/\lambda_{i2}$; $S = \sqrt{\lambda_{i1}^2 + \lambda_{i2}^2}$, λ_{i1} 与 λ_{i2} 是在像素点 i 处的黑塞矩阵的第一特征值和第二特征值; μ_R、μ_S 是滤波器的参数。

$$E(f) = \underbrace{\frac{1}{2} \sum_{i=1}^{|I|} \sum_{j=1}^{|I|} w_{ij}(f_i - f_j)^2}_{\text{第一项}} + \underbrace{\alpha \sum_{i=1}^{|I|} (1 - b_i)f_i^2}_{\text{第二项}} + \underbrace{\beta \sum_{i=1}^{|I|} b_i(f_i - 1)^2}_{\text{第三项}} \tag{3.41}$$

式中, 当 $f_i = 1$ 时, 表示像素点 i 是前景像素; 当 $f_i = 0$ 时, 表示像素点 i 是背景像素。一旦 f 被计算出来, 像素就可以被分类为背景或者前景区域。式 (3.41) 等号右边第一项将标准 RW 算法中原始能量函数最小化, 第二项和第三项分别使背景像素的血管性最小化和前景像素的血管性最大化。

Baudin 等[39] 通过在传统 RW 中增加一个先验知识, 通过参数调节, 将先验知识引入能量函数中, 其能量函数如下:

$$E_{\mathrm{RW}}^s(x^s) = x^{sT} L x^s + \gamma \left(x^{sT} D x^s - 2x^{sT} d^s\right) \tag{3.42}$$

式中, d_i^s 是矢量 d^s 中的元素, 表示像素点 $i(i = 1, 2, \cdots, N)$ 在标记 s 的亮度分布内的概率密度; $x^s = [x_1^s, x_2^s, \cdots, x_N^s]^{\mathrm{T}}$, $x_i^s(i = 1, 2, \cdots, N)$ 表示像素点 i 分配到标签 s 的概率; 矩阵 D 如下:

$$D = \mathrm{diag}\left(\sum_s d^s \right) \tag{3.43}$$

x_i^s 可以看成服从正态分布的随机变量，并且其具有可以最大化的对数概率。如果知道了 x_i^s 的均值 $\bar{x}_i^s$ 和方差 σ_i^{s2}，那么这一步的能量函数就可以写成式 (3.44) 的形式：

$$E_{\mathrm{model}}^s(x^s) = (x^s - \bar{x}^s)^{\mathrm{T}} \Lambda_\sigma^s (x^s - \bar{x}^s) \tag{3.44}$$

式中，Λ_σ^s 是一个对角矩阵，$\Lambda_\sigma^s(i,i) = 1/\sigma_i^{s2}$。

方差估计值为

$$\tilde{\sigma}^s = \arg\min_\sigma \sum_{i=1}^N \left(\sum_{d \in D} \log \sigma_i^2 + \frac{x_{di}^s - \bar{x}^s}{\sigma_i^2} \right) + \alpha \sum_{i,j=1}^N \delta_{ij} (\sigma_i^2 - \sigma_j^2)^2 \tag{3.45}$$

式中，$x_{di}^s = 1$ 表示训练数据 d 的像素 i 属于标签 s，其他情况 $x_{di}^s = 0$；δ_{ij} 表示像素 i 和 j 是相邻像素；α 是权重参数，用来设置平滑度。

能量函数可写成式 (3.46)，可以通过求解式 (3.47) 将能量函数最小化：

$$E_{\mathrm{total}}^s(x^s) = E_{\mathrm{RW}}^s(x) + \lambda^s E_{\mathrm{model}}^s(x) \tag{3.46}$$

$$(L + \lambda^s \Lambda_\sigma^s)x = \lambda^s \Lambda_\sigma^s \bar{x}^s \tag{3.47}$$

然后，根据测试图像中的轮廓强度，用 Λ_c 来调整模型的影响，能量函数修改为

$$E_{\mathrm{total}}^s(x^s) = (x^s - \bar{x}^s) \Lambda_c \Lambda_\sigma^s (x^s - \bar{x}^s) \tag{3.48}$$

式中，Λ_c 是对角线上元素为 c_i 的对角矩阵，c_i 与图像方差成反比，见式 (3.49)：

$$c_i = \mathrm{e}^{-k\sigma_r^2(i)} \tag{3.49}$$

其中，$\sigma_r^2(i)$ 是在半径为 r 圆上计算的像素 i 处的方差；k 是自由参数。

最终，Baudin 的能量函数可以通过式 (3.50) 最小化：

$$(L + \lambda^s \Lambda_c \Lambda_\sigma^s)x = \lambda^s \Lambda_c \Lambda_\sigma^s \bar{x}^s \tag{3.50}$$

5. 其他方面

为了解决 RW 中线性方程的计算问题，Lee 等 [40] 提出了一种基于高斯–赛德尔 (Gauss-Seidel) 的快速算法。该算法可以大大减少计算复杂度和内存需求，使得 RW 算法可以应用在嵌入式系统中。

起初的 RW 分割是通过比较前景概率和背景概率来实现的，很容易导致分割不足或过分割。Rysavy 等 [41] 借助似然比检验技术扩展了 RW 的决策函数，在一定程度上解决了欠分割或过分割问题。

Grady 等 [42] 通过研究以下问题来提供对 RW 算法的验证标准：① 分割结果对种子放置位置精确度的敏感度；② 分割结果对种子数量的敏感度；③ 用户和计算机执行分割需要的时间。此外，他们提出了一个简单的方法，在图形硬件上将 RW 算法的计算时间减少一个数量级，并测量用户获得期望的分割结果所需的总时间。

在临床中，单独分割正电子发射断层扫描 (positron emission computed tomography, PET) 图像通常不能很好地描绘放射性示踪剂吸收区域。因此，Bagci 等 [43] 将 PET 图像和 CT 图像结合，用 RW 算法同时分割。构造图 $G^{\mathrm{CT}} = (V^{\mathrm{CT}}, E^{\mathrm{CT}})$ 和图 $G^{\mathrm{PET}} = (V^{\mathrm{PET}}, E^{\mathrm{PET}})$ 分别代表 CT 图像和 PET 图像。它们构造的结合图 $G^{\mathrm{fuse}} = (V^{\mathrm{fuse}}, E^{\mathrm{fuse}})$，$V^{\mathrm{fuse}}$ 由式 (3.51) 给出，E^{fuse} 由式 (3.52) 给出，在这个新的图模型中，E^{fuse} 的边表示当且仅当其对应节点相邻且同时存在于 G^{CT} 和 G^{PET} 中。

$$V^{\mathrm{fuse}} = \left\{ (V^{\mathrm{CT}}, V^{\mathrm{PET}}) : v_i^{\mathrm{CT}} \in V^{\mathrm{CT}} \cap v_i^{\mathrm{PET}} \in V^{\mathrm{PET}} \right\} \tag{3.51}$$

$$E^{\mathrm{fuse}} = \left\{ ((v_i^{\mathrm{CT}}, v_i^{\mathrm{PET}}), (v_j^{\mathrm{CT}}, v_j^{\mathrm{PET}})) : (v_i^{\mathrm{CT}}, v_j^{\mathrm{CT}}) \in E^{\mathrm{CT}} \cap (v_i^{\mathrm{PET}}, v_j^{\mathrm{PET}}) \in E^{\mathrm{PET}} \right\} \tag{3.52}$$

通过建立的新的图模型 G^{fuse} 来进行基于 RW 的图像分割。在 G^{fuse} 上运行 RW 相当于同时在图 G^{CT} 和图 G^{PET} 上执行 RW 算法。因此，其能量函数可以被修改为

$$D^{\mathrm{fuse}} = \frac{1}{2} (x^{\mathrm{fuse}})^{\mathrm{T}} L^{\mathrm{fuse}} x^{\mathrm{fuse}} = \frac{1}{2} \sum_{e_{ij} \in E^{\mathrm{fuse}}} w_{ij}^{\mathrm{fuse}} (x_i^{\mathrm{fuse}} - x_j^{\mathrm{fuse}})^2 \tag{3.53}$$

式中，L^{fuse} 与 x^{fuse} 分别由式 (3.54) 和式 (3.55) 给出：

$$L^{\mathrm{fuse}} = (L^{\mathrm{CT}})^{\alpha} \otimes (L^{\mathrm{PET}})^{\theta} \tag{3.54}$$

其中，常数 $\alpha \geqslant 0$，$\theta \leqslant 1$。

$$x^{\mathrm{fuse}} = (x^{\mathrm{CT}})^{\rho} \otimes (x^{\mathrm{PET}})^{\eta} \tag{3.55}$$

其中，常数 $\rho \geqslant 0$，$\eta \leqslant 1$。x^{CT} 与 x^{PET} 分别为 G^{CT} 和 G^{PET} 中节点的初始概率分布。

Bagci 等 [43] 还提出了一种自动种子定位算法。该算法从 PET 图像中识别感兴趣的摄取区域，再使用这些区域来识别前景和背景种子节点，并将检测到的背景和前景种子节点传递到相应的 CT 图像。图 3.3 是医学图像分割结果。图 3.3(a) 表示原始的医学图像，图 3.3(b)~(d) 分别表示用标准 RW [10]、RWR [19] 和 Guo 等 [21] 的方法输出的分割结果。

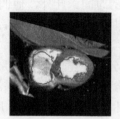

(a) 原始的医学图像　　　　(b) 标准RW　　　　(c) RWR　　　　(d) Guo等[21]的方法

图 3.3　医学图像分割结果

3.2.2　基于随机漫步的图像融合

Shen 等 [17] 发现多曝光图像可以用 RW 算法来进行融合。图像融合被看作一个概率合成的过程。融合图像可以通过式 (3.56) 来获得

$$p_i = \sum_{k=1}^{K} p^k(x_i) p_i^k \tag{3.56}$$

式中，p_i 为融合图像中的第 i 个像素；p_i^k 表示第 k 个源图像的第 i 个像素；$p^k(x_i)$ 表示像素分配到第 k 个源图像的概率；K 表示源图像的总数目。

图 3.4 是多曝光图像融合。图 3.4(j) 是 Shen 等 [17] 的 GRW 模型输出结果。很显然，GRW 模型在多曝光图像融合方面有很好的表现。

Hua 等 [44] 将 GRW 模型应用于多聚焦图像融合。假设有 K 个源图像，融合后的图像通过式 (3.57) 得到

$$F(x,y) = \frac{\sum_{k=1}^{K} W_k(x,y) I_k(x,y)}{\sum_{k=1}^{K} W_k(x,y)} \tag{3.57}$$

式中，$F(x,y)$ 与 $I_k(x,y)$ 分别代表 (x,y) 处的融合图像像素及第 k 个源图像的像素；$W_k(x,y)$ 表示第 k 个源图像在位置 (x,y) 处的像素权重，可以通过式 (3.58) 得到

$$W_k(x,y) = \frac{(p^k(x,y))^n}{\sum\limits_{l=1}^{K}(p^l(x,y))^n} \tag{3.58}$$

其中，$p^k(x,y)$ 表示在 (x,y) 的一个像素点分配到标签 k 的概率；n 是一个自由参数，其取值范围为 $[1,+\infty)$。

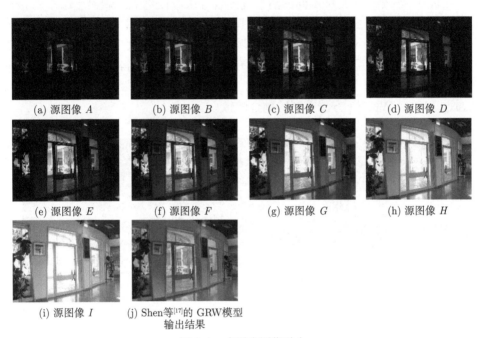

(a) 源图像 A　　(b) 源图像 B　　(c) 源图像 C　　(d) 源图像 D

(e) 源图像 E　　(f) 源图像 F　　(g) 源图像 G　　(h) 源图像 H

(i) 源图像 I　　(j) Shen等[17]的 GRW模型
输出结果

图 3.4　多曝光图像融合

现在，如果已知概率 $p^k(x,y)$，那么就可以得到融合图像了。如与 Shen 等 [17] 的 GRW 模型类似，可以通过使用 RW 模型来获得概率 $p^k(x,y)$。比起 Shen 等 [17] 的模型，Hua 等 [44] 改变了连接未标记像素点和标签的权重。假设像素 j 的位置是 (x,y)，可以用 $y_k(x,y)$ 表示像素 j 和标签 k 之间的权重，其数学表达式为

$$y_k(x,y) = \frac{f_k^*(x,y)}{\max\limits_{x,y,k}(f_k^*(x,y))} \tag{3.59}$$

式中，$f_k^*(x,y)$ 可以通过式 (3.60) 得到

$$f_k^*(x,y) = \begin{cases} f_k(x,y) - \bar{f}(x,y), & f_k(x,y) \geqslant \bar{f}(x,y) \\ 0, & 其他 \end{cases} \tag{3.60}$$

其中，$f_k(x,y)$ 为清晰度；$\bar{f}(x,y)$ 为平均清晰度，其数学表达式为

$$\bar{f}(x,y) = \frac{1}{K}\sum_{k=1}^{K} f_k(x,y) \tag{3.61}$$

Hua 等[44] 测试了几种不同的清晰度测量方法，如方差法、梯度能量法、Tenen-grad 梯度法、EOL 法、SML 法、频率选择性加权中值滤波器 (frequency selection weighted median filter, FSWM) 法、空域能量法等。通过大量的实验，他们发现 FSWM 法最适合测量清晰度 $f_k(x,y)$。获取权重后，就可以得到概率 $p^k(x,y)$，进而得到最终的融合图像。图 3.5(a) 和 (b) 是输入的两张不同聚焦的图像，图 3.5(c) 是通过 RW-FSWM[44] 方法得到的融合图像。

(a) 源图像 A　　　　　　(b) 源图像 B　　　　　(c) RW-FSWM[44]方法

图 3.5　多聚焦图像融合

3.2.3　基于随机漫步的其他应用

1. 基于随机漫步的孔洞填充

孔洞的轮廓包含一些点，如果这些点属于前景，那么它们可以被标记为"可见的种子"，其他的可以被标记为"不可见的种子"。这与随机漫步理论完全吻合，可以看作求概率的标签问题[45,46]。

图 3.6 显示 Choi 等[46] 的方法与真图的比较，在用于孔洞填充时取得了逼真的效果。在 Choi 等[46] 的工作中，首先，将每个点分类为用作初始种子的适当标签。如果将虚拟摄像机放置在真实摄像机的右侧，那么孔中相应轮廓中所有最左侧的点都将被分配给标签"可见的种子"，其余的点被标记为"不可见的种子"。每个无标签区域都有一个概率，这个概率来自推断"可见或不可见"的种子节点的置信度。候选的区域可以通过 Choi 等[46] 描述的方法获得。通过使用 RW 分割算法，Choi 等[46] 已经将 3D 的视频分类为前景和背景标签以明确定义样本空间。然后，使用 RW 的概率来选择候选区域以产生用于填充时、空域的最佳区域。

(a) 孔洞区域   (b) Choi等[46]的方法   (c) 真图

图 3.6 采用 Choi 等 [46] 的方法得到的孔洞填充

灰色表示孔洞区域

2. 基于随机漫步的 2D-3D 转换

当进行 2D-3D 转换时，获取深度图是一种重要的方法。深度图估计可以被看作多标签分割问题。Phan 等 [47] 提出了基于 RW 与图割的 2D 图像转 3D 图像方法。他们的方法与标准的 RW 算法不同，用户必须对深度值进行粗略的估计。Phan 等 [47] 没有仅仅使用两个值 0 和 1 来表示前景与背景，而是定义了稀疏的深度标记 D，其值为 0~1。由此产生的概率图可以被直接描述为深度图 D_{RW}。由于 RW 非常容易受到噪声影响，因此 Rzeszutek 等 [48] 使用 3.1 节中介绍的尺度空间随机漫步 (scale-space random walks, SSRW)，然后通过图割法获得另一个深度图 D_{GC}。在生成两个深度图之后，将这两个结果合成一个图。

合成图 D_M 定义为

$$D_M = (D_{\mathrm{RW}})^w (D_{\mathrm{GC}})^{1-w} \tag{3.62}$$

式中，w 是大小为 0~1 的加权因子。

从图 3.7 中可以看出，D_{GC} 中的目标区域的边界比较明显，D_{RW} 将纹理细节和梯度信息保存得较好。图 3.7(d) 通过结合深度图 D_{RW} 和 D_{GC} 得到，充分地利用两幅图的优势，最终获得了更好的效果。

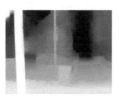

(a) 标记图像   (b) D_{RW} (c) D_{GC} (d) D_M

图 3.7 Phan 等 [47] 的方法

在 Fawaz 等 [49] 的方法中，用户需要首先为图像中的不同目标对象给出适当的标签，然后为每个标签分配相应的深度值。其次，在图像上应用多标签图割法进行分割，其输出是一个对深度图的粗略的初步估计图。在每组标签自适应地被侵蚀之后，它们被送入 RW 算法以生成最终的深度图。

Rzeszutek 等 [50] 提出了一种从 2D 视频获得深度图并将其转化为 3D 视频的方法。快速运动会导致一些问题，它会导致相邻帧之间的低相似度。通过在 RW 模型中使用具有较大连通性的图或对每个帧进行标记，可以很容易地解决这个问题。

3. 基于随机漫步的图像渲染

Ham 等 [51] 提出一种新的图像渲染方法。图 3.8(a) 是左参数图，图 3.8(b) 是右参数图，图 3.8(c) 显示了由 Ham 的方法生成的高质量中间视图。在他们的算法中，首先，采用基于范数和基于梯度的方法 [52] 来获得初始匹配概率 (matching probability, MP)。其次，他们采用 RWR [19] 和初始 MP 作为稳态匹配概率 (steady-state matching probability, SSMP) 来表示参考图像中的每个像素点。最后，将图像渲染问题转化为图像融合问题以获得中间视图，因此 SSMP 所表示的所有可能的匹配点都可以在一起考虑。在这个算法中，RWR 发挥了重要的作用。首先，RWR 通过使用相邻像素之间边的权重来增强 MP。其次，它为每个像素提供了 MP 的稳态分布，从而保证了视觉上一致的结果。

(a) 左参考图　　　　　　(b) 右参考图　　　　　　(c) 中间视图

图 3.8　采用 Ham 等 [51] 的方法得到的渲染结果

现在将详细地介绍怎样利用初始 MP，然后通过使用 RWR 来获得 SSMP。初始 MP 用 $p^0(m, d)$ 来表示，让 $I_l(m)$ 与 $I_r(m)$ 分别表示左参考图和右参考图，m 表示坐标点为 (x_1, x_2) 的像素。$p^t(m, d)$ 表示左参考图的 MP 密度函数，t 表示在预定搜索范围内的迭代次数。也就是说，$p^t(m, d)$ 用来衡量 $I_l(x_1, x_2)$ 与 $I_r(x_1, x_2)$ 匹配的可能性。因此 SSMP 可以通过迭代 RWR 的方式得到，如下：

$$p^{t+1}(m, d) = (1 - \alpha) \frac{\sum\limits_{n \in N_m} w(m, n) p^t(n, d)}{\sum\limits_{n \in N_m} w(m, n)} + \alpha p^0(m, d) \qquad (3.63)$$

式中，N_m 表示像素 m 的 4 邻域，像素 m 与邻近像素 n 的权重 $w(m,n)$ 如下：

$$w(m,n) = \mathrm{e}^{-\frac{\|I_l(m) - I_l(n)\|_2^2}{\eta}} \tag{3.64}$$

其中，η 是一个常量参数。

通过对式 (3.63) 不断迭代，直到 $p^{t+1}(m,d) = p^t(m,d)$，可以获得在该文献中被称为 SSMP 的稳态概率。

4. 基于随机漫步的图像增强

Wang 等 [53] 提出了一种基于 RW 的保边平滑滤波器。与其他算法相比，该算法对噪声具有更强的鲁棒性，物理意义明确且只需解一个线性方程组即可得到平滑结果。

为了将 RW 应用到图像增强中，最小化能量函数做如下的修改：

$$E = \frac{1}{2} \sum_{e_{ij}} w_{ij}(x_i - x_j)^2 + \frac{\mu}{2} \sum_{i=1}^n d_i(x_i - x_j)^2 \tag{3.65}$$

式中，等号右端第一项来自标准的 RW [15]，用于实现输出图像的平滑；等号右端第二项用于最小化输出图像和源图像 I 之间的距离，参数 μ 用于控制平滑程度。其他符号的含义与标准 RW 模型相同，式 (3.65) 可以写成式 (3.66)：

$$\begin{aligned} E &= \frac{1}{2}x^{\mathrm{T}}Lx + \frac{\mu}{2}(x-I)^{\mathrm{T}}L(x-I) \\ &= \frac{1}{2}x^{\mathrm{T}}Lx + \frac{\mu}{2}x^{\mathrm{T}}Dx - \mu x^{\mathrm{T}}DI + \mathrm{const} \end{aligned} \tag{3.66}$$

const 表示一个和 x 无关的常数，x 是最小化 E 的唯一极值点，通过 E 求 x 的微分，最终的平滑结果 x 可以通过解式 (3.67) 得到

$$x = \mu((1+\mu)E - D^{-1}W)^{-1}I \tag{3.67}$$

图 3.9 为基于 RW 的图像增强结果，其中，图 3.9(b) 是使用基于 RW 的滤波器处理后的平滑图像 I_{smooth}。图 3.9(c) 中的增强结果 I_{enh} 可以通过式 (3.68) 获得。与原始输入图像 (图 3.9(a)) 相比，图 3.9(c) 的细节信息更清楚。

$$I_{\mathrm{enh}} = I_{\mathrm{smooth}} + k(I - I_{\mathrm{smooth}}) \tag{3.68}$$

(a) 原始输入图像　　　　　(b) 平滑图像 I_{smooth}　　　　　(c) 增强结果 ($I_{\text{enh}}k=3$)

图 3.9　基于 RW 的图像增强结果

5. 基于随机漫步的图像配准

Cobzas 和 Sen[55] 提出了一种基于 RW 模型的非刚性图像配准的新型离散优化算法。在算法中，Cobzas 和 Sen 提出了一个改进的先验 RW 模型，用来进行离散配准。为了将配准问题转化为离散优化问题。定义离散标签集 $\zeta = \{u^1, u^2, \cdots, u^K\}$ 对应于具有特定变形数据点的概率，变形空间由 $D = \{d^1, d^2, \cdots, d^K\}$ 表示。因此，配准问题转化为标签问题，即为每个像素的位置都分配一个最佳的标签。像素点位置在图 $G = (N, \varepsilon)$ 描述，N 是像素点的集合，ε 是边的集合。配准能量函数可以通过式 (3.69) 来得到

$$E(u) = \sum_{i \in N} \Phi_i(u_i) + \alpha \sum_{(i,j) \in \varepsilon} \Psi_{ij}(u_i, u_j) \tag{3.69}$$

式中，$u_i \in \zeta$ 是位置 i 的位移标签；$\Phi_i(\cdot)$ 是数据项；$\Psi_{ij}(\cdot)$ 是交互作用项。

然后 Cobzas 和 Sen 对式 (3.69) 做了三处改进。首先，令标记过程适用于连续变量 u_i^k，u_i^k 表示像素点 i 分配到标签 u^k 的概率。其次，在 $\Psi_{ij}(u_i^k, u_j^k) = w_{ij}(u_i^k - u_j^k)^2$ 中使用高斯马尔可夫随机场，其中，w_{ij} 是图像相关边的权重。最后，定义数据项 $\Phi_i(u_i^k) = \sum_{l=1, l \neq k}^{K} (\lambda_i^l(u_i^k)^2 + \lambda_i^k(1 - u_i^k)^2)$，$\lambda_i^k = \mathrm{e}^{-v(I_i - J_{i+d_k})^2}$ 表示概率密度，i 的位移为 d^k，J_{i+d_k} 表示图像从位置 i 位移 d^k 的亮度。

经过以上三处修改，配准能量函数可以表示为

$$E^k(u^k) = \sum_{i \in N} \left(\sum_{l=1, l \neq k}^{K} (\lambda_i^l(u_i^k)^2 + \lambda_i^k(1 - u_i^k)^2) \right) + \alpha \sum_{(i,j) \in \varepsilon} w_{ij}(u_i^k - u_j^k)^2 \tag{3.70}$$

上述公式可以改写为

$$E^k(u^k) = \sum_{l=1, l \neq k}^{K} u^{kT} \Lambda^l u^k + (1 - u^k)^T \Lambda^k (1 - u^k) + \alpha u^{kT} L u^k \tag{3.71}$$

式中，L 是拉普拉斯矩阵，由式 (3.3) 中给出；u^k 是一个矢量，包括标签 k 的所有节点的概率。当 u^k 满足式 (3.72) 时，能量函数可以被最小化。

$$\left(\alpha L + \sum_{l=1}^{K} \Lambda^l \right) u^k = \lambda^k \tag{3.72}$$

与图割法 [56] 和原始的对偶法 [57] 相比较，RW 不仅可以保证离散配准有很好的效果，而且可以找到一个唯一的全局最小值。图 3.10(a)~(c) 分别表示源图像、目标图像和配准图像。从结果看出，显然 Cobzas 和 Sen 的算法在图像配准方面有很好的表现。

(a) 源图像　　　　　　(b) 目标图像　　　　　　(c) 配准图像

图 3.10　采用 Cobzas 和 Sen 算法的结果

Tang 和 Hamarneh [58] 提出了一种 RW 图像配准方法，该方法可以有效地检查搜索空间。与 Cobzas 和 Sen 的算法相比，Tang 和 Hamarneh 的方法结合了两个新的特点：首先，这个方法利用 RWIR 的概率解中的可用信息，因此，它不需要庞大的计算量。其次，Tang 和 Hamarneh 将特征加权策略混合到 RWIR 中。该算法只需要从输入数据中获取信息，并以空间自适应的方式选择特征，从而使数据成本主要基于可信信息源。

6. 基于随机漫步的图像检索

Bulo 等 [59] 将 RW 模型引入基于内容的图像检索中。在他们的 RW 模型中，每个节点代表了一幅图像，边的权重则代表了图像的相似度。用户在每轮反馈中标记的相关和不相关图像被视为解决 RW 问题的种子节点，每个无标签图像的得分是通过计算该到达相关种子节点的概率得到的。图 3.11(a) 是查询图像，图 3.11(b) 展示了 Bulo 等的算法在 Oliva 数据集 [60] 上的实验结果。

(a) 查询图像   (b) 部分检索结果

图 3.11   Bulo 等 [59] 的算法部分结果

3.3   基于随机漫步与 PCNN 的多聚焦图像融合算法

3.3.1   自启动随机漫步模型

自启动随机漫步 (self-launching random walk, SLRW) 模型[61] 如图 3.12 所示。和传统的 RW 相比，SLRW 不需要用户主动设置标记节点。在图 3.12 中，每个灰色节点也称为像素点，它们代表了融合图像中对应的像素位置。每个白色节点也称为标记节点，它们代表了对应的源图像。在 SLRW 模型中，每个像素点被看作一个 RW 的行人，它们的目的地是某个特定的标记节点。在 RW 的每一步中，在还没有移到某个标记节点之前，像素点上的行人都有一定的概率直接走向任意一个标记节点。同时，他还能选择移向他四邻域中的任意一个其他像素点。当像素点上的行人移到了某个标记节点后，该行人的 RW 也就结束了。RW 的目的是计算出每个像素点经过若干步后第一次到达某个特定标记节点的概率。

为了便于描述该模型，变量集 χ 和标记集 ζ 定义如下：χ 集合中的任意一个变量表示某个像素点地址，也就是对应的像素点。ζ 集合中的任意一个变量代表某个源图像，即某个对应的标记节点。另外，图 3.12 可以被看作一个图表 $G = (V, \varepsilon)$。在该图表中，V 是一个用来表示 χ 和 ζ 并集的节点集合。其中，每个节点都带有一个唯一的号码，如 v_i。另外，E 表示用于连接相邻节点的边的集合。集合 E 可以分为 E_χ 和 E_ζ。其中，E_χ 中的每一条边用于连接两个互为四邻域的像素点，ε_ζ 中的每一条边用于连接一个像素点及一个标记节点。

每条边 e_{ij} 都有自己的权重 c_{ij}，该权重反映了节点 v_i 和 v_j 的相通性。可以由式 (3.73) 对这种权重进行描述：

$$c_{ij} = c(v_i, v_j) = \begin{cases} \gamma d_i f_{ij}, & ((v_i, v_j) \in E_\zeta) \cap (v_j \in \zeta) \\ w_{ij}, & (v_i, v_j) \in E_\chi \end{cases} \tag{3.73}$$

式中，w_{ij} 表示连接像素点 v_i 和 v_j 的权重。w_{ij} 可以由式 (3.75) 计算求得。d_i 是

连接 v_i 和其四邻域像素点的所有边的权重的和，可以通过式 (3.74) 计算。

$$d_i = \sum_{e_{ij} \in E_\chi} w_{ij} \tag{3.74}$$

参数 γ 与 f_{ij} 用于影响像素点和标记节点的权重。γ 越小说明像素点越有可能在它与之相邻的像素点而非标记节点徘徊，反之亦然。另外，若 f_{ij} 越大，则说明像素点 v_i 越有可能走向标记节点 v_j，而非其他标记节点。于是图 3.12 中各个节点的关系可以由图 3.13 表示。

$$w_{ij} = \mathrm{e}^{\frac{\|I_i - I_j\|}{\sigma_w}} \tag{3.75}$$

式中，I_i 代表所有源图像在位置 i 上的像素值的平均值；σ_w 用于控制 I_i 和 I_j 的差的绝对值对权重 w_{ij} 值的影响大小。

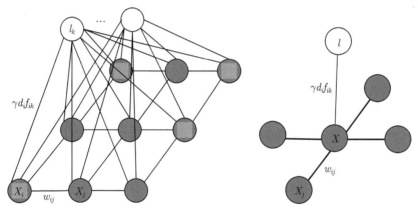

图 3.12　SLRW 模型　　　　　图 3.13　SLRW 中各节点的关系

在 SLRW 模型中，c_{ij} 权重越大，边 e_{ij} 一端的像素点 v_i 越有可能走向另一端的节点 v_j。在每一步中，像素点 v_i 都有一定概率 p_x^i 走向它附近的像素点，并且还有一定概率 p_l^i 走向标记节点，并且，$p_x^i + p_l^i = 1$。p_x^i 和 p_l^i 的概率计算为

$$p_x^i = \frac{d_i}{d_i + \gamma d_i \sum\limits_{v_k \in \zeta} f_{ik}} = \frac{1}{1 + \gamma \sum\limits_{v_k \in \zeta} f_{ik}} \tag{3.76}$$

$$p_l^i = \frac{\gamma d_i \sum\limits_{v_k \in \zeta} f_{ik}}{d_i + \gamma d_i \sum\limits_{v_k \in \zeta} f_{ik}} = \frac{\gamma \sum\limits_{v_k \in \zeta} f_{ik}}{1 + \gamma \sum\limits_{v_k \in \zeta} f_{ik}} \tag{3.77}$$

接下来,使用数学方法求解每个像素点第一次到达某个标记节点的概率。Dirichlet方程为

$$E = \frac{1}{2} \sum_{(v_i,\, v_j) \in E} c_{ij} (\mu(v_i) - \mu(v_j))^2 \tag{3.78}$$

在上述方程中, $\mu(v_i)$ 可以被看作节点 v_i 第一次到达某个目标标记节点的概率。

为了获得求解的概率, 需要通过找到一个函数 $\mu(\cdot)$ 来使式 (3.78) 给出的能量方程达到最小。该函数称为协调函数, 满足 $\nabla^2 \mu = 0$。找到协调函数的问题称为 Dirichlet 问题。通过解决 Dirichlet 问题便能获得每个像素点第一次到达某个标记节点的概率。

协调函数 $\mu(\cdot)$ 可以通过使用矩阵操作有效地计算出来。在这之前, 需要通过式 (3.79) 定义拉普拉斯矩阵 L_{ij}。

$$L_{ij} = \begin{cases} \displaystyle\sum_{v_k \in \chi} c_{ik}, & i = j,\ v_i \in \zeta \\ (1 + \gamma \displaystyle\sum_{v_k \in \zeta} f_{ik}) d_i, & i = j,\ v_i \in \chi \\ -c_{ij}, & (v_i,\, v_j) \in E \\ 0, & \text{其他} \end{cases} \tag{3.79}$$

于是, 式 (3.78) 可以通过矩阵形式进行重写, 可得

$$E = \frac{1}{2} \begin{pmatrix} u_\zeta \\ u_\chi \end{pmatrix}^{\mathrm{T}} L \begin{pmatrix} u_\zeta \\ u_\chi \end{pmatrix} = \frac{1}{2} \begin{pmatrix} u_\zeta \\ u_\chi \end{pmatrix}^{\mathrm{T}} \begin{pmatrix} L_\zeta & B \\ B^{\mathrm{T}} & L_\chi \end{pmatrix} \begin{pmatrix} u_\zeta \\ u_\chi \end{pmatrix} \tag{3.80}$$

式中, 拉普拉斯矩阵 L 可以分解为三个子矩阵 L_χ、L_ζ 和 B。这三个子矩阵可以分别通过式 (3.81) ∼ 式 (3.83) 获得。在这些方程中, $(v_i,\, v_j) \in E$。另外, u_χ 和 u_ζ 是两个可由式 (3.84) 和式 (3.85) 表达的向量。

$$\begin{pmatrix} \left(1+\gamma\sum\limits_{v_k\in\zeta}f_{ik}d_{x_1}\right) & -c_{1j_1} & \cdots & -c_{1j_{m-1}} & -c_{1j_m} \\ -c_{1j_1} & \left(1+\gamma\sum\limits_{v_k\in\zeta}f_{ik}d_{x_2}\right) & \cdots & -c_{2j_{m-1}} & -c_{2j_m} \\ \vdots & & \ddots & & \vdots \\ -c_{(m-1)j_1} & -c_{(m-1)j_2} & \cdots & \left(1+\gamma\sum\limits_{v_k\in\zeta}f_{ik}d_{x_{m-1}}\right) & -c_{(m-1)j_m} \\ -c_{mj_1} & -c_{mj_2} & \cdots & -c_{mj_m} & \left(1+\gamma\sum\limits_{v_k\in\zeta}f_{ik}d_{x_m}\right) \end{pmatrix}$$

$$\tag{3.81}$$

$$L_\zeta = \begin{pmatrix} \displaystyle\sum_{v_k \in \chi} c_{l_1 k} & & \\ & \ddots & \\ & & \displaystyle\sum_{v_k \in \chi} c_{l_m k} \end{pmatrix} \tag{3.82}$$

$$B = \begin{pmatrix} w_{x_1 l_1} & \cdots & w_{x_m l_1} \\ \vdots & \vdots & \vdots \\ w_{x_1 l_n} & \cdots & w_{x_m l_n} \end{pmatrix} \tag{3.83}$$

$$u_\chi = (\mu(x_1), \mu(x_2), \cdots, \mu(x_m))^{\mathrm{T}} \tag{3.84}$$

$$u_\zeta = (\mu(l_1), \mu(l_2), \cdots, \mu(l_n))^{\mathrm{T}} \tag{3.85}$$

上述方程中，$x_i \in \chi$，$l_i \in \zeta$。

现在，需要求得的概率可以通过求解式 (3.86) 获得

$$L_\chi u_\chi = -B^{\mathrm{T}} u_\zeta \tag{3.86}$$

式中，矩阵 u_χ 的元素正是我们想要得到的概率。如果 l_i 是目标标记节点，那么 u_ζ 的概率为 1，否则 u_ζ 为 0。

3.3.2　改进的 PCNN 模型

在传统的 PCNN 模型中，外部激励中的孤立强噪声对输出仍然有着一定的影响。其中一个原因是连接参数通常是一个全局变量，不会根据外部激励的某个神经元是否是强噪声而进行调整。因此，本节改进的 PCNN 模型 [62] 给每个外部激励的神经元都分配了一个特有的连接参数，该参数可以通过式 (3.87) ～ 式 (3.90) 计算得到

$$x_{ij} = \frac{S_{ij} - \min(S_{kl})}{\max(S_{kl}) - \min(S_{kl})} \tag{3.87}$$

$$y_{ij} = \begin{cases} 1, & x_{ij} > \mathrm{tr} \\ 0, & x_{ij} \leqslant \mathrm{tr} \end{cases} \tag{3.88}$$

$$B_{ijkl} = \frac{1}{1 + \sqrt{(k-i)^2 + (l-j)^2}} \tag{3.89}$$

$$\beta_{ij} = \sum_{k,l} B_{ijkl} y_{kl} \tag{3.90}$$

在上述方程中，tr 是一个分割阈值；B_{ijkl} 代表带有权重的系数。

3.3.3　算法描述

本节提出的基于 PCNN 与 RW 的图像融合算法框架如图 3.14 所示。首先，通过 PCNN 对清晰度测量结果进行比较选取，然后，使用 RW 技术对清晰度区域进行融合处理。下面将对该算法进行详细的介绍。

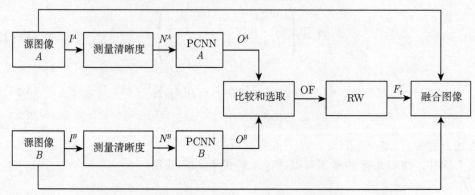

图 3.14　本节提出的基于 PCNN 与 RW 的图像融合算法框架

1. 清晰度的测量

本节所提算法的第一步就是测量源图像的清晰度。本节将着重介绍清晰度的求法。首先，通过式 (3.91) 与式 (3.92) 将源图像 I^A 和 I^B 进行锐化：

$$
\begin{aligned}
N_{ij}^A = &\left| I^A(i+1,\,j) + I^A(i-1,\,j) - 2I^A(i,\,j) \right| \\
&+ \left| I^A(i,\,j+1) + I^A(i,\,j-1) - 2I^A(i,\,j) \right|
\end{aligned} \tag{3.91}
$$

$$
\begin{aligned}
N_{ij}^B = &\left| I^B(i+1,\,j) + I^B(i-1,\,j) - 2I^B(i,\,j) \right| \\
&+ \left| I^B(i,\,j+1) + I^B(i,\,j-1) - 2I^B(i,\,j) \right|
\end{aligned} \tag{3.92}
$$

然后，分别将 N^A 和 N^B 作为外部激励输入到改进的 PCNN 中，并且分别把这两个改进 PCNN 的输出标记为 O^A 和 O^B。

得到 O^A 和 O^B 后，便可以通过式 (3.93) 来获得原始融合映射图 OF_{ij}：

$$
\mathrm{OF}_{ij} = \begin{cases}
I_{ij}^A, & O_{ij}^A > O_{ij}^B \\
\text{不明确}, & O_{ij}^A = O_{ij}^B \\
I_{ij}^B, & O_{ij}^A < O_{ij}^B
\end{cases} \tag{3.93}
$$

2. 基于 SLRW 的融合规则

为了更好地解释本节所提算法是怎样应用 RW 这一模型的，图 3.15给出了一个详尽的例子。其中，图 3.15(a) 和 (b) 代表两个源图像，图 3.15(c)~(f) 代表中间结果。在图 3.15 中，白色像素代表对应的融合图像的像素都提取自同一个源图像 (图 3.15(a))；灰色像素代表了对应的融合图像的像素都提取自另外一个源图像 (图 3.15(b))；黑色像素表示在任意源图像中提取像素，通常此类像素越少，融合效果越好。

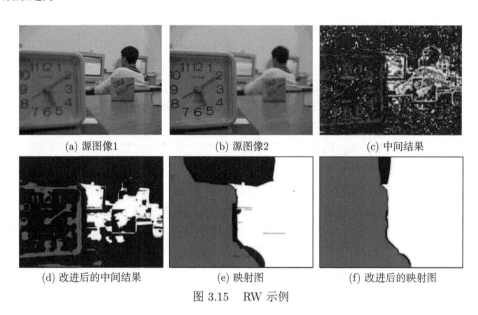

(a) 源图像1   (b) 源图像2   (c) 中间结果

(d) 改进后的中间结果   (e) 映射图   (f) 改进后的映射图

图 3.15   RW 示例

原始的融合映射图 OF 由图 3.15(c) 给出。其中，灰色代表该区域的融合图像信息提取自某一个特定的源图像，白色代表该区域的融合图像信息提取自另一个源图像，黑色代表该区域的融合信息到底提取自哪个源图像是不确定的。从图 3.15 中可以看出，该融合映射图无法分清某个区域到底应该提取自哪个源图像，效果是很不理想的。这是因为原始的融合映射图是极易受各种干扰所影响的，如误配准、场景中的局部对比度等。为了提高算法对各种影响波动的鲁棒性，本节所提算法将引入 SLRW 模型。

为了更好地抑制噪声的干扰，SLRW 模型将在本节所提算法中应用三次。在该过程中，每个像素点对应融合图像的一个像素位置，每个标记节点对应一个源图像。若默认像素点 x_i 被标记节点 l_k 选中，则 f_{ik} 设为 1；否则，f_{ik} 设为 0。因此，如果无法确定融合图像的某个位置提取自哪个源图像，那么对应的像素点 x_i 直接一次性走向任何标记节点的概率都为 0。

　　第一次使用 SLRW 是为了在原始融合映射图中根据空间信息选择出最为可靠的像素点。原始的融合映射图 OF 由图 3.15(c) 给出。参数 f_{ik} 的值由 OF 决定。并且 γ 应该足够小以保证像素对源图像的选择更多地受邻近像素的影响。另外，σ_w 应该足够大以使每个像素点更加有可能在与其灰度级相近的邻接区域行走，而不选择与之灰度级相差太大的区域。然后，通过 RW 的帮助，我们能够获得每个像素点第一次到达每个标记节点的概率。如果像素点 v_i 第一次到达某个标记节点 v_k 的概率大于概率阈值 Th_1，那么就可以认为与像素点 v_i 相对应的像素提取自与标记节点 v_k 相对应的源图像。据此，可以得到一个新的融合映射图，如图 3.15(d) 所示。

　　第二次运用 SLRW 是为了初步确定最终的融合映射图。在这次使用中，f_{ik} 由融合映射图 F_f 决定。并且，γ 应该足够大来保证 RW 中等待求解的概率基本通过每个像素点自身的默认选择决定。并且 σ_w 应该足够大以保证每个像素点有极大的概率在与之相近灰度值的区域行走。另外，如果像素点 v_i 第一次到达某个标记节点 v_k 的概率大于概率阈值 Th_2，那么就可以认为与像素点 v_i 相对应的像素提取自与标记节点 v_k 相对应的源图像。于是，如第一次使用 RW 的步骤一样，可以获得一个新的融合映射图 F_s，如图 3.15(e) 所示。

　　从图 3.15(e) 可以看到，新融合映射图 F_s 中的默认聚焦区域比理想期望中的显然要小。另外，融合映射图中有着一些很小的空洞和细线形聚焦区域。因此，应该使用开运算使这些很小的区域变为不确定的聚焦区域。随后，通过使用 SLRW 和融合映射图 F_s，可以获得新的融合映射图 F_t，如图 3.15(f) 所示。在这次 RW 中，γ 应该足够大，以保证对源图像的选择更大限度地取决于该像素的默认选择。并且 σ_w 应该比之前稍微大些。进行 RW 后，如果计算出像素点 v_i 第一次到达某个标记节点 v_k 的概率大于概率阈值 Th_3，那么就可以认为与像素点 v_i 相对应的像素提取自与标记节点 v_k 相对应的源图像。

　　根据融合映射图 F_t，融合图像可以通过以下方式获得：如果能够通过融合映射图确定某个位置的像素是从哪个源图像提取获得的，那么该位置上的像素则通过融合映射图 F_t 来进行选择决定。如果不能够通过融合映射图 F_t 确定某个像素是从哪个源图像获得的，那么该位置上的像素需要通过式 (3.94) 来决定：

$$Fu_{ij} = p_{ij} I_{ij}^A + (1 - p_{ij}) I_{ij}^B \tag{3.94}$$

式中，Fu_{ij} 是融合图像中的某个像素；p_{ij} 是根据最终的融合映射图 F_t 和像素 Fu_{ij} 从源图像 A 对应像素提取出来的概率。

3.3.4 实验结果与分析

1. 参数设置

SLRW 的参数设置如表 3.1 所示。融合映射图通过一个直径为 15 的圆盘形结构元素进行开运算。PCNN 的参数设置如下：$W = [0.5, 1, 0.5; 1, 0, 1; 0.5, 1, 0.5]$，$\beta$ 的大小为 5×5。PCNN 的其他参数设置如表 3.2 所示。事实上，本节所提算法参数的选择一定程度上受到了源图像大小的影响。图 3.16 中所有给出的源图像都有相似的尺寸。例如，书房源图像 (图 3.16(c) 和 (d)) 的尺寸为 320×240。组图杂志源图像的尺寸为 512×548。这些参数在本节实验中都是固定不变的。当然，如果每组实验都为 RW 分配更加合适的参数，那么实验将得到更好的效果。

表 3.1 SLRW 的参数设置

参数	第一次	第二次	第三次
γ	0.001	100	100
σ_w	0.01	0.02	0.05
Th_1	0.8	0.8	0.6

表 3.2 PCNN 的其他参数设置

参数	值
n	200
α_L	0.03
V_L	1
α_T	0.2
V_T	20
tr	0.22

实验中，本节所提算法将和以下算法进行对比：基于 PCNN 和引导滤波的算法 (PCNN-GFF) [63]、使用 FSWM 的 RW 融合算法 (RW-FSWM) [64]、NSCT-SF-PCNN(Qu 等 [65] 的算法)、基于多尺度变换和稀疏表示的图像融合算法 (Liu 等 [66] 的算法)、SIDWT 算法和形态金字塔算法。

PCNN-GFF 的参数设置如下：在改进的 PCNN 模型中，$\beta = 0.1$，$\alpha_L = 0.7$，$\alpha_T = 0.1$，$V_L = 1.0$，$W = [0.5, 1, 0.5; 1, 0, 1; 0.5, 1, 0.5]$，$V_T = 2000$。在 GFF 中，$r_1 = 45$，$\xi_1 = 0.3$，$r_2 = 7$，$\xi_2 = 10^6$。

RW-FSWM 算法的参数：$\gamma = 0.3$、$\sigma_w = 0.05$ 和 $n = 1.5$。Qu 等 [65] 的算法的参数：最大迭代次数是 200，$\beta = 0.2$，$\alpha_L = 0.09931$，$\alpha_\theta = 0.2$，$V_L = 1.0$，$V_\theta = 20$，$W = [0.707, 1, 0.707; 1, 0, 1; 0.707, 1, 0.707]$。对于 Liu 等 [66] 的算法，多尺度变换选择拉普拉斯金字塔，overlap $= 6$，epsilon $= 0.1$，level $= 4$。SIDWT 和 MP 的参数：高频子带选择最大绝对值法作为融合规则，基图像选择源图像平均值法作为融合规则，金字塔层数为 4。

2. 性能评测

在性能测评中,我们使用了五组源图像 (报纸、书房、书籍、金钱豹和杂志)。在这些源图像中,组图杂志中的源图像是由我们自己拍摄的一组照片,在用于做实验之前并没有去做配准。在对比算法方面,本节找到了六种不同的图像融合算法 (RW-FSWM[64]、Qu 等[65] 的算法、Liu 等[66] 的算法、SIDWT、MP、PCNN-GFF) 用于测评本节所提算法的性能。实验源图像如图 3.16 所示。

(a) (报纸) 聚焦于　　(b) (报纸) 聚焦于　　(c) (书房) 聚焦于　　(d) (书房) 聚焦于
　图像底部　　　　　图像顶部　　　　　图像右侧　　　　　图像左侧

(e) (书籍) 聚焦于　　(f) (书籍) 聚焦于　　(g) (金钱豹) 聚焦于　　(h) (金钱豹) 聚焦于
　图像右侧　　　　　图像左侧　　　　　图像顶部　　　　　图像底部

(i) (杂志) 聚焦于　　(j) (杂志) 聚焦于
　图像右侧　　　　　图像左侧

图 3.16　实验源图像

实验结果列在图 3.17 ~ 图 3.21 中。在这些图中,每行的第一幅图为融合图像,每行的其他两幅图为每行的第一幅融合图像和对应源图像相减形成的差图。总的来说,与其他算法相比,按照本节所提算法产生的融合图像包含了更多的细节信息并且几乎没有引入什么伪影或者噪声,而且这些图像的亮度与源图像基本一致。因此,本节所提算法有着更好的视觉效果。

报纸的实验结果如图 3.17 所示。从图 3.17 中可以看出,除了本节所提算法和 PCNN-GFF,所有其他算法生成的融合图像都较为明显地引入了噪声或者伪影。

例如，我们很难分辨由 SIDWT 和 MP 生成图像中报纸的文字，图像的整体亮度也和源图像不太相同。其余四个方法需要通过差图进行进一步的比较。图 3.17 中每行的第一幅差图对应的源图像聚焦区域在报纸下方，在理想情况下，第一幅差图中报纸下方的部分应该是平滑没有褶皱的。同理，在理想情况下，图 3.17 中每行的第二幅差图中报纸上方的部分应该是平滑的。然而 RW-FSWM、Qu 等 [65] 的算法和 Liu 等 [66] 的算法产生的差图都不同程度地在本应平滑的部分产生了褶皱，这说明在这些部分提取的聚焦区域都是不完整的。

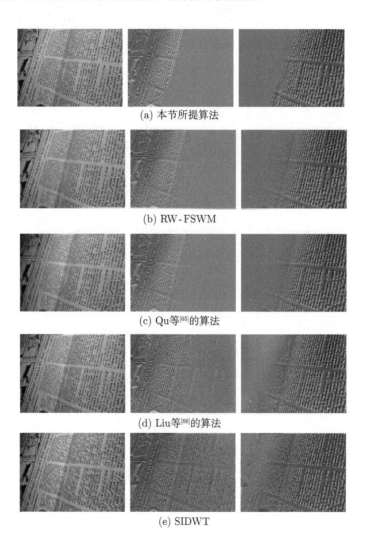

(a) 本节所提算法

(b) RW-FSWM

(c) Qu等[65]的算法

(d) Liu等[66]的算法

(e) SIDWT

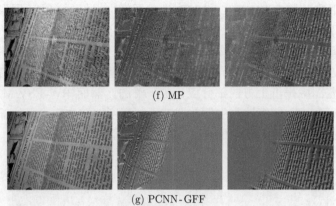

(f) MP

(g) PCNN-GFF

图 3.17　报纸的实验结果

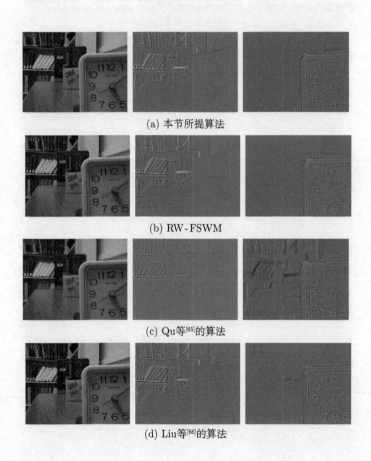

(a) 本节所提算法

(b) RW-FSWM

(c) Qu等[65]的算法

(d) Liu等[66]的算法

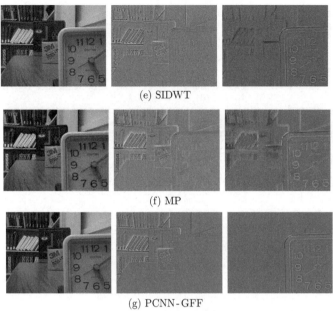

(e) SIDWT

(f) MP

(g) PCNN-GFF

图 3.18 书房的实验结果

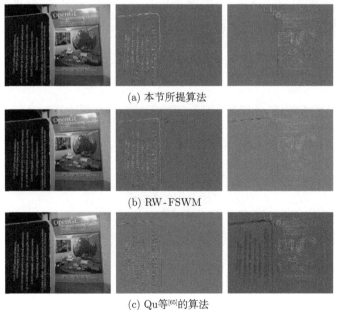

(a) 本节所提算法

(b) RW-FSWM

(c) Qu等[65]的算法

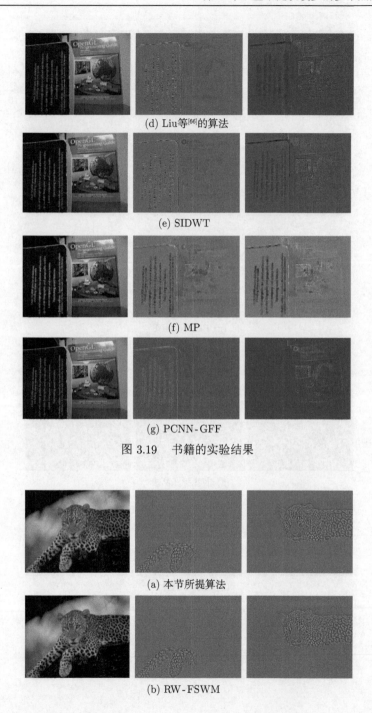

(d) Liu等[66]的算法

(e) SIDWT

(f) MP

(g) PCNN-GFF

图 3.19　书籍的实验结果

(a) 本节所提算法

(b) RW-FSWM

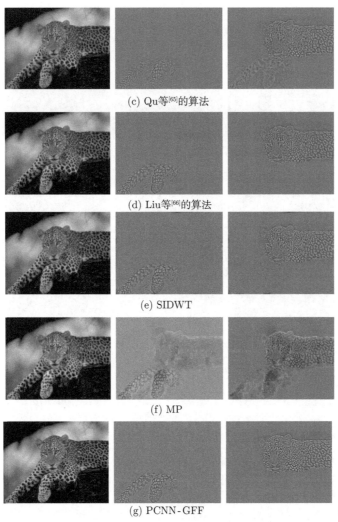

(c) Qu等[65]的算法

(d) Liu等[66]的算法

(e) SIDWT

(f) MP

(g) PCNN-GFF

图 3.20　金钱豹的实验结果

(a) 本节所提算法

(b) RW-FSWM

(c) Qu等[65]的算法

(d) Liu等[66]的算法

(e) SIDWT

(f) MP

(g) PCNN-GFF

图 3.21　杂志的实验结果

　　书房的实验结果如图 3.18 所示。在理想情况下，每行第一幅差图中右方闹钟的区域应该是平滑没有褶皱的，每行的第二幅差图中除闹钟外的部分都应该是平滑的。通过观察差图和融合图像我们可以发现，由 SIDWT、MP 产生的融合图像在图像的整个区域中都扭曲得十分严重。另外，由 Qu 等 [65] 的算法融合的图像的左侧也产生了一些伪影。在由 Liu 等 [66] 的算法产生的图片中，一些盒子和书本的边缘也有着一些不易觉察的瑕疵。相对而言，本节所提算法、RW-FSWM 和 PCNN-GFF 表现得十分出色。

　　书籍的实验结果如图 3.19 所示。在理想情况下，每行第一幅差图中右边的书本所占区域应该是平滑没有褶皱的，每行的第二幅差图中左边的书本所占区域都应该是平滑的。但观察差图可知，RW-FSWM 的第一幅差图右侧出现了一些比较难以注意的黑点，Liu 等 [66] 的算法、MP 和 SIDWT 的第一幅差图右侧出现的纹理就更为明显了。只有本节所提算法和 Qu 等 [65] 的算法所产生的第一幅差图是较为理想的。但在第二幅差图中，Qu 等 [65] 的算法、Liu 等 [66] 的算法、MP 和 SIDWT 都表现得不尽如人意。本节所提算法、PCNN-GFF 和 RW-FSWM 的融合效果比较理想。所以综合而言，本节所提算法在这组对比实验中是最为理想的。

　　金钱豹的实验结果如图 3.20 所示。在这组实验中，本节所提算法、PCNN-GFF、RW-FSWM 和 Liu 等 [66] 的算法都表现良好。在 Qu 等 [66] 的算法所融合的图像中，金钱豹的前肢显得有些模糊。另外，SIDWT 产生的两张差图都出现了一些不太起眼的褶皱。通过 MP 产生的融合图像的质量较差。

　　杂志的实验结果如图 3.21 所示。为了更好地对图像进行评价，本节将融合图像中杂志的局部进行了放大，如图 3.22 所示。在图 3.22 中，依次展示的是本节所提算法、RW-FSWM、Qu 等 [65] 的算法、Liu 等 [66] 的算法、SIDWT、MP、PCNN-GFF 所融合的结果。除此之外，最后一张图是聚焦于杂志的源图像 (图 3.16(j))。在图 3.16(j) 中局部放大部分是被相机清楚聚焦着的，因此本节将其作为参考图像。从图中可以看出，Qu 等 [65] 的算法似乎要比本节所提算法更好，因为我们可以从对应的图片上清晰地看到字母周围的纹理。但通过观察参考图像可知，这些纹理

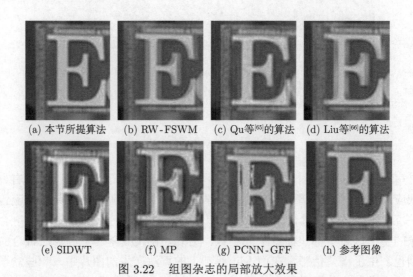

(a) 本节所提算法　　(b) RW-FSWM　　(c) Qu等[65]的算法　　(d) Liu等[66]的算法

(e) SIDWT　　　　(f) MP　　　　(g) PCNN-GFF　　　(h) 参考图像

图 3.22　　组图杂志的局部放大效果

其实是原先不存在的。其实通过观察可以发现，除本节所提算法外，其他算法都或多或少有一些原图本不存在的纹理、鬼影或者细线。产生这些噪声的原因之一是两个源图像 (图 3.16(i) 和图 3.16(j)) 没有经过配准，因此才会出现了融合图像中的噪声。这进一步证明，本节所提算法对误配准有一定的鲁棒性。在图 3.21 中，在理想情况下，每行第一幅差图中杯子等前景区域应该是平滑没有褶皱的，每行的第二幅差图中杂志等背景区域都应该是平滑的。通过观察差图可以发现，除了本节算法，其他算法的效果或多或少不尽如人意。因此，本节所提算法在主观效果上是最好的。

　　主观评价是十分直观的，但主观因素很容易受到主观感受和观察角度的影响。为了进一步对本节所提算法进行测评，本节使用三个客观质量评价标准：归一化的互信息熵 Q_{MI}、非线性相关信息熵 Q_{NCIE} 和基于梯度的评价指标 Q_G。这三种客观评价标准都在第 1 章有所介绍。

　　表 3.3 ~ 表 3.7 展示了对图 3.17 ~ 图 3.21 融合图像进行的客观评价结果。从实验数据可以看出，某些算法的 Q_G 的值过低，如 Qu 等 [65] 的算法。这意味着这些算法没有能够很好地从源图像中提取到边缘信息。在另一些算法中，Q_{MI} 和 Q_{NCIE} 的值都很低，如 SIDWT 和 MP。这意味着由这些算法产生的融合图像的灰度直方图分布情况和对应的源图像有着很大的不同。在所有实验中，本节方法的 Q_{MI} 和 Q_{NCIE} 的值是最高的。这意味着本节所提算法所融合的图像最大限度地保留了输入信息。另外在比较 Q_G 时，本节所提算法在所有算法中也是表现最好的。除了在书房的客观评价中 Q_{MI} 和 Q_{NCIE} 的数据比 RW-FSWM 略差外，其

他数据指标均仅次于本节所提算法。于是通过对主观评价和客观评价的综合考察，可以得出结论，本节所提算法有着十分不错的融合表现。

表 3.3 报纸的客观评价结果

对比算法	Q_{MI}	Q_{NCIE}	Q_G
本节所提算法	0.8735	0.8226	0.6502
RW-FSWM	0.5093	0.8089	0.6083
Qu 等 [65] 的算法	0.4351	0.8087	0.5317
Liu 等 [66] 的算法	0.3651	0.8058	0.6148
SIDWT	0.2615	0.8038	0.5361
MP	0.2797	0.8040	0.5279
PCNN-GFF	0.7578	0.8173	0.6462

表 3.4 书房的客观评价结果

对比算法	Q_{MI}	Q_{NCIE}	Q_G
本节所提算法	1.1476	0.8394	0.6900
RW-FSWM	1.0579	0.8339	0.6290
Qu 等 [65] 的算法	0.8600	0.8235	0.5511
Liu 等 [66] 的算法	0.9120	0.8261	0.6441
SIDWT	0.8103	0.8209	0.5960
MP	0.6904	0.8162	0.5441
PCNN-GFF	0.9987	0.8305	0.6570

表 3.5 书籍的客观评价结果

对比算法	Q_{MI}	Q_{NCIE}	Q_G
本节所提算法	1.3418	0.8539	0.7117
RW-FSWM	1.1751	0.8426	0.6872
Qu 等 [65] 的算法	1.0964	0.8400	0.5973
Liu 等 [66] 的算法	1.0529	0.8360	0.6566
SIDWT	0.9955	0.8328	0.6572
MP	0.8713	0.8272	0.5798
PCNN-GFF	1.2376	0.8466	0.6949

表 3.6   金钱豹的客观评价结果

对比算法	Q_{MI}	Q_{NCIE}	Q_{G}
本节所提算法	1.4738	0.8696	0.8595
RW-FSWM	1.4553	0.8684	0.8588
Qu 等 [65] 的算法	1.3337	0.8612	0.8220
Liu 等 [66] 的算法	1.4004	0.8636	0.8537
SIDWT	1.1866	0.8490	0.8288
MP	0.9585	0.8363	0.7725
PCNN-GFF	1.4585	0.8684	0.8589

表 3.7   杂志的客观评价结果

对比算法	Q_{MI}	Q_{NCIE}	Q_{G}
本节所提算法	1.1679	0.8537	0.6664
RW-FSWM	0.9054	0.8293	0.6130
Qu 等 [65] 的算法	0.8030	0.8244	0.5161
Liu 等 [66] 的算法	0.7638	0.8216	0.6034
SIDWT	0.7312	0.8194	0.6017
MP	0.6904	0.8175	0.5060
PCNN-GFF	0.9351	0.8317	0.6346

表 3.8   时间消耗   单位: s

对比算法	报纸	书房	书籍	金钱豹	杂志
本节所提算法	1.647	6.276	1.278	4.892	6.879
RW-FSWM	3.630	13.581	3.427	7.628	13.949
Qu 等 [65] 的算法	137.188	563.523	137.293	310.764	531.027
Liu 等 [66] 的算法	0.109	0.774	0.115	0.357	0.733
SIDWT	0.073	0.327	0.073	0.167	0.343
MP	0.310	1.069	0.291	0.645	1.020
PCNN-GFF	0.656	2.098	0.489	1.144	2.092

表 3.8 的数据展示了上述实验中各方法的时间消耗情况。这些数据是通过一台配有 3.3 GHz 英特尔 i5 双核处理器和 6 GB 内存的台式计算机进行测试获得的。从表 3.8 可以发现，本节所提算法和 PCNN-GFF 比 RW-FSWM 和 Qu 等 [65] 的算法所花的时间更少，但是要比其他算法花费更多时间。Qu 等 [65] 的算法所花的时间在所有算法中是最多的。这是因为它使用的非下采样轮廓波需要花费大量时间，并且在该算法中，PCNN 的使用次数过多。对于 RW-FSWM，用于进行清晰度测量的 FSWM 在程序运行中需要花费大量时间。另外需要注意的是，RW-FSWM 算法的代码是由我们自己所写的。虽然代码是我们严格按照原作者算法的思路写好的，但具体实现有很多算法，与原作者的代码具体实现可能不同，这也会影响到算法的运行时间。

3. 随机漫步融合算法的应用

本节有三组图像用来展示本节所提算法在实际应用中的融合效果。第一组图像 (图 3.23) 是我们拍摄的照片，代表了图像融合在生活中的应用。其他两幅组图 (图 3.24 和图 3.25) 是由显微镜拍摄的细胞壁图像，代表了图像融合在科研方面的应用。在每一行中，前两幅图像为源图像，最后一幅图像为融合图像。从图 3.23 中可以看出，图 3.23 的第一幅图像除了照片上方的小花区域比较模糊，其他区域都是很清晰的，图 3.23 的第二幅图只有照片上方的小花清晰，其他地方都是模糊的。图 3.23 的融合图像提取了两个源图像的聚焦区域。融合后的图像更加清晰美观。同样，图 3.24 和图 3.25 中的所有源图像都有一部分比较模糊，融合后的图像更加清晰，更有利于科研人员观察或者做进一步的图像处理。

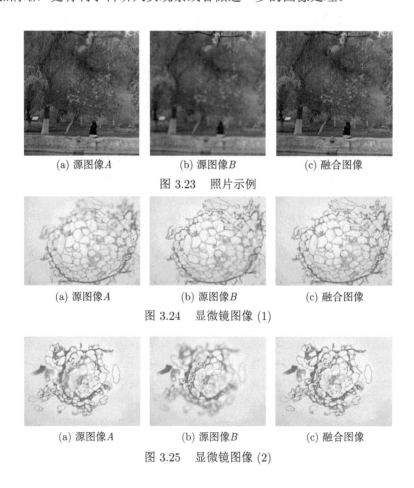

(a) 源图像 A　　　　　　(b) 源图像 B　　　　　　(c) 融合图像

图 3.23　照片示例

(a) 源图像 A　　　　　　(b) 源图像 B　　　　　　(c) 融合图像

图 3.24　显微镜图像 (1)

(a) 源图像 A　　　　　　(b) 源图像 B　　　　　　(c) 融合图像

图 3.25　显微镜图像 (2)

参 考 文 献

[1] Pearson K. The problem of the random walk[J]. Nature, 1905, 72: 294.

[2] Einstein A. On the movement of small particles suspended in stationary liquids required by the molecular-kinetic[J]. Annalen Der Physik, 1905, 17: 549-560.

[3] Jamali M, Ester M. Trustwalker: A random walk model for combining trust-based and item-based recommendation[C]. Proceedings of the 15th ACM SIGKDD International Conference on Knowledge Discovery and Data Mining, Paris, 2009: 397-406.

[4] Urrutia J L. Tests of random walk and market efficiency for latin american emerging equity markets[J]. Journal of Financial Research, 1995, 18(3): 299-309.

[5] Bovet P, Benhamou S. Spatial analysis of animals' movements using a correlated random walk model[J]. Journal of Theoretical Biology, 1988, 131(4): 419-433.

[6] Codling E A, Plank M J, Benhamou S. Random walk models in biology[J]. Journal of the Royal Society Interface, 2008, 5(25): 813-834.

[7] Anderson J B. Quantum chemistry by random walk: Higher accuracy[J]. Journal of Chemical Physics, 1992, 96(5): 3702-3706.

[8] Wang F, Landau D P. Efficient, multiple-range random walk algorithm to calculate the density of states[J]. Physical Review Letters, 2001, 86(10): 2050-2053.

[9] Wechsler H, Kidode M. A random walk procedure for texture discrimination[J]. IEEE Transactions on Pattern Analysis and Machine Intelligence, 1979, 1(3): 272-280.

[10] Grady L. Random walks for image segmentation[J]. IEEE Transactions on Pattern Analysis and Machine Intelligence, 2006, 28(11): 1768-1783.

[11] Taylor M E. Brownian Motion and Potential Theory[M]//Partial Differential Equations II: Qualitative Studies of Linear Equations. New York: Springer, 2011: 361-456.

[12] Luxburg U V. A tutorial on spectral clustering[J]. Statistics and Computing, 2007, 17(4): 395-416.

[13] Doyle P G, Snell J L. Random walks and electric networks[J]. American Mathematical Monthly, 2000, 22(2): 595-599.

[14] Hestenes M R, Stiefel E. Methods of conjugate gradients for solving linear systems[J]. Journal of Research of the National Bureau of Standards, 1952, 49(6): 409-436.

[15] Grady L, Funka-Lea G. Multi-label image segmentation for medical applications based on graph-theoretic electrical potentials[C]. Proceedings of Computer Vision and Mathematical Methods in Medical and Biomedical Image Analysis, Prague, 2004: 230-245.

[16] Grady L. Multilabel random walker image segmentation using prior models[C]. Proceedings of IEEE Computer Society Conference on Computer Vision and Pattern Recognition, SanDiego, 2005: 763-770.

[17] Shen R, Cheng I, Shi J, et al. Generalized random walks for fusion of multi-exposure images[J]. IEEE Transactions on Image Processing A Publication of the IEEE Signal Processing Society, 2011, 20(12): 3634-3646.

[18] Yang W X, Cai J F, Zheng J M, et al. User-friendly interactive image segmentation through unified combinatorial user inputs[J]. IEEE Transactions on Image Processing, 2010, 19(9): 2470-2479.

[19] Kim T H, Lee K M, Sang U L. Generative image segmentation using random walks with restart[C]. Proceedings of European Conference on Computer Vision, Berlin, 2008: 264-275.

[20] Witkin A P. Scale-space filtering[J]. Readings in Computer Vision, 1987, 42(3): 329-332.

[21] Guo L, Li Q, Chen J. A new fast random walk segmentation algorithm[C]. International Symposium on Intelligent Information Technology Application, Nanchang, 2009: 693-697.

[22] Freedman D. An improved image graph for semi-automatic segmentation[J]. Signal Image and Video Processing, 2012, 6(4): 533-545.

[23] Pian Z Y, Lu P P, Wu L X, et al. A new image segmentation approach with structure tensor and random walk[C]. International Symposium on Intelligent Information Technology Application, Nanchang, 2009: 432-436.

[24] Brox T, Weickert J, Burgeth B, et al. Nonlinear structure tensors[J]. Image and Vision Computing, 2010, 24(1): 41-55.

[25] Fabijanska A, Goclawski J. The segmentation of 3D images using the random walking technique on a randomly created image adjacency graph[J]. IEEE Transactions on Image Processing, 2015, 24(2): 524-537.

[26] Pratt W K, Adams J E. Digital image processing[J]. Journal of Electronic Imaging, 2007, 16(2): 131-145.

[27] Pätz T, Preusser T. Segmentation of stochastic images with a stochastic random walker method[J]. IEEE Transactions on Image Processing, 2012, 21(5): 2424-2433.

[28] Sebbane A. Random walk and front propagation on watershed adjacency graphs for multilabel image segmentation[C]. Proceedings of IEEE International Conference on Computer Vision, Rio de Janeivo, 2007: 1-7.

[29] Grady L, Sinop A K. Fast approximate random walker segmentation using eigenvector precomputation[C]. Proceedings of IEEE Conference on Computer Vision and Pattern Recognition, Anchorage, 2008:1-8.

[30] Su H N, Chen H J, Li J P, et al. Segmentation of salivary gland tumors in ultrasonic images based on anisotropic diffusion and random walk[C]. Proceedings of IEEE International Conference on Signal Processing, Kunming, 2013: 677-680.

[31] Faragallah O S. Enhanced semi-automated method to identify the endo-cardium and epicardium borders[J]. Journal of Electronic Imaging, 2012, 21(2): 023024.

[32] Maier F, Wimmer A, Soza G, et al. Automatic liver segmentation using the random walker algorithm[C]. Bildverarbeitung für die Medizin 2008, Algorithmen, Systeme, Anwendungen, Berlin, 2008: 56-61.

[33] Wighton P, Sadeghi M, Lee T K, et al. A fully automatic random walker segmentation for skin lesions in a supervised setting[C]. Proceedings of International Conference on Medical Image Computing and Computer-Assisted Intervention, London, 2009: 1108-1115.

[34] Onoma D P, Ruan S, Gardin I, et al. 3D random walk based segmentation for lung tumor delineation in PET imaging[C]. Proceedings of IEEE International Symposium on Biomedical Imaging, Barcelona, 2012: 1260-1263.

[35] Baudin P Y, Azzabou N, Carlier P G, et al. Automatic skeletal muscle segmentation through random walks and graph-based seed placement[C]. Proceedings of IEEE International Symposium on Biomedical Imaging, Barcelona, 2012: 1036-1039.

[36] Wattuya P, Rothaus K, Prassni J S, et al. A random walker based approach to combining multiple segmentations[C]. Proceedings of International Conference on Pattern Recognition, Tampa, 2008: 1-4.

[37] Lai Y K, Hu S M, Martin R R, et al. Fast mesh segmentation using random walks[J]. ACM Symposium on Solid and Physical Modeling, New York, 2008: 183-191.

[38] M'Hiri F, Duong L, Desrosiers C, et al. Vesselwalker: Coronary arteries segmentation using random walks and Hessian-based vesselness filter[C]. Proceedings of IEEE International Symposium on Biomedical Imaging, San Francisco, 2013: 918-921.

[39] Baudin P Y, Azzabou N, Carlier P G, et al. Prior Knowledge, Random Walks and Human Skeletal Muscle Segmentation[M]. Berlin: Springer, 2012: 569-576.

[40] Lee Y, Chiang C K, Su T F, et al. Parallelized background substitution system on a multi-core embedded platform[C]. Proceedings of International Conference on Parallel Processing Workshops, Pittsburgh, 2012: 530-537.

[41] Rysavy S, Flores A, Enciso R, et al. Classifiability criteria for refining of random walks segmentation[C]. Proceedings of International Conference on Pattern Recognition, Tampa, 2008: 1-4.

[42] Grady L, Schiwietz T, Aharon S, et al. Random walks for interactive organ segmentation in two and three dimensions: Implementation and validation[C]. Proceedings of International Conference on Medical Image Computing and Computer-assisted Intervention, Palm Springs, 2005: 773-780.

[43] Bagci U, Udupa J K, Yao J H, et al. Co-segmentation of functional and anatomical images[J]. Medical Image Computing and Computer-Assisted Intervention, 2012, 15: 459-467.

[44] Hua K L, Wang H C, Rusdi A H, et al. A novel multi-focus image fusion algorithm based on random walks[J]. Journal of Visual Communication and Image Representation, 2014, 25(5): 951-962.

[45] Choi S, Ham B, Sohn K. Hole filling with random walks using occlusion constraints in view synthesis[C]. Proceedings of IEEE International Conference on Image Processing, Brussels, 2011: 1965-1968.

[46] Choi S, Ham B, Sohn K. Space-time hole filling with random walks in view extrapolation for 3D video[J]. IEEE Transactions on Image Processing, 2013, 22(6): 2429-2441.

[47] Phan R, Rzeszutek R, Androutsos D. Semi-automatic 2D to 3D image conversion using a hybrid random walks and graph cuts based approach[C]. Proceedings of IEEE International Conference on Acoustics, Speech and Signal Processing, Prague, 2011: 897-900.

[48] Rzeszutek R, El-Maraghi T, Androutsos D. Scale-space random walks[C]. Proceedings of Canadian Conference on Electrical and Computer Engineering, Newfoundland, 2009: 551-554.

[49] Fawaz M, Phan R, Rzeszutek R, et al. Adaptive 2D to 3D image conversion using a hybrid graph cuts and random walks approach[C]. Proceedings of IEEE International Conference on Acoustics, Speech and Signal Processing, Kyoto, 2012: 1441-1444.

[50] Rzeszutek R, Phan R, Androutsos D. Semi-automatic synthetic depth map generation for video using random walks[C]. Proceedings of IEEE International Conference on Multimedia and Expo, Barcelona, 2011: 1-6.

[51] Ham B, Min D B, Oh C, et al. Probability-based rendering for view synthesis[J]. IEEE Transactions on Image Processing, 2014, 23(2): 870-884.

[52] Hosni A, Rhemann C, Bleyer M, et al. Fast cost-volume filtering for visual correspondence and beyond[J]. IEEE Transactions on Pattern Analysis and Machine Intelligence, 2013, 35(2): 504-511.

[53] Wang Z B, Wang H, Sun X G, et al. An image enhancement method based on edge preserving random walk filter[C]. Proceedings of International Conference on Intelligent Computing, Fuzhou, 2015: 433-442.

[54] 王浩. 基于改进 RW 模型的图像平滑算法研究 [D]. 兰州: 兰州大学, 2016.

[55] Cobzas D, Sen A. Random Walks for Deformable Image Registration[M]. Berlin: Springer, 2011: 557-565.

[56] Tang T W, Chung A C. Non-rigid image registration using graph-cuts[C]. Proceedings of International Conference on Medical Image Computing and Computer-Assisted Intervention, Brisbane, 2007: 916-924.

[57] Glocker B, Komodakis N, Tziritas G, et al. Dense image registration through MRFs and efficient linear programming[J]. Medical Image Analysis, 2008, 12(6): 731-741.

[58] Tang L Y W, Hamarneh G. Random walks with efficient search and contextually adapted image similarity for deformable registration[C]. Proceedings of International Conference on Medical Image Computing and Computer-Assisted Intervention, Nagoya, 2013: 43-50.

[59] Bulo S R, Rabbi M, Pelillo M. Content-based image retrieval with relevance feedback using random walks[J]. Pattern Recognition, 2011, 44(9): 2109-2122.

[60] Oliva A, Torralba A. Modeling the shape of the scene: A holistic representation of the spatial envelope[J]. International Journal of Computer Vision, 2001, 42(3): 145-175.

[61]　Wang Z B, Wang H. Image smoothing with generalized random walks: Algorithm and applications[J]. Applied Soft Computing, 2016, 46: 792-804.

[62]　Wang Z B, Wang S, Guo L J. Novel multi-focus image fusion based on PCNN and random walks[J]. Neural Computing and Applications, 2018, 29(11): 1101-1114.

[63]　Wang Z B, Wang S, Zhu Y. Multi-focus image fusion based on the improved PCNN and guided filter[J]. Neural Processing Letters, 2017, 45(1): 75-94.

[64]　Hua K L, Wang H C, Rusdi A H, et al. A novel multi-focus image fusion algorithm based on random walks[J]. Journal of Visual Communication and Image Representation, 2014, 25(5): 951-962.

[65]　Qu X, Yan J, Xiao H, et al. Image fusion algorithm based on spatial frequency-motivated pulse coupled neural networks in nonsubsampled contourlet transform domain[J]. Acta Automatica Sinica, 2008, 34(12): 1508-1514.

[66]　Liu Y, Liu S P, Wang Z F. A general framework for image fusion based on multi-scale transform and sparse representation[J]. Information Fusion, 2015, 24: 147-164.

第 4 章　基于引导滤波的多聚焦图像融合

4.1　引　导　滤　波

在 20 世纪 40 年代，保边平滑滤波器已经成为计算机成像及其他数字图像处理领域的有效工具。该滤波器可以对图像进行保边平滑处理。其突出优点是可以保持图像的空间一致性，以及降低边缘附近的模糊现象发生概率。引导滤波器就是典型的保边平滑滤波器之一，下面对其进行相关的介绍。

4.1.1　引导滤波理论

2010 年，引导滤波器被提出。引导滤波器通过对引导图像 (输入图像或其他图像) 进行线性处理来实现滤波。引导滤波器像双边滤波器一样具有保边平滑作用，但它在保护边缘方面效果更好一些。该滤波器与拉普拉斯滤波器在理论上有着一定的联系，所以与其他的平滑操作算子相比，引导滤波器的通用性更高，并且可以充分地利用引导图像的结构信息。值得注意的是，引导滤波器有一个准确的时间计算方法，且其值非常小，其计算复杂度通常与滤波器核的大小没有关系。由上面可知，在计算机视觉及计算机成像领域，引导滤波的运用使得图像的处理效果更好、效率更高[1]。

接下来，本节详细介绍一些引导滤波器的具体定义。引导滤波器被设想成一个关于引导图像 I 与滤波输出图像 O 之间的局部线性关系模型。假设 O 是 I 在以像素点 (k, l) 为中心的窗口 ω_{kl} (半径为 r 的方形窗口) 内的一个变化，其表达式如式 (4.1) 所示：

$$O_{ij} = a_{kl}I_{ij} + b_{kl}, \ (i, j) \in \omega_{kl} \tag{4.1}$$

式中，a_{kl} 和 b_{kl} 代表窗口 ω_{kl} 中的线性系数，它们的取值均为常数。

一个关于最小化输入图像 P 与输出图像 O 的差值的公式被用来确定线性系数 a_{kl} 和 b_{kl}，其具体的公式定义为

$$E(a_{kl}, b_{kl}) = \sum_{(i,j) \in \omega_{kl}} \left((a_{kl}I_{ij} + b_{kl} - P_{ij})^2 + \xi a_{kl}^2 \right) \tag{4.2}$$

式中，ξ 是一个常规参数，该参数可以限制 a_{kl} 的值，即防止其值过大。由式 (4.2) 得到的 a_{kl}、b_{kl} 的表示形式如式 (4.3) 和式 (4.4) 所示：

$$a_{kl} = \frac{1}{|\omega|(\delta_{kl} + \xi)} \sum_{(i,j) \in \omega_{kl}} I_{ij} P_{ij} - \mu_{kl} \bar{P}_{kl} \tag{4.3}$$

$$b_{kl} = \bar{P}_{kl} - a_{kl} \mu_{kl} \tag{4.4}$$

在上面的两个公式中，μ_{kl} 与 δ_{kl} 分别表示引导图像 I 在窗口 ω_{kl} 中的均值和方差，$|\omega|$ 是窗口中像素的总数，$\bar{P}_{kl} = \frac{1}{|\omega|} \sum_{(i,j) \in \omega_{kl}} P_{ij}$ 表示输入图像 P 在窗口中的均值。

将这个线性模型运用到整个图像的所有局部窗口中，就可以得到滤波输出图像。应该注意的是：一个像素点 (i,j) 可能包含在多个局部窗口中，这就使得通过不同窗口计算出来的线性系数 a_{kl} 和 b_{kl} 的值可能是不同的，进而导致 O_{ij} 的值不同，确定 O_{ij} 的值的一个最好办法就是对所有可能的 a_{kl} 和 b_{kl} 的值求平均数。因此，计算完所有窗口中的 O_{ij} 后，滤波输出由式 (4.5)～式 (4.7) 求得

$$\bar{a}_{ij} = \frac{1}{|\omega|} \sum_{(i,j) \in \omega_{kl}} a_{kl} \tag{4.5}$$

$$\bar{b}_{ij} = \frac{1}{|\omega|} \sum_{(i,j) \in \omega_{kl}} b_{kl} \tag{4.6}$$

$$O_{ij} = \bar{a}_{ij} I_{ij} + \bar{b}_{ij} \tag{4.7}$$

式中，$\bar{a}_{ij}$ 与 $\bar{b}_{ij}$ 分别表示线性系数 a_{kl} 和 b_{kl} 在所有窗口中的平均值；ω 代表窗口总数。由上述内容所知，对于该引导滤波器模型，关键点在于正确求得线性系数 $\bar{a}_{ij}$ 和 $\bar{b}_{ij}$ 的值。

4.1.2　引导滤波在图像处理领域的应用

引导滤波器被认为是双边滤波器有效优化的产物。在此之前，研究者尝试过许多方法优化双边滤波器，但效果不佳，尤其是效率上极低。而引导滤波器不仅能够起到良好的平滑作用，还能最大限度地保留图像的边缘，同时，它的处理速度比较快，所以很快便在图像处理领域流行开来。

2013 年，Li 等 [2] 将引导滤波器用于多光谱图像、多曝光图像和多聚焦图像的融合，通过充分的实验证明该理论应用于图像融合领域能够取得较好的融合效果，并且融合效率也得到了极大的提高。首先，他们基于二尺度分解技术将图像分解成反映图像轮廓信息的粗糙层和反映图像细节信息的精细层；然后，使用一个新颖的基于引导滤波器的加权平均方法对图像分别进行融合；最后，合成融合

图像。充分的实验表明，基于引导滤波器的融合算法使图像融合技术在效率和效果上均得到了很大的提升。

2014 年，引导滤波器被应用于图像分类，其主要步骤如下：首先，利用分类器对高光谱图像进行处理；然后，分类映射图被表示为多个概率图，并且用引导滤波器对概率图进行处理，高光谱图像的第一个或者前三个成分为灰度或者彩色引导图像；最后，根据滤波后的概率图及最大概率值，对每一个像素进行分类。实验证明，引导滤波器的使用可以提高图像识别率，使分类结果更精确。

2015 年，引导滤波器被用于图像增强，具体的做法是提出自适应引导滤波器并将其与移位变换技术一起集成到引导滤波器中，从而呈现清晰和锐化的输出。该自适应引导滤波器算法可以很好地将图像的细节信息突出出来，同时避免了图像模糊现象的出现，值得注意的是该算法的执行速度很快。传统的处理算法，在效果上，或者细节信息不够清晰，或者有边缘模糊、内部多余空洞的出现，而且效率非常低。通过对比，充分体现了引导滤波器的价值所在。

2016 年，研究者将引导滤波器与改进的 PCNN 相结合，融合多聚焦图像，结果证明该算法能够使融合结果更好。在该算法中，研究者用引导滤波器对图像进行初始的融合，得到中间融合图像，然后将该图像作为改进的脉冲耦合神经网络的输入图像，进而求出最终的融合图像。实验表明，该算法结合了 PCNN 符合人类视觉的特性及引导滤波的保边平滑特性，极大地提高了融合图像的质量。

2017 年，引导滤波结合其他的理论被运用到医学图像融合领域，取得了良好的效果，极大地推动了医学研究的发展。此外，引导滤波算法在图像去噪领域也受到了欢迎，由于传统的去噪方法主要通过一些滤波器来滤除一部分噪声，这种方法通常具有去噪不彻底并且滤除有用信息的缺陷，而引导滤波器有着优良的保边平滑效果，能够确保在去除噪声的同时避免边缘模糊现象的出现。

综上所述，引导滤波器的提出时间虽然不长，但是它的使用却十分广泛，截止到目前，它已经被成功地运用于图像增强、图像融合、图像去噪等领域。

4.2 基于引导滤波器和 PCNN 的图像融合算法

4.2.1 改进的 PCNN 模型

PCNN 经典模型在具体图像处理应用领域中存在着许多需要改进的地方。首先，反馈部分中的 $F_{ij}[n]$ 和连接部分中的 $L_{ij}[n]$ 的功能有相互重叠的地方，两者都用于接收邻近的神经元。毫无疑问，这增加了 PCNN 不必要的计算量。然后，PCNN 中的动态阈值 T 的初始值通常被置为零，并没有充分地利用输入图像的细节信息。最后，PCNN 经典模型的输出在特定应用场合中可能并没有意义。

针对上述问题，张军英和卢涛[1] 对 PCNN 进行了改进，用于对图像进行增强。本节将 PCNN 改进模型应用于图像融合。首先在该改进 PCNN 模型中，动态阈值的初始值由输入图像，即输入激励的拉普拉斯算子确定。于是，动态阈值变为了方程 (4.8)：

$$T_{ij} = S_{\max} - \sum_{kl} La_{ijkl}S_{kl} \tag{4.8}$$

式中，$S_{\max}$ 表示输入激励矩阵 S 中的最大值；La 是拉普拉斯算子，其值为 $[-1, -1, -1; -1, 8, -1; -1, -1, -1]$。

另外，在改进的 PCNN 模型中，只有连接部分接收周边神经元，反馈部分不再接收。因此反馈部分中的式 (2.1) 被改写为

$$F_{ij} = S_{ij} \tag{4.9}$$

PCNN 改进模型中的最后输出也与经典模型有所不同。PCNN 改进模型中的最后输出 R 由经典模型中的历次输出进行加权求和获得。通过这一方法，PCNN 可以帮助图像融合更精确地找到聚焦区域。它的数学表达式为

$$R_{ij} = \sum_{n=1}^{N_m} Y_{ij}[n](\ln S_{\max} - (n-1)\alpha_T) \tag{4.10}$$

式中，R 为 PCNN 的最终输出；N_m 为 PCNN 的迭代总数。其他数学符号的含义与经典模型中的数学符号含义相同。

4.2.2　算法描述

本节提出了一种新颖的基于 PCNN 的多聚焦图像融合算法。本节所提算法的流程图如图 4.1 所示。

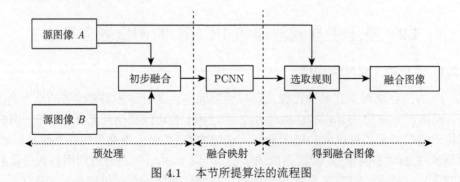

图 4.1　本节所提算法的流程图

1. 预处理

在源图像输入 PCNN 之前，这些源图像需要进行初步融合。在此，本节所提算法引入了一个基于引导滤波 (guided filter，GF) 的融合算法 [2]。该算法将在下面进行详细介绍。

首先，将源图像分解为两个层次：粗糙层和精细层。粗糙层可以通过平均滤波的方法求得，由式 (4.11) 给出。精细层则由式 (4.12) 给出。

$$B_{ij}^{im} = \sum_{kl} Z_{ijkl} I_{kl}^{im} \tag{4.11}$$

$$D^{im} = I^{im} - B^{im} \tag{4.12}$$

式中，ij 表示地址为 (i, j) 的像素；I^{im} 表示源图像中的某一个，即 I^A 或者 I^B；Z 是平均滤波器，其尺寸大小为 31×31。

然后，权重映射图通过以下步骤求出。第一步是用拉普拉斯算子将源图像锐化从而获得源图像的精细层 H_{ij}^{im}，如式 (4.13) 所示：

$$H_{ij}^{im} = \sum_{kl} La_{ijkl} I_{kl}^{im} \tag{4.13}$$

第二步则是用 H_{kl}^{im} 的绝对值通过高斯低通滤波器建立一个显著图 M_{ij}^{im}。具体步骤如式 (4.14) 所示：

$$M_{ij}^{im} = \sum_{kl} g_{ijkl} \left| H_{kl}^{im} \right| \tag{4.14}$$

式中，g_{ijkl} 是高斯低通滤波器，尺寸为 11×11，方差为 5。

第三步是通过比较所有源图像 (源图像 A 和源图像 B) 中的显著图 M_{ij}^{im} 为每个源图像获得权重映射图 N。第三步由式 (4.15) 描述：

$$N_{ij}^{im} = \begin{cases} 1, & M_{ij}^{im} = \max(M_{ij}^A, M_{ij}^B) \\ 0, & \text{其他} \end{cases} \tag{4.15}$$

由于原始的权重映射图 N^{im} 充满了噪声无法保证边缘保持良好，因此有必要使用 GF 将其进行优化处理。具体方法如式 (4.16) 和式 (4.17) 所示：

$$W_B^{im} = G_{r_1, \xi_1}(N^{im}, I^{im}) \tag{4.16}$$

$$W_D^{im} = G_{r_2, \xi_2}(N^{im}, I^{im}) \tag{4.17}$$

式中，源图像与原始的权重映射图分别作为引导图和输入图像。W_B^{im} 与 W_D^{im} 分别是粗糙层和精细层的权重映射图；$G_{r,\xi}(P, Gd)$ 用于表示 GF，其中，r 表示矩

形窗口 wd_k 的尺寸为 $(2r+1)\times(2r+1)$，ξ 表示式 (4.2) 中的正则参数，P 与 Gd 分别表示输入图像和引导图像。最后，PCNN 的激励 S 通过式 (4.18) 获得：

$$S = \sum_{im=A,B} V_B^{im} B^{im} + \sum_{im=A,B} V_D^{im} D^{im} \tag{4.18}$$

2. 融合映射

为了获得融合图像的映射图，我们将本节所提算法中改进的 PCNN 用于提取源图像中的聚焦区域。首先，将外部激励输入改进的 PCNN 中。PCNN 在本节所提算法中具体的运行机制如下所示。

(1) 将外部激励源的值归一化到 [0,1] 内。

(2) 将相关参数初始化：$n = 1$，$U = Y = 0$。动态阈值 T 的初始值如下：$T = S_{\max} - La * S$，其中，$S_{\max}$ 是矩阵中的最大值。

(3) 先进行基于引导滤波的初步融合，然后计算 PCNN 模型：

$$F_{ij} = S_{ij}$$

$$U_{ij} = F_{ij}(1 + \beta L_{ij})$$

$$Y_{ij} = \begin{cases} 1, & U_{ij} > T_{ij} \\ 0, & 其他 \end{cases}$$

$$T_{ij} = e^{-\alpha_T} T_{ij} + V_T Y_{ij}$$

(4) 若 $Y = 0$，则进入下一步。否则，将 n 加 1 然后退回到 (3)。

(5) 得到 PCNN 的输出 R_{ij} 后，将 R_{ij} 的值归一化到 [0,1] 内，见式 (4.19)：

$$R_{ij} = \frac{R_{ij} - \min(R_{kl})}{\max(R_{kl}) - \min(R_{kl})} \tag{4.19}$$

(6) 根据 R_{ij} 获得一个融合映射图 Fm，见式 (4.20)：

$$Fm_{ij} = \begin{cases} 0.08 S_{ij}, & R_{ij} < 0.4 \\ 0.08 S_{ij} + 0.92 R_{ij}^4, & 其他 \end{cases} \tag{4.20}$$

3. 选取规则

本节的融合图像将根据融合映射图 Fm 来产生。首先，计算融合映射图和每个源图像差图的绝对值，如式 (4.21) 和式 (4.22) 所示：

$$C_{ij}^A = \left| Fm_{ij} - I_{ij}^A \right| \tag{4.21}$$

$$C_{ij}^B = \left| Fm_{ij} - I_{ij}^B \right| \tag{4.22}$$

然后，若 $C_{ij}^A - C_{ij}^B < 0.07$，则源图像 I^A 位于地址 (i,j) 的像素被选为融合图像中对应像素的默认值；若 $C_{ij}^B - C_{ij}^A < 0.07$，则源图像 I^B 位于地址 (i,j) 的像素被选为融合图像中对应像素的默认值。否则，被选为融合图像中的对应像素。这一过程可以由式 (4.23) 进行描述：

$$Fu_{ij} = \begin{cases} I_{ij}^A, & C_{ij}^A - C_{ij}^B < 0.07 \\ I_{ij}^B, & C_{ij}^B - C_{ij}^A < 0.07 \\ S_{ij}, & \text{其他} \end{cases} \tag{4.23}$$

最后，如果在 7×7 的邻域中更多的像素来自其他不同的源图像，那么像素 Fu_{ij} 将会被 PCNN 的外部激励 S_{ij} 所取代。

4.2.3 实验结果与分析

本节提供六组图像 (书房、闹钟、报纸、细胞、书籍和金钱豹) 对算法性能进行评估 (图 4.2)。不同参数会得到不同的融合效果，实验中本节所提算法需要用到的参数：在改进的 PCNN 模型中，$W = [0.5, 1, 0.5; 1, 0, 1; 0.5, 1, 0.5]$，$\beta = 0.1$，$\alpha_L = 0.7$，$\alpha_T = 0.1$，$V_L = 1.0$，$V_T = 2000$。其中，$V_T$ 必须保证足够大以确保 PCNN 中的每个神经元只能被点火一次。以上参数都是通过多次实验的经验获得的。在 GFF 中，$r_1 = 45$，$\xi_1 = 0.3$，$r_2 = 7$，$\xi_2 = 10^6$。

为了测试本节所提算法的性能，将和如下算法进行对比：引导滤波器算法 (GFF) [2]、多通道 PCNN (m-PCNN) [3]、NSCT 下基于空间频率和 PCNN 的融合算法 [4] SF-PCNN、主成分分析法 (principal component analysis，PCA)、GP 算法、FSD 金字塔算法。在这些算法中，GFF 算法是本节所提算法中 PCNN 的输入。SF-PCNN 是一种基于变换域和 PCNN 的算法。m-PCNN 是一种基于空间域的 PCNN 融合算法。

实验中对比算法所需的参数：GFF 的参数使用文献 [2] 的设置。m-PCNN 的参数：$K = [1, 0.5, 1; 0.5, 0, 0.5; 1, 0.5, 1]$，$\sigma = -1$，$\alpha_T = 0.12$，$V_T = 1000$，$r = 14$，$\eta = 0.01$。SF-PCNN 根据文献 [4] 进行设置：$\alpha_L = 0.09931$，$\alpha_\theta = 0.2$，$\beta = 0.2$，$V_L = 1.0$，$V_\theta = 20$，$W = [0.707, 1, 0.707; 1, 0, 1; 0.707, 1, 0.707]$，并且最大的迭代次数为 200。PCA、GP 和 FSD 的参数：金字塔的层数是 4。选取规则：精细层根据最大绝对值进行选择，粗糙层选择源图像中的一个对应精细层来代替。

测试实验用的源图像如图 4.2 所示，其中，书房 A 聚焦于左侧，书房 B 聚焦于右侧，闹钟 A 聚焦于左侧，闹钟 B 聚焦于右侧，报纸 A 聚焦于底部，报纸 B 聚焦于顶部，细胞 A 聚焦于中心，细胞 B 聚焦于边缘，杂志 A 聚焦于左侧，杂志 B 聚焦于右侧，金钱豹 A 聚焦于顶部，金钱豹 B 聚焦于底部。

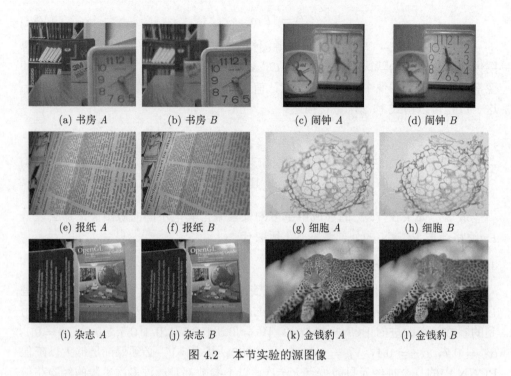

(a) 书房 *A*　　　　　(b) 书房 *B*　　　　　(c) 闹钟 *A*　　　　　(d) 闹钟 *B*

(e) 报纸 *A*　　　　　(f) 报纸 *B*　　　　　(g) 细胞 *A*　　　　　(h) 细胞 *B*

(i) 杂志 *A*　　　　　(j) 杂志 *B*　　　　　(k) 金钱豹 *A*　　　　　(l) 金钱豹 *B*

图 4.2　本节实验的源图像

实验结果如图 4.3~图 4.8 所示。很明显在实验中由 PCA、GP、FSD 所获得的融合图像没能成功捕捉到源图像的聚焦区域并且丢掉了大量的细节信息。例如，在图 4.3 中，PCA、GP 和 FSD 所产生的融合图像里的盒子、书籍和闹钟的边缘不是很清晰。图 4.4 中，由上述方法合成的闹钟比较昏暗不清。在图 4.5 中，由这些算法合成的图片中，报纸上的字比较难以辨认。在图 4.6 中，这些算法融合

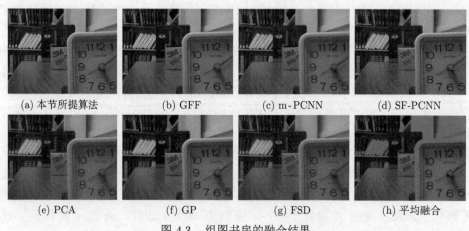

(a) 本节所提算法　　　(b) GFF　　　　　(c) m-PCNN　　　　(d) SF-PCNN

(e) PCA　　　　　　(f) GP　　　　　　(g) FSD　　　　　　(h) 平均融合

图 4.3　组图书房的融合结果

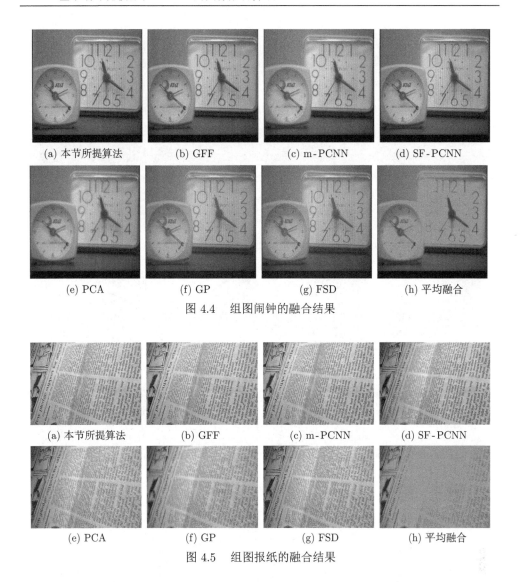

(a) 本节所提算法   (b) GFF   (c) m-PCNN   (d) SF-PCNN

(e) PCA   (f) GP   (g) FSD   (h) 平均融合

图 4.4 组图闹钟的融合结果

(a) 本节所提算法   (b) GFF   (c) m-PCNN   (d) SF-PCNN

(e) PCA   (f) GP   (g) FSD   (h) 平均融合

图 4.5 组图报纸的融合结果

的细胞比较模糊。在图 4.7 中,这些算法融合得到的图像产生了过多的伪影。在图 4.8 中,这些算法所得的图像亮度过大。相比而言,其他四个融合算法的融合效果更好。但同时,我们很难直接通过融合的图像去判断余下的四个融合算法孰优孰劣。

为了更好地进行对比,每个融合图像 (即图 4.3~图 4.8) 和相应的源图像通过相减得到差图,如图 4.9~图 4.14 所示。在差图中,对应源图像被聚焦部分区域的理想值应该是零。因此差图中对应聚焦区域的部分越平滑,说明融合算法的效果越好。

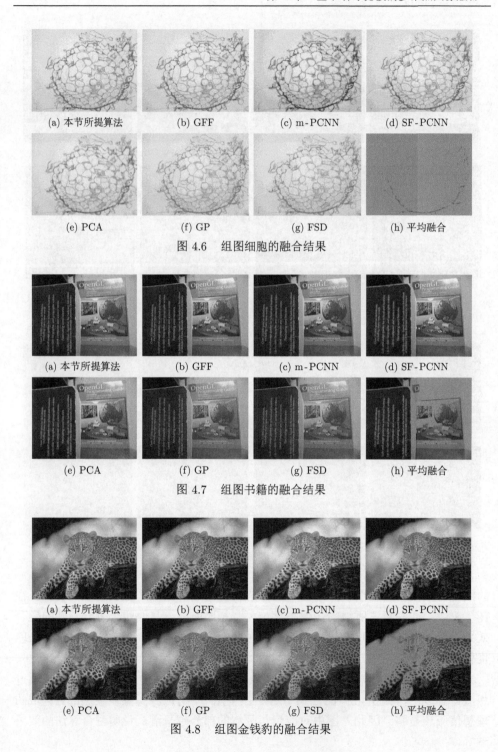

(a) 本节所提算法　　　(b) GFF　　　　(c) m-PCNN　　　　(d) SF-PCNN

(e) PCA　　　　　　(f) GP　　　　　(g) FSD　　　　　(h) 平均融合

图 4.6　组图细胞的融合结果

(a) 本节所提算法　　　(b) GFF　　　　(c) m-PCNN　　　　(d) SF-PCNN

(e) PCA　　　　　　(f) GP　　　　　(g) FSD　　　　　(h) 平均融合

图 4.7　组图书籍的融合结果

(a) 本节所提算法　　　(b) GFF　　　　(c) m-PCNN　　　　(d) SF-PCNN

(e) PCA　　　　　　(f) GP　　　　　(g) FSD　　　　　(h) 平均融合

图 4.8　组图金钱豹的融合结果

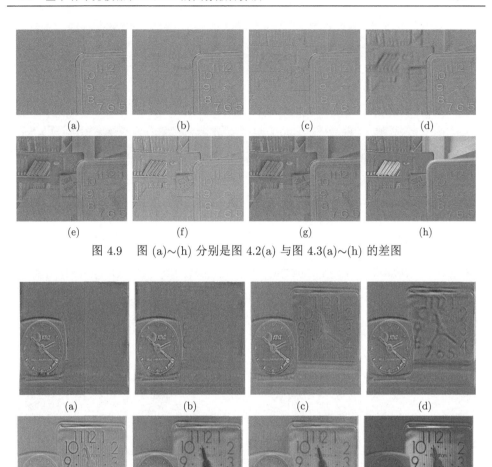

图 4.9 图 (a)~(h) 分别是图 4.2(a) 与图 4.3(a)~(h) 的差图

图 4.10 图 (a)~(h) 分别是图 4.2(c) 与图 4.4(a)~(h) 的差图

通过观察这些差图可以发现，PCA、GP、FSD 的融合效果比余下的算法要差。另外，SF-PCNN 在书房、闹钟、杂志和金钱豹这些组图中也没能成功地将源图像中的聚焦区域提取出来。融合算法 m-PCNN 在书房、闹钟、细胞和金钱豹这些组图中的融合表现也不是很好。除此之外，在组图书房中，GFF 得到的差图中，闹钟边缘外部出现了一些褶皱，这表明 GFF 没能完全提取出盒子的边缘。在组图闹钟中，GFF 得到的差图中，本应是平滑的聚焦区域隐约出现了一些数字。这表明右侧闹钟对应的数字在 GFF 的融合图像中比较模糊。本节所提算法在所有算法中的表现是最好的。

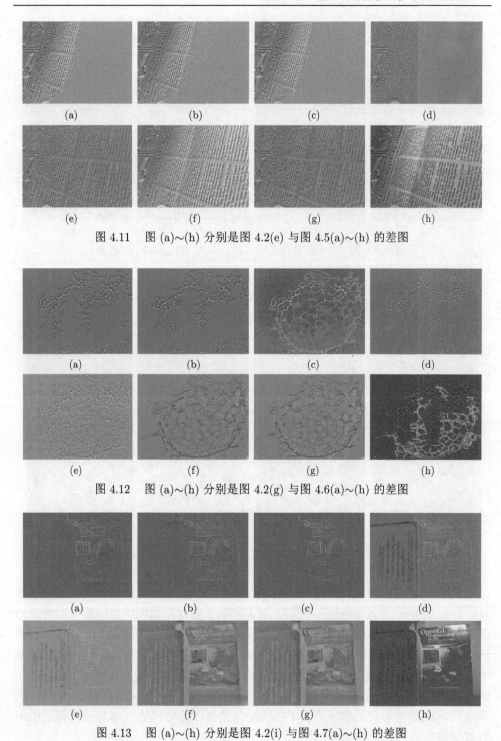

图 4.11　图 (a)~(h) 分别是图 4.2(e) 与图 4.5(a)~(h) 的差图

图 4.12　图 (a)~(h) 分别是图 4.2(g) 与图 4.6(a)~(h) 的差图

图 4.13　图 (a)~(h) 分别是图 4.2(i) 与图 4.7(a)~(h) 的差图

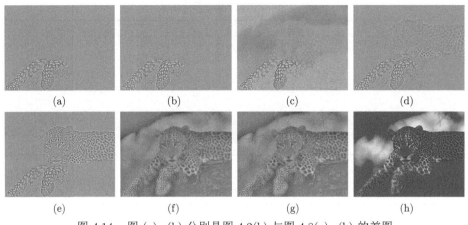

(a)　　　　　　　(b)　　　　　　　(c)　　　　　　　(d)

(e)　　　　　　　(f)　　　　　　　(g)　　　　　　　(h)

图 4.14　图 (a)~(h) 分别是图 4.2(k) 与图 4.8(a)~(h) 的差图

从以上主观评价分析中可以看出，在众多融合方法中，本节所提算法提取了最多的聚焦区域。不过在某些组图中，我们的算法与其他的某些算法似乎有着相同的视觉效果。但是事实上，这些算法的融合效果仍然存在着差异。另外，主观评价常常受测试者心理因素的影响。因此，有必要引入客观评价标准做进一步比较。第 1 章介绍的三个客观评价标准即归一化互信息熵 Q_{MI}、非线性相关信息熵 Q_{NCIE} 和空间频率误差比 Q_{SF}，将用来对图像融合算法进行评价，评价结果如表 4.1 ~ 表 4.6 所示。

表 4.1　书房的客观评价结果

算法	Q_{MI}	Q_{NCIE}	Q_{SF}
本节所提算法	0.9987	0.8305	−0.0177
GFF	0.9730	0.8290	−0.0330
m-PCNN	0.8656	0.8234	−0.1730
SF-PCNN	0.8600	0.8235	−0.0574
GP	0.7354	0.8182	−0.2349
PCA	0.8364	0.8221	−0.4384
FSD	0.7331	0.8181	−0.2323
平均融合算法	0.7746	0.8174	−0.5471

由客观评价结果可知，表 4.3 中平均融合的 Q_{MI} 和 Q_{NCIE} 的值较低，这表明相应融合图像的灰度分布严重失真。本节所提算法在所有实验中都有着最高的 Q_{MI} 和 Q_{NCIE}，这表明该算法得到的融合图像的灰度值分布在所有算法中与源图像最相似。另外，表 4.4 中 m-PCNN 的 Q_{SF} 远大于零值，这表明相应融合图像引入了大量的噪声。表 4.4 中的平均融合算法的 Q_{SF} 远小于零值，这表明该算法没能充分地提取源图像的高频信息。我们算法的 Q_{SF} 绝对值最小，这表明我们提出的算法所得融合图像最能准确地提取源图像的细节特征且没有引入过多的噪声。

表 4.2　闹钟的客观评价结果

算法	Q_{MI}	Q_{NCIE}	Q_{SF}
本节所提算法	1.1239	0.8394	0.0035
GFF	1.1030	0.8383	-0.0545
m-PCNN	1.0152	0.8331	-0.1766
SF-PCNN	1.0194	0.8336	-0.1044
GP	0.8204	0.8249	-0.2317
PCA	0.9972	0.8321	-0.3694
FSD	0.8202	0.8248	-0.2291
平均融合算法	0.9503	0.8244	-0.5057

表 4.3　报纸的客观评价结果

算法	Q_{MI}	Q_{NCIE}	Q_{SF}
本节算法	0.7578	0.8173	-0.0265
GFF	0.6083	0.8118	-0.0389
m-PCNN	0.6977	0.8152	-0.0435
SF-PCNN	0.4351	0.8087	-0.0829
GP	0.2972	0.8045	-0.0966
PCA	0.3487	0.8055	-0.4346
FSD	0.3009	0.8046	-0.0871
平均融合算法	0.2708	0.8031	-0.6631

表 4.4　细胞的客观评价结果

算法	Q_{MI}	Q_{NCIE}	Q_{SF}
本节所提算法	0.9699	0.8225	-0.0315
GFF	0.9354	0.8212	-0.0553
m-PCNN	0.7772	0.8163	0.0352
SF-PCNN	0.8165	0.8178	-0.0746
GP	0.6235	0.8120	-0.2327
PCA	0.7671	0.8160	-0.3997
FSD	0.6196	0.8119	-0.2286
平均融合算法	0.1057	0.8043	-0.8407

表 4.5　书籍的客观评价结果

算法	Q_{MI}	Q_{NCIE}	Q_{SF}
本节所提算法	1.2376	0.8466	-0.0391
GFF	1.2238	0.8457	-0.0456
m-PCNN	1.1977	0.8443	-0.0557
SF-PCNN	1.0964	0.8400	-0.0725
GP	0.7913	0.8248	-0.1521
PCA	1.0611	0.8363	-0.2853
FSD	0.7878	0.8246	-0.1464
平均融合算法	0.9427	0.8260	-0.4290

表 4.6 金钱豹的客观评价结果

算法	Q_{MI}	Q_{NCIE}	Q_{SF}
本节所提算法	1.4794	0.8699	−0.0114
GFF	1.4695	0.8691	−0.0148
m-PCNN	1.2879	0.8558	0.0364
SF-PCNN	1.2554	0.8534	−0.0597
GP	0.7444	0.8297	−0.2108
PCA	1.2198	0.8513	−0.2648
FSD	0.7429	0.8296	−0.2089
平均融合算法	1.0095	0.8334	−0.3773

通过对上述结果进行综合分析，可以得到这样的结论：本节所提算法无论在主观的视觉效果还是客观评价标准上都有着优异的表现；通过将 PCNN 和 GFF 进行结合，所得到的融合图像质量得到了有效的提高。

最后，将实验中所有算法所消耗的时间进行比较。这些算法的运行时间是通过一台配有 3.3 GHz 英特尔 i5 双核处理器和 6 GB 内存的台式计算机进行测试获得的。实验结果如表 4.7 所示。从表 4.7 可以看到，本节所提算法需要消耗的时间要比 GFF、m-PCNN 等算法多。另外，本节所提算法的计算复杂度要小于 SF-PCNN。通过观察可以发现，算法 PCA、FSD、GP、m-PCNN 花费的时间要远少于其他算法，但它们获得的融合效果也不是很理想。SF-PCNN 的计算量又过于庞大，不适合应用于实践当中。

表 4.7 时间消耗 单位: s

算法	书房	闹钟	报纸	细胞	杂志	金钱豹
本节所提算法	0.9798	0.1683	0.2264	0.4890	0.2247	0.2135
GFF	0.7710	0.1340	0.1674	0.4873	0.1696	0.1691
m-PCNN	0.0614	0.0161	0.0180	0.0418	0.0194	0.0217
SF-PCNN	575.1574	121.7314	139.2956	367.3345	141.6337	142.0824
GP	0.08100	0.0170	0.0188	0.0474	0.0194	0.0192
PCA	0.00672	0.0010	0.0012	0.0050	0.0012	0.0012
FSD	0.02962	0.0063	0.0072	0.0172	0.0075	0.0074
平均融合算法	0.0002	0.00006	0.00008	0.0001	0.00008	0.00007

4.3 基于引导滤波与随机漫步的图像融合算法

由于 RW 模型及引导滤波器在图像处理尤其是图像融合方面具有比较好的表现，即 RW 良好的平滑特性及引导滤波特别的边缘保护效果，于是本节提出将二者相结合的多聚焦图像融合算法。

4.3.1　算法描述

基于 RW 与引导滤波的多聚焦图像融合算法的流程图如图 4.15 所示, 其中, GF_1、GF_2 代表引导滤波器, RW_{01}、RW_{02}、RW_1、RW_2 表示 RW 滤波器, α_1 与 α_2 分别代表图像的粗糙层和精细层的初始权重的比例系数。

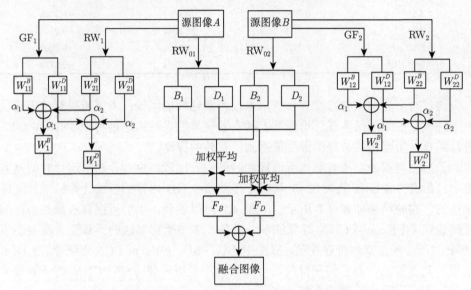

图 4.15　基于 RW 与引导滤波的多聚焦图像融合算法的流程图

该算法有以下几个步骤。

(1) 利用 RW 滤波器分解源图像得到对应的粗糙层图像 B_n 和精细层图像 D_n。

(2) 使用拉普拉斯滤波器, 分别得到粗糙层与精细层图像的显著性图。

(3) 将 RW 滤波器和引导滤波器作用于粗糙层与精细层图像的显著性图, 分别求得对应图像的初始权重 W_{nn}^B、W_{nn}^D。

(4) 通过给初始权重 W_{nn}^D、W_{nn}^B 分配不同的权重, 分别求得粗糙层的最终权重 W_{nn}^B 和精细层的最终权重 W_{nn}^D。

(5) 通过加权平均, 求得融合粗糙层 F_B 与融合精细层 F_D。

(6) 将融合粗糙层与融合精细层相加求得最终的融合图。

1. 源图像的分解

粗糙层反映了图像的轮廓信息,精细层则可以表示出图像的边缘细节信息,它们均可以通过图像分解过程获得。本节提出的第一种算法主要使用 RW 平滑滤波器对图像进行二尺度分解得到图像的粗糙层和精细层图像, 进而对图像进行下一步的处理。图 4.15 显示通过利用上面提到的 RW 滤波器，得到了图像的粗糙层与精细层图像。粗糙层图像由式 (4.24) 求得

$$B_x = I_x Z \tag{4.24}$$

式中，I_x 是第 x 幅源图像；Z 表示基于 RW 的平滑滤波器，将它作用于源图像可以得到粗糙层图像 B_x，Z 的定义公式上面已经给出。

求得粗糙层图像后，精细层图像的求解公式就比较好理解了，即源图像与粗糙层图像求差值。精细层图像的求解为

$$D_x = I_x - B_x \tag{4.25}$$

式中，D_x 表示第 x 幅源图像的精细层图像。

2. 权重图的构建

基本思路是利用 RW 滤波器与引导滤波器对显著图进行处理，分别求得粗糙层与精细层图像的初始权重，然后将初始权重进行线性叠加处理，得到最终权重，权重图的构建过程如下所示。

使用引导滤波器得到初始权重之一。首先，将源图像通过拉普拉斯滤波器得到第 x 幅源图像的高通图像 H_x，如式 (4.26) 所示。

$$H_x = I_x * L \tag{4.26}$$

式中，L 表示一个拉普拉斯滤波器，大量的实验表明 3×3 的拉普拉斯滤波器滤波效果更好，这里选择的拉普拉斯滤波器的尺寸为 3×3。

其次，通过对 H_x 的绝对值进行局部平均构建出显著图 S_x，它的表达式见式 (4.27)：

$$S_x = |H_x| * Y_{r_g, \sigma_g} \tag{4.27}$$

式中，Y 代表一个 $(2r_g + 1) \times (2r_g + 1)$ 的高斯低通滤波器，r_g 和 σ_g 的值都被设置为 5。

通过对多幅源图像的显著图进行比较得到对应图像的权重图，其定义见式 (4.28)：

$$p_x^k = \begin{cases} 1, & S_x^k = \max\left(S_1^k, S_2^k, \cdots, S_X^k\right) \\ 0, & 其他 \end{cases} \tag{4.28}$$

式中，X 表示源图像的数目；S_x^k 代表第 x 幅图像中像素点 k 处的显著性值。

然而，上面得到的权重图还不太令人满意，它们或者包含一些噪声信息，或者具有边缘模糊现象，或者内部含有大量的孔洞，因此，很有必要使用引导滤波器进行优化。

$$W_{1x}^B = G_{r_1,\epsilon_1}\left(P_x, I_x\right) \tag{4.29}$$

$$W_{1x}^D = G_{r_2,\epsilon_2}\left(P_x, I_x\right) \tag{4.30}$$

在式 (4.29)、式 (4.30) 中，r_1、ϵ_1、r_2 和 ϵ_2 均表示引导滤波器的一些相关参数；W_{1x}^B 与 W_{1x}^D 分别表示第 x 幅图像的粗糙层和精细层的初始权重。最后，为了保证每一个像素点在粗糙层与精细层图像中的权重之和为 1，将 x 个权重图进行归一化处理。

通过 RW 滤波器直接作用于源图像得到另一个初始权重图，在这里，RW 平滑滤波器并不是起优化作用，而是直接作用于子图像，将求得的各个像素点的概率直接作为另一个初始权重，其表示为

$$W_{2x}^B = Z_{\beta_1,\gamma_1}\left(I_x\right) \tag{4.31}$$

$$W_{2x}^D = Z_{\beta_2,\gamma_2}\left(I_x\right) \tag{4.32}$$

式中，β_1、γ_1、β_2 和 γ_2 表示引导滤波器的参数；W_{2x}^B 与 W_{2x}^D 分别代表第 x 幅图像的粗糙层和精细层的初始权重。

将初始权重进行线性叠加，最终的权重图由式 (4.33) 和式 (4.34) 来表示：

$$W_x^B = \alpha_1 W_{1x}^B + \alpha_2 W_{2x}^B \tag{4.33}$$

$$W_x^D = \alpha_1 W_{1x}^D + \alpha_2 W_{2x}^D \tag{4.34}$$

式中，α_1 与 α_2 分别代表第 x 幅图像的粗糙层和精细层的初始权重的比例系数，它们的取值是通过大量的实验来确定的；W_x^B 与 W_x^D 分别表示第 x 幅源图像的粗糙层和精细层图像的最终权重。

3. 图像的重构

融合精细层图像 D_F 和融合粗糙层图像 B_F 都是通过对多个源图像的分解子图像进行加权平均求得的，其公式表示形式为

$$B_F = \sum_{x=1}^{X} W_x^B B_x \tag{4.35}$$

$$D_F = \sum_{x=1}^{X} W_x^D D_x \tag{4.36}$$

式中，X 代表源图像的数目；x 代表第 x 幅图像。

最后，将融合粗糙层图像与融合精细层图像相叠加，得到融合图像，见式 (4.37)：

$$F = B_F + D_F \tag{4.37}$$

在上述公式中，F 表示融合图像。

4.3.2 实验结果与分析

为了证明本节提出的算法具有很多优良的特性，本次实验选取 5 组多聚焦图像，通过 5 种不同的融合算法对这几组图像进行处理。用于实验的 5 组源图像分别为书房、钟表、杂志、建筑和茶壶，这些源图像与它们的融合图像如图 4.16～ 图 4.20 所示，其中，图 (a)(右半部分聚焦) 和图 (b)(左半部分聚焦) 是同一场景的两幅聚焦范围不同的图像，图 (c)～(h) 分别是利用本节所提算法、PCNN 与 GF 相结合的算法 (PCNN+GF)、GFF、m-PCNN、GP 算法和 FSD 算法得到的融合图像。

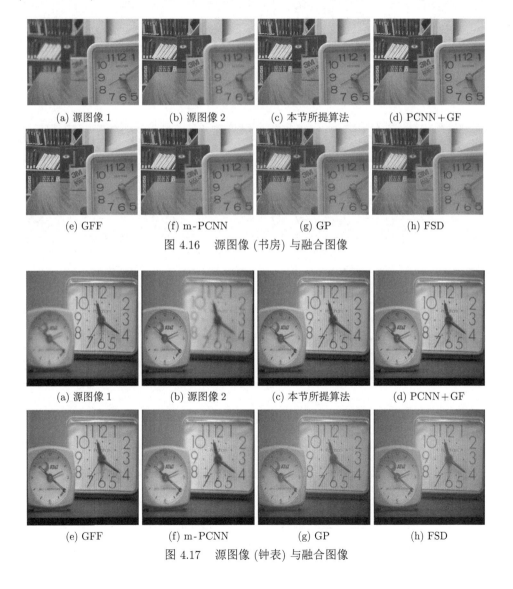

(a) 源图像 1　　　(b) 源图像 2　　　(c) 本节所提算法　　　(d) PCNN+GF

(e) GFF　　　(f) m-PCNN　　　(g) GP　　　(h) FSD

图 4.16　源图像 (书房) 与融合图像

(a) 源图像 1　　　(b) 源图像 2　　　(c) 本节所提算法　　　(d) PCNN+GF

(e) GFF　　　(f) m-PCNN　　　(g) GP　　　(h) FSD

图 4.17　源图像 (钟表) 与融合图像

(a) 源图像 1　　　(b) 源图像 2　　　(c) 本节所提算法　　　(d) PCNN＋GF

(e) GFF　　　(f) m-PCNN　　　(g) GP　　　(h) FSD

图 4.18　源图像 (杂志) 与融合图像

(a) 源图像 1　　　(b) 源图像 2　　　(c) 本节所提算法　　　(d) PCNN＋GF

(e) GFF　　　(f) m-PCNN　　　(g) GP　　　(h) FSD

图 4.19　源图像 (建筑) 与融合图像

1. 参数设置

本节所提算法中实验的参数值设置：对于 RW 滤波器 $\gamma = 5 \times 10^{-11}$，$\beta = 9$，$\gamma_1 = 0.005$，$\beta_1 = 9$，$\gamma_2 = 0.9$，$\beta_2 = 300$（$\gamma$、$\beta$ 为用于图像分解的 RW 滤波器的参数；γ_1、β_1 为用于粗糙权重系数求解的 RW 滤波器的参数；γ_2、β_2 为用于精细层权重系数求解的 RW 滤波器的参数）。对于引导滤波器 $r_1 = 45$，$\epsilon_1 = 0.3$，$r_2 = 7$，$\epsilon_2 = 10^{-6}$。此外，图 4.16～图 4.20 的权重组合系数取值分别如下：$\alpha_1 = 99/100$，

$\alpha_2 = 1/100$；$\alpha_1 = 59/60$，$\alpha_2 = 1/60$；$\alpha_1 = 149/150$，$\alpha_2 = 1/150$；$\alpha_1 = 79/80$，$\alpha_2 = 1/80$；$\alpha_1 = 199/200$，$\alpha_2 = 1/200$。

(a) 源图像 1   (b) 源图像 2   (c) 本节所提算法   (d) PCNN+GF

(e) GFF   (f) m-PCNN   (g) GP   (h) FSD

图 4.20　源图像 (茶壶) 与融合图像

其他的五种对比算法的参数取值如下：对于 m-PCNN，$\sigma = -0.1$，$\alpha_T = 0.12$，$V_T = 2 \times 10^9$，$r = 15$，$K = [1, 0.5, 1; 0.5, 0, 0.5; 1, 0.5, 1]$，$\eta = 0.01$。对于 PCNN+GF 和 GFF，它们的参数值见文献 [5] 和 [6]。GP 和 FSD 有相同的参数设置：pyramid=4。选择规则：在高通滤波器中选择最大绝对值，粗糙层选择源图像。

2. 实验效果及评价

在图 4.16～图 4.20 中，所有的源图像 1 右半部分聚焦，源图像 2 左半部分聚焦。从这些融合图像中很容易看出来 GP 和 FSD 的融合效果不好，因为这两种算法得到的融合图像提取的源图像信息不足，或者说是有一部分信息丢失而且边缘信息不清晰。图 4.16 (g) 和 (h) 中的书本、钟表和箱子的边缘是模糊的，并且图 4.16(f) 还伴随着光晕现象的出现，这些都对融合图像的效果评价造成了不利的影响。图 4.17 (g) 和 (h) 中钟表的边缘也是模糊的，而且钟表里的数字也不清晰，具有明显的信息丢失及边缘模糊现象的发生，图 4.17 (h) 也有一定程度的信息丢失。相比之下，本节所提算法及 PCNN+GF 在边缘保持和信息提取方面表现得更好一些。此外，图 4.18 (g) 和 (h) 中的字母模糊不清，亮度上也与源图像有差别。图 4.19 (g) 和 (h) 中的字母和柱子边缘也相当不清楚，图 4.19 (f) 的柱子有明显的光晕现象产生。图 4.20 (g) 和 (h) 也丢失了很多的细节信息，即茶壶上的花纹信息丢失，其他的四幅融合图像效果较好，但是图 4.20 (e) 和 (f) 有少许的信息丢失。

　　上述结论是由人的主观视觉观察得出的，然而当有些图片之间的差距很小时就很难辨别效果的优劣 (图 4.21～ 图 4.25)。所以很有必要求得融合图像与其对应的源图像 (左半部分聚焦) 的差值图像。对于差值图像，如果原聚焦区域是平滑的并且原非聚焦区域包含的细节信息越丰富，那么就说明相应的融合图像效果越好。

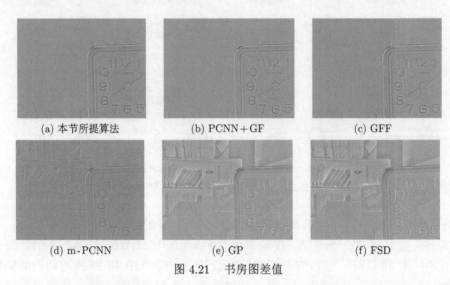

(a) 本节所提算法　　　　　　　(b) PCNN+GF　　　　　　　(c) GFF

(d) m-PCNN　　　　　　　(e) GP　　　　　　　(f) FSD

图 4.21　　书房图差值

　　从这 5 幅差值图像看出，GP 和 FSD 的融合效果不好，因为它们的差值图像不仅聚焦区域不平滑，而且相应的非聚焦区域包含的细节信息模糊不清。在图 4.21、图 4.22 和图 4.24 中，m-PCNN 算法对应的差值图像反映出该算法不能有效地将聚焦部分的信息转换到融合图像中，即这几幅差值图像的聚焦区域是比较粗糙的。在图 4.25 中，GFF 算法得到的融合图像细节信息不足并且聚焦区域不平滑，说明对茶壶这组图来说，GFF 算法的融合效果很差。在图 4.24 和图 4.25 中，PCNN+GF 在聚焦区域表现较差，该部分包含了太多多余的信息。与所有的算法相比，本节所提算法得到的差值图像在聚焦区域最平滑，在非聚焦区域包含的细节信息越丰富，就说明其对应的融合图像效果越好。

　　上面提出的差值图像虽然更加便于人们的观察，但都缺少一些数据支撑。为了使评价效果更准确，使用前面提到的客观评价指标对融合图像进行评价。实验所用的融合算法的效果评价结果如图 4.26～ 图 4.30 所示。显然，在 5 组效果图中，本节所提算法得到的融合图的 Q_G 所对应的图形是最高的，这表明该算法可以保留更多的来自源图像的边缘信息且融合图像是比较清晰的。然而其他的算法如 GP 和 FSD 对应的 Q_G 就比较小，通过这两种算法得到的融合图像的边缘比较模糊，不利于图像的研究与使用。进一步观察可知，本节所提算

法对应的 Q_{MI} 和 Q_{NCIE} 的值均比其他的算法要大，这反映出该算法可以更大限度地保留源图像的信息。

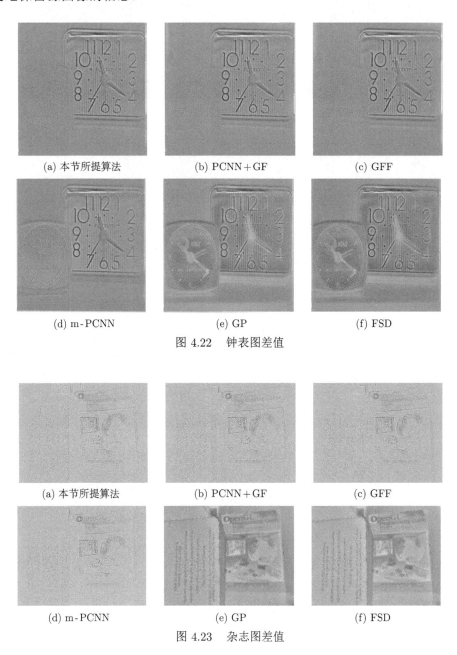

(a) 本节所提算法   (b) PCNN+GF   (c) GFF

(d) m-PCNN   (e) GP   (f) FSD

图 4.22 钟表图差值

(a) 本节所提算法   (b) PCNN+GF   (c) GFF

(d) m-PCNN   (e) GP   (f) FSD

图 4.23 杂志图差值

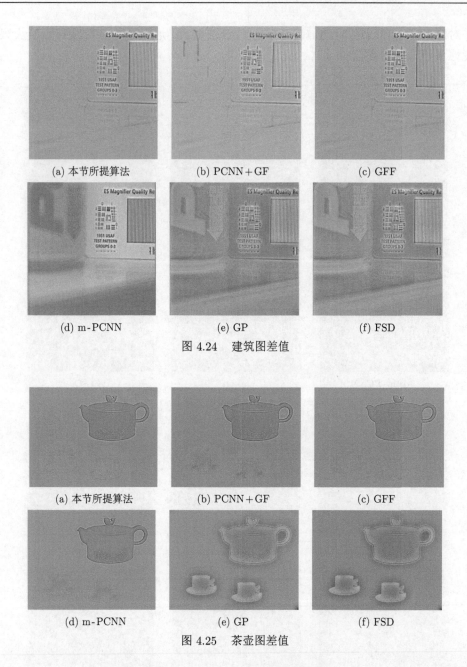

(a) 本节所提算法　　　　　(b) PCNN+GF　　　　　(c) GFF

(d) m-PCNN　　　　　　(e) GP　　　　　　(f) FSD

图 4.24　建筑图差值

(a) 本节所提算法　　　　　(b) PCNN+GF　　　　　(c) GFF

(d) m-PCNN　　　　　　(e) GP　　　　　　(f) FSD

图 4.25　茶壶图差值

　　综上,本节所提算法综合了 RW 与引导滤波器两者的优点,在多聚焦图像融合方面,不仅可以保留更多的源图像信息,而且使图像的边缘细节更加清晰,进而使得本节算法得到的融合图不论在视觉上还是在客观评价指标上都优于其他的对比算法。

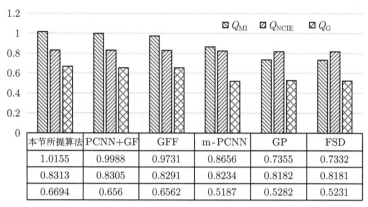

本节所提算法	PCNN+GF	GFF	m-PCNN	GP	FSD
1.0155	0.9988	0.9731	0.8656	0.7355	0.7332
0.8313	0.8305	0.8291	0.8234	0.8182	0.8181
0.6694	0.656	0.6562	0.5187	0.5282	0.5231

图 4.26　书房图的客观评价指标

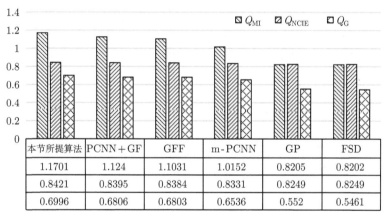

本节所提算法	PCNN+GF	GFF	m-PCNN	GP	FSD
1.1701	1.124	1.1031	1.0152	0.8205	0.8202
0.8421	0.8395	0.8384	0.8331	0.8249	0.8249
0.6996	0.6806	0.6803	0.6536	0.552	0.5461

图 4.27　钟表图的客观评价指标

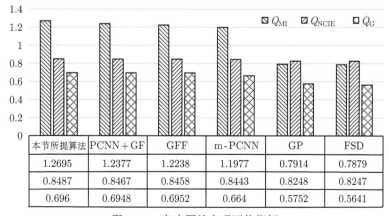

本节所提算法	PCNN+GF	GFF	m-PCNN	GP	FSD
1.2695	1.2377	1.2238	1.1977	0.7914	0.7879
0.8487	0.8467	0.8458	0.8443	0.8248	0.8247
0.696	0.6948	0.6952	0.664	0.5752	0.5641

图 4.28　杂志图的客观评价指标

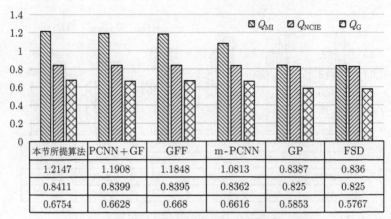

本节所提算法	PCNN＋GF	GFF	m-PCNN	GP	FSD
1.2147	1.1908	1.1848	1.0813	0.8387	0.836
0.8411	0.8399	0.8395	0.8362	0.825	0.825
0.6754	0.6628	0.668	0.6616	0.5853	0.5767

图 4.29　建筑图的客观评价指标

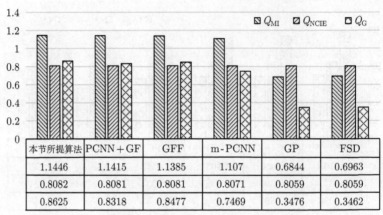

本节所提算法	PCNN＋GF	GFF	m-PCNN	GP	FSD
1.1446	1.1415	1.1385	1.107	0.6844	0.6963
0.8082	0.8081	0.8081	0.8071	0.8059	0.8059
0.8625	0.8318	0.8477	0.7469	0.3476	0.3462

图 4.30　茶壶图的客观评价指标

4.4　基于引导滤波与随机漫步的图像融合改进算法

通过对 4.3 节多聚焦图像融合算法的研究可以发现，RW 与引导滤波相结合的算法在多聚焦图像融合领域有着非常好的表现，并且在图像融合领域有极大的潜能。可是，4.3 节算法需要通过大量的实验才能确定最佳的权重比例系数，使得整个实验过程更加烦琐。于是，本节对该算法做进一步完善，提出另一种改进的图像融合算法，其流程图如图 4.31 所示。

4.4.1　算法描述

如图 4.31 所示，算法流程如下：首先，通过 RW 滤波器 RW_0，将源图像分解成粗糙层 Bi_c 和细节层 Di_c 子图像；其次，通过预处理得到子图像的初始权重图，先后使用相应的引导滤波器 GF 和 RW 滤波器 RW_1 对初始权重图进行优化，

得到最终的权重图 W_c^{Bi} 和 W_c^{Di}；然后，分别对精细层和粗糙层图像进行权重平均，得到其对应的融合子图像 F_{Bi} 和 F_{Di}；最后，对两幅融合子图像求和得到融合图像。

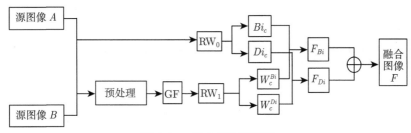

图 4.31 融合算法流程图

通过算法的流程图及相关简单的介绍，可以发现本节提出算法与 4.3 节的算法相比，创新点主要在于权重图的求解过程，即先后利用引导滤波器与 RW 滤波器优化权重图。因此，下面将重点介绍权重图像的求解过程，简述其他处理步骤。

1. 分解图像

首先，使用 RW 滤波器，将源图像分解成粗糙层子图像 Bi_c 和精细层子图像 Di_c。其中，粗糙层图像由式 (4.38) 求得

$$Bi_c = I_c Rr \tag{4.38}$$

式中，I_c 表示第 c 幅源图像；Rr 表示 RW 滤波器。

精细层图像为源图像与粗糙层图像的差值图像，如式 (4.39) 所示：

$$Di_c = I_c - Bi_c \tag{4.39}$$

式中，Di_c 表示第 c 幅源图像的精细层图像。

2. 求解权重图像

权重图像的具体求解过程如下。首先，将拉普拉斯滤波器作用于源图像获得高通图像 H_c，其表示形式见式 (4.40)：

$$H_c = I_c * Lf \tag{4.40}$$

式中，Lf 表示大小为 3×3 的拉普拉斯滤波器。

对高通图像 H_c 的绝对值进行局部平均处理得到显著性图 Sm_c，见式 (4.41)：

$$Sm_c = |H_c| * G_{r_g,\sigma_g} \tag{4.41}$$

式中，G 是一个大小为 $(2r_g + 1) \times (2r_g + 1)$ 的高斯低通滤波器，并且 r_g 和 σ_g 的值均设置为 5。

通过比较求得的显著性图，得到初始的权重图如式 (4.42) 所示：

$$pw_c^k = \begin{cases} 1, & S_c^k = \max\left(S_1^k, S_2^k, \cdots, S_C^k\right) \\ 0, & \text{其他} \end{cases} \tag{4.42}$$

式中，C 是源图像数量；S_c^k 代表第 c 幅图像中像素点 k 处的显著性值。

然而，上述求得的初始权重还不太令人满意，它们常常包含噪声并且伴随着边缘模糊现象。因此，需要采取一些优化措施。

$$W_{1c}^{Bi} = Gf_{r_1,\epsilon_1}\left(Pw_c, I_c\right) \tag{4.43}$$

$$W_{1c}^{Di} = Gf_{r_2,\epsilon_2}\left(Pw_c, I_c\right) \tag{4.44}$$

式中，r_1、ϵ_1、r_2 和 ϵ_2 是引导滤波器的参数；W_{1c}^{Bi} 与 W_{1c}^{Di} 分别代表第一次优化后第 c 幅源图像的粗糙层和精细层的权重。为了使最终的权重之和为 1，将权重进行归一化处理。

为了进一步增强融合效果，利用 RW 滤波器对权重进行二次优化，如式 (4.45) 和式 (4.46) 所示。

$$W_{2c}^{Bi} = Rr_{\beta_1,\gamma_1}\left(W_{1c}^{Bi}\right) \tag{4.45}$$

$$W_{2c}^{Di} = Rr_{\beta_2,\gamma_2}\left(W_{1c}^{Di}\right) \tag{4.46}$$

在上述公式中，β_1、γ_1、β_2 和 γ_2 表示 RW 滤波器的参数；W_{2c}^{Bi} 与 W_{2c}^{Di} 是第 c 幅源图像的粗糙层和精细层的最终权重。

3. 求解融合图像

通过分别对精细层图像和粗糙层图像加权平均得到融合精细层图像 D_F 和融合粗糙层图像 B_F，其对应的公式表示为

$$B_F = \sum_{c=1}^{C} W_{2c}^{Bi} Bi_c \tag{4.47}$$

$$D_F = \sum_{c=1}^{C} W_{2c}^{Di} Di_c \tag{4.48}$$

式中，C 表示源图像的个数。

最后，融合图像 F 由式 (4.49) 求得

$$F = B_F + D_F \tag{4.49}$$

4.4.2　实验结果与分析

实验总共选取了 6 组图像、5 种融合对比方法。源图像图组如图 4.32 所示，分别被命名为机房图、书房图、工具图、植物图、杂志图、报纸图。5 种融合对比算法分别为 PCNN+GF、RW-FSWM、GFF、m-PCNN 和 GP。这部分首先给出了实验参数值，因为它们在一定程度上可以影响实验效果。然后，分别展示了每一组图像通过不同的算法得到的融合效果图及对应的差值图像。最后，通过主客观评价指标求得的实验数据，对各种算法的优缺点进行分析，进而验证本节所提算法融合效果较好。

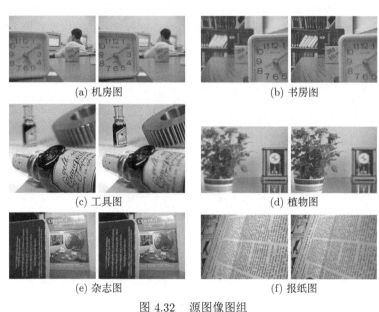

(a) 机房图　　　　　　　　　　　(b) 书房图

(c) 工具图　　　　　　　　　　　(d) 植物图

(e) 杂志图　　　　　　　　　　　(f) 报纸图

图 4.32　源图像图组

1. 参数值设置

参数值的设置通常对算法的影响很大，所以通过多次的实验对算法进行调参，最终选择最合适的参数值。本节提出算法的参数值设置如下：对于在图像的二尺度分解过程中起作用的 RW 滤波器，其参数：$\mu = 5 \times 10^{-10}$，$\beta = 9$。对于 RW 滤波器来说，它的参数：$r_1 = 45$，$\epsilon_1 = 0.3$，$r_2 = 7$，$\epsilon_2 = 10^{-6}$。用来优化权重图的 RW 滤波器的参数：$\mu_1 = 0.005$，$\beta_1 = 9$。

在实验中，本节提出算法与以下 5 种融合算法做比较，这 5 种融合算法的参数值如下所示。PCNN+GF 和 GFF 的参数值分别与文献 [5] 和文献 [2] 保持一致。对于 RW-FSWM 算法，它的参数设置与文献 [7] 保持一致，即 $\gamma = 0.3$，$\sigma_\omega = 0.05$，$n = 1.5$。m-PCNN[3] 的参数：$K = [1, 0.5, 1; 0.5, 0, 0.5; 1, 0.5, 1]$，$\sigma = -0.1$，$\alpha_T = 0.12$，$V_T = 2 \times 10^9$，$r = 15$，$\eta = 0.01$。对于 GP 算法，相应的参数：pyramid=4，选择规则为高通选择最大绝对值，粗糙层选择源图像之一。

2. 实验对比分析

本节展示了各种算法得到图像的融合效果图，并且对这些效果图进行了一系列的观察与分析。由于有些算法的融合效果图十分接近，难以比较优劣，同样地，这部分也求出了融合图像与其对应的两幅源图像的差值图像，如图 4.33～图 4.37 所示。通过观察，可以发现，工具图组的中间图像是融合图像与下聚焦图像的差值图像，最左边的图像是融合图像与上聚焦图像的差值图像。而对于其他的 4 组图像，中间的图像是融合图像与右聚焦图像的差值图像，最左边的图像是融合图像与左聚焦图像的差值图像。对这些差值图像来说，原聚焦区域越平滑，原非聚焦区域包含的细节信息越多越清晰，说明图像的融合效果越好。

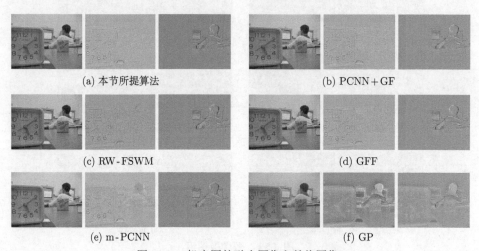

(a) 本节所提算法　　　　　　　　　　　　(b) PCNN+GF

(c) RW-FSWM　　　　　　　　　　　　(d) GFF

(e) m-PCNN　　　　　　　　　　　　(f) GP

图 4.33　机房图的融合图像和差值图像

如图 4.33 所示，本节提出算法的差值图的右半部分比其他算法的更平滑，表明该算法得到的融合图像能够更完整地从源图像中提取聚焦区域信息。进一步观察可以发现，在图 4.33 (b)～(f) 中，中间的差值图像对应的聚焦区域却比较粗糙，这充分说明了对机房图而言本节提出算法效果较好。从图 4.34 可以看出，由本节所提算法得出的右边差值图像里的边缘和数字更清晰，而其他的算法，或多或少的都丢失了一些细节信息，在图 4.34 (e) 中左半部分不平滑，包含了些许的边缘信息，图 4.34 (f) 中的左半部分不仅粗糙而且鬼影现象相当严重。因此本节所提算法得到的融合效果是最好的。

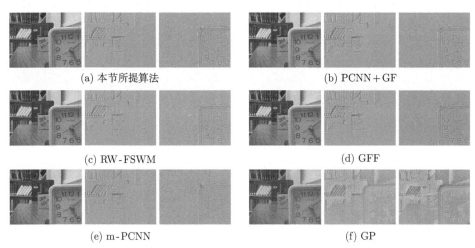

(a) 本节所提算法	(b) PCNN+GF
(c) RW-FSWM	(d) GFF
(e) m-PCNN	(f) GP

图 4.34　书房图的融合图像和差值图像

　　在图 4.35 中，本节所提算法与 PCNN+GF 得到的中间的差值图像的下半部分比其他的图像要平滑，而且图 4.35 (c)、图 4.35 (e)、图 4.35 (f) 的中间差值图像的下半部分是相当粗糙的，与所有的对比算法相比，本节所提算法

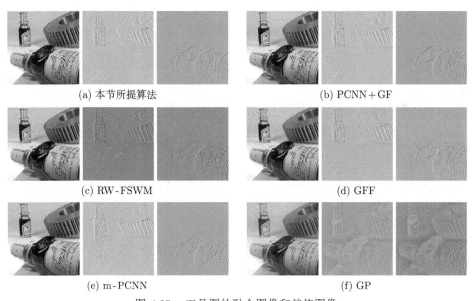

(a) 本节所提算法	(b) PCNN+GF
(c) RW-FSWM	(d) GFF
(e) m-PCNN	(f) GP

图 4.35　工具图的融合图像和差值图像

得到的差值图像非聚焦区域，也就是中间差值图像的上半部分包含的信息量更多，边缘也更清晰。也就是说，本节算法的融合效果优于其他的对比算法。观察图 4.36，可以发现中间的差值图像 (图 4.36 (a) 和 (d)) 的右半部分更平滑，然而，该部分在图 4.36 (b) 和图 4.36 (c) 就显得有点粗糙。而图 4.36 (e) 和图 4.36 (f) 在聚焦区域不仅不平滑而且包含了太多的信息，在图 4.36 (f) 中，这些信息还相当模糊。

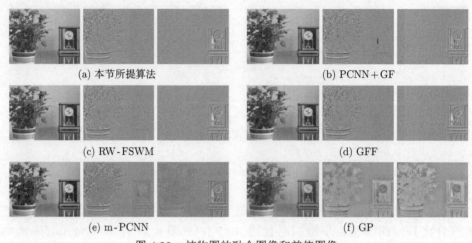

图 4.36　植物图的融合图像和差值图像

对于图 4.37 来说，图 4.37 (a)～(d) 中间那幅图像的右半部分都很平滑，图 4.37 (a) 的左半部分却是信息最丰富边缘细节最清晰的，本节所提算法在杂

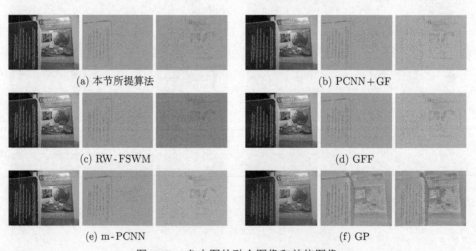

图 4.37　杂志图的融合图像和差值图像

志图融合时的表现是最好的。图 4.38 (a)、图 4.38 (b)、图 4.38 (d) 和图 4.38 (e) 的右边那幅差值图像的左半部分很平滑，即这四幅图在聚焦区域提取的信息量比较多，图 4.38 (c) 中有一小部分区域没能充分地提取聚焦信息，表现出不平滑，很明显，图 4.38 (f) 不仅没有提取足够的聚焦信息，而且有很严重的模糊现象存在。

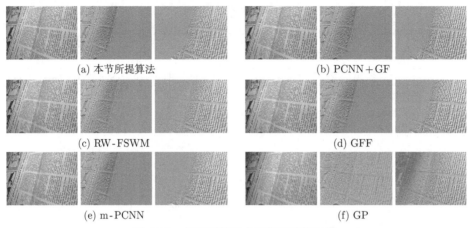

(a) 本节所提算法	(b) PCNN＋GF
(c) RW-FSWM	(d) GFF
(e) m-PCNN	(f) GP

图 4.38　报纸图的融合图像和差值图像

从视觉上看，有些算法得到的融合结果相差很大，有些融合结果极其相似，难以区分，所以实验依然运用客观评价指标进行分析。不同的融合算法对应的客观评价指标值如图 4.39～ 图 4.44 所示。在图 4.39 和图 4.40 中，可以发现，本节所提方法得到的 Q_{G} 值比 PCNN＋GF、RW-FSWM 和 GFF 得到的值大。也就是说，本节所提算法得到的机房图和书房图的融合图像边缘信息相比于使用

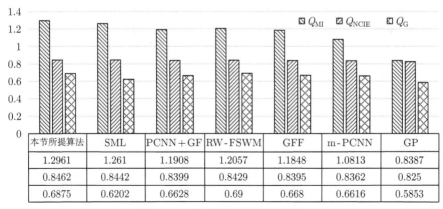

	本节所提算法	SML	PCNN＋GF	RW-FSWM	GFF	m-PCNN	GP
Q_{MI}	1.2961	1.261	1.1908	1.2057	1.1848	1.0813	0.8387
Q_{NCIE}	0.8462	0.8442	0.8399	0.8429	0.8395	0.8362	0.825
Q_{G}	0.6875	0.6202	0.6628	0.69	0.668	0.6616	0.5853

图 4.39　机房图的客观评价指标

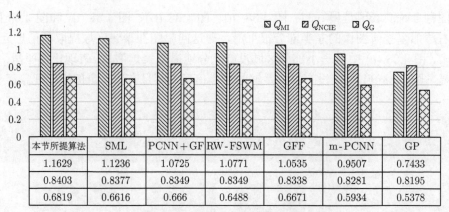

图 4.40　书房图的客观评价指标

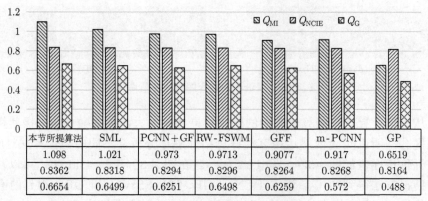

图 4.41　工具图的客观评价指标

RW-FSWM 更清晰,然而从源图像中提取的信息却比较少。在图 4.42 中,RW-FSWM 和 GFF 得到的 Q_G 的值一样大,而对应的 Q_{MI} 和 Q_{NCIE} 却是后者比前者大,这说明 GFF 得到的融合图像比 RW-FSWM 的融合图像从源图像中提取的信息量更多,并且它们的保边效果是一样的。从图 4.41 中,很容易看出由 GFF 得到的 Q_G 的值比较大并且其对应的 Q_{MI} 和 Q_{NCIE} 却比 m-PCNN 小,这也充分地证明了 GFF 良好的保边平滑特性。上面的分析表明不同的算法对于不同的图像处理效果不同,但是,总的来说,本节提出算法对 6 组实验图片上的融合效果是最好的,并且在图 4.39~ 图 4.44 中 3 个客观评价指标的值也是最大的。

从上面的分析可知,本节提出算法在主观视觉及客观评价指标上均优于其他的对比融合算法,这也充分地说明,同时使用 RW 和引导滤波器对图像的权重进行优化充分地利用了二者的优良特性,从而极大地改善了图像的融合质量。

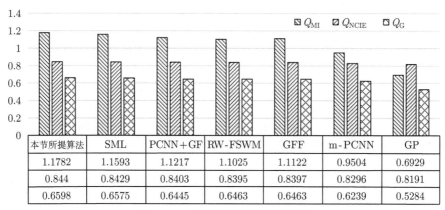

本节所提算法	SML	PCNN+GF	RW-FSWM	GFF	m-PCNN	GP
1.1782	1.1593	1.1217	1.1025	1.1122	0.9504	0.6929
0.844	0.8429	0.8403	0.8395	0.8397	0.8296	0.8191
0.6598	0.6575	0.6445	0.6463	0.6463	0.6239	0.5284

图 4.42　植物图的客观评价指标

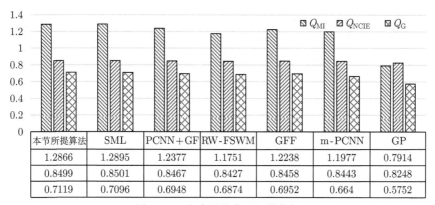

本节所提算法	SML	PCNN+GF	RW-FSWM	GFF	m-PCNN	GP
1.2866	1.2895	1.2377	1.1751	1.2238	1.1977	0.7914
0.8499	0.8501	0.8467	0.8427	0.8458	0.8443	0.8248
0.7119	0.7096	0.6948	0.6874	0.6952	0.664	0.5752

图 4.43　杂志图的客观评价指标

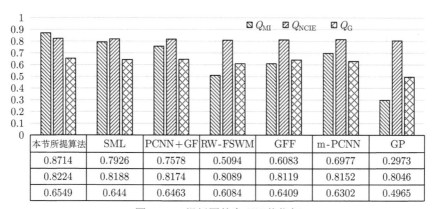

本节所提算法	SML	PCNN+GF	RW-FSWM	GFF	m-PCNN	GP
0.8714	0.7926	0.7578	0.5094	0.6083	0.6977	0.2973
0.8224	0.8188	0.8174	0.8089	0.8119	0.8152	0.8046
0.6549	0.644	0.6463	0.6084	0.6409	0.6302	0.4965

图 4.44　报纸图的客观评价指标

参 考 文 献

[1] 张军英, 卢涛. 通过脉冲耦合神经网络来增强图像 [J]. 计算机工程与应用, 2003, 39(19): 93 - 95, 127.

[2] Li S T, Kang X D, Hu J W. Image fusion with guided filtering[J]. IEEE Transactions on Image Processing, 2013, 22(7): 2864 - 2875.

[3] Wang Z B, Ma Y W, Gu J. Multi-focus image fusion using PCNN[J]. Pattern Recognition, 2010, 43(6): 2003 - 2016.

[4] Qu X B, Yan J W, Xiao H Z, et al. Image fusion algorithm based on spatial frequency-motivated pulse coupled neural networks in nonsubsampled contourlet transform domain[J]. Acta Automatica Sinica, 2008, 34(12): 1508 - 1514.

[5] Wang Z B, Wang S, Zhu Y. Multi-focus image fusion based on the improved PCNN and guided filter[J]. Neural Processing Letters, 2017, 45(1): 75 - 94.

[6] Burt P J. A gradient pyramid basis for pattern-selective image fusion[C]. Proceedings of the Society for Information Display Conference, Hiroshima, 1992: 467-470.

[7] Hua K L, Wang H C, Rusdi A H, et al. A novel multi-focus image fusion algorithm based on random walks[J]. Journal of Visual Communication and Image Representation, 2014, 25(5): 951 - 962.

第 5 章　拼接缝图像融合

5.1　图 像 拼 接

随着人们对图像质量要求的提高，如何获得视角较大、分辨率较高的图像已成为摆在人们眼前的一个问题。目前，获得这种图像的办法主要有两种：一是通过固定照相机的转轴，绕轴旋转进行拍摄；二是固定照相机的光心，水平或垂直移动镜头进行拍摄 [1]。由于定点摄影设备拍摄的范围总是有限的，为了把这些图片组合成一张视角较大、分辨率较高的图像，本章有必要进行图像拼接技术的研究。

作为数字图像处理领域的一个重要分支，图像拼接技术是指将多张具有重叠区域的图像叠加，进而形成大视角、高分辨率图像的过程 [2]。图像拼接技术使得多幅具有一定相关性的影像相互融合，在成像设备有一定局限的前提下有效地提升了单幅图像所包含的信息量，进而降低了全景图像的获取成本，在一定程度上扩大了全景图像的应用范围。

近年来，图像拼接技术被广泛地应用于遥感成像、航空航天、水下探测、虚拟现实 (virtual reality, VR)、医学影像等领域。在遥感成像方面，由于传感器的成像范围有限，只能获取部分区域的图像，为了将多幅具有重叠区域的遥感图像合成为一幅全景图像，就需要应用图像拼接技术，以方便对遥感结果的观测和分析。天气预报中显示的遥感云图、国土资源监测的遥感影像资料就是基于图像拼接技术制作而成的。在航空航天方面，图像拼接技术将航空器所拍摄的多幅具有重叠区域的影像组合为一整张较大的影像，进而有利于驾乘人员准确、方便地了解航空器周围的环境，确保航行安全。此外，通过图像拼接技术绘制的全景航拍图像能科学、准确地了解航空器所经地区的地貌特征 [3,4]，著名的"谷歌地球"就是运用了图像拼接技术完成了全球影像资料的构建。在水下探测方面，有人将图像拼接应用于水下图像处理 [5,6]，从而能更完整地展示声呐在水下的成像，以利于对水下环境的分析。在虚拟现实方面，图像拼接技术有利于获得更大视角的背景，以便更真实地模拟现实环境，为用户带来更好的视觉效果，现在市面上发售的各类"VR 眼镜"就是基于图像拼接技术实现的成像。在医学影像方面，图像拼接技术可以将具有重叠区域的图像组合为一体，这样可以方便地确定病灶的位置并给出治疗方案 [7,8]，该技术已被广泛地应用于 X 光成像、核磁共振成像、CT 成像技术中。此外，在需要合影的重要场合图像拼接技术可以方便地完成多人合影，这有利于降低拍摄成本，提升工作效率。

随着社会的不断进步，成像设备逐步向小型化、普及化发展，与此同时，人们对影像视角和分辨率也有越来越高的要求，不仅要求图像清晰，还要求图像具有较高的分辨率和特定的拍摄视角。当已有设备无法满足这些要求时，人们便希望外部的技术能解决这一问题。因此，在未来的一段时间，图像拼接技术的应用范围将进一步拓展，并将在安防监控、军事国防、无人机侦察、地理与信息系统等领域有更深入的应用。

5.1.1　拼接流程

由于各类图像在拍摄获取的场景多种多样，目前尚没有一种可以适用于所有图像的拼接技术。但就拼接技术而言，所有拼接技术的流程大致相同。图像拼接的流程主要包括 3 个步骤，分别是预处理、图像配准和图像融合。图 5.1 为图像拼接的主要流程。

图 5.1　图像拼接的主要流程

1. 预处理

对图像进行预处理的目的是尽可能地便于后续拼接，排除对后续拼接不利的因素，如噪声、畸变等。所以在此阶段通常对图像进行去噪、边缘检测、滤波和畸变校正等。如今图像获取设备性能不断提高，获取的待拼接图像质量也越来越高，很多场合也可以不进行预处理。

2. 图像配准

图像配准技术指的是将同一地域或物体通过不同时期、不同视角或不同传感器获得的图像进行叠加的过程[9]，它可以是单模态或多模态，刚性或非刚性配准。图像拼接过程中的图像配准主要是单模态、刚性配准。在图像拼接过程中，图像配准的主要目的是找到待拼接图像对应的特征关系，并将它们变换至同一坐标系下，通过寻找两幅图像特征点的位置关系，完成两幅图像中重叠区域的叠加。图像配准作为拼接过程中最关键的一步，其精度基本决定了最终的拼接质量。

3. 图像融合

由于待拼接的两幅图像的摄影环境可能有所不同,拼接的图像之间可能存在亮度差异或色差,使用图像融合技术可以消除或隐藏这些差异,进而实现无缝拼接。可见图像融合的优劣会直接影响拼接结果的视觉效果。

一幅较好的拼接图像应该具备效果清晰、边缘平滑、分辨率高的特点,且不能因为图像拼接而丢失主要信息。然而,想达到这一目标未必那么容易。通过分析图像拼接技术的流程、主要方法和应用现状,可以发现图像拼接面临的挑战主要集中于以下几方面。

(1) 如果待拼接的两幅图像之间既有平移,又有旋转和尺度变换,甚至有畸变等情况,图像配准的过程就比较复杂,且不易获得较好的结果。

(2) 在整个图像的拼接过程中,如何选取图像融合方法才能让拼接后的图像尽量无缝,并有较好的分辨率。

(3) 在图像能够配准的情况下,尽量使时间消耗和误差范围达到平衡,即如何尽量地减少配准的误差,以及在误差允许的范围内,如何控制配准的计算量,达到快速计算的目的。

5.1.2 图像配准

图像配准技术主要分为单模态和多模态、刚性和非刚性配准。图像拼接过程中的图像配准主要是单模态、刚性配准,它通过对图像进行仿射变换来提取特征点,并将待拼接的图像变换到同样的坐标系中。和一般应用于医学、遥感的图像配准不同,图像拼接中的配准图像一般采自同类传感器的不同视角,也就是说,这类配准图像一般有相似的形态,也有一定的重叠区域,但并不完全重合。而且,图像拼接中的图像配准需要为后续的去缝服务。所以,在图像拼接中,图像配准并不是目的,而是达到目的 (完成对图像的拼接) 的手段。

对于两幅给定的图像 $I_1(x, y)$ 和 $I_2(x, y)$,其重叠区域 Ω_1 和 Ω_2 中的某个点对应为 (x, y),图像配准需要求得一个映射 $T: \Omega_1 \to \Omega_2$,使得某一个图像被映射到另一个图像后,两幅图像的相似度 $C(T; I_1, I_2)$ 最大。

图像拼接过程中的图像配准一般由基于区域和基于特征两类方法组成。首先,基于区域的方法一般直接利用图像的像素属性。为了实现这类图像配准,需要在待配准图像中找到一个子图,并比较该子图与参考图像下相同大小的图像块的相似度,相似度最高的两个子图的中心点往往被设置为特征点。然后,通过特征点求得变换模型,就可以完成配准。相似度的量度一般采用与图像仿射变换特性有关的变量,如灰度差的绝对值、协方差等;变换域上的一些属性也在某些情形下被采用,如通过拉普拉斯变换、WT 等获得的某些结果。这类算法的总体特征是实现简单,运算量大,但配准精度一般不高,因而它不太适合配准彼此之间存在较大形变的图像。基于特征的图像配准方法并不直接利用图像的像素值，而是通过像素或其他属性取得图像特征。这种方法通常按下列步骤进行：首先，从两幅图像中分别提取特征，这里的特征一般是指类似于点、线段、闭合曲线、目标的轮廓、区域等的空域特征；然后，通过相应的算法匹配有关特征，根据匹配结果获得特征点的描述子；最后，通过找到的特征点求出变换矩阵的各项参数。与基于区域的方法相比，基于特征的方法往往有较高的鲁棒性，对图像的仿射变换不太敏感，能够配准通过不同设备获取的同一物体的图像[10]。目前，基于特征的图像配准方法已成为图像配准方面研究的重点和热点。下面介绍几种较为典型的图像配准方法。

1. 基于区域的图像配准

1) 像素匹配算法

像素匹配算法是图像配准中最为基础的算法。基本的像素匹配算法在源图像的重叠区域选取一小块作为模板，并在另一源图像上平移，同时比较模板覆盖区域与模板的相似度，取相似度较大者作为配准时的基准。例如，严大勤和孙鑫[11]就采用了这一方法。设参考图像 I_1 与另一幅图像 I_2 的重叠区域分别为 Ω_1、Ω_2，大小为 $X \times Y$，则相关度 E 可以表示为

$$E = \sum_{x=1}^{X} \sum_{y=1}^{Y} |\Omega_1(x,y) - \Omega_2(x,y)| \tag{5.1}$$

显然，这样的操作使得计算量很大。为了减少计算量，可以利用同名区域对[12]将搜索局限于一定的范围，也可以将搜索范围扩大[13,14]。此外，也有运用比值法[15]或协方差[16]进行配准的算法。然而这一类算法往往比较机械，它们只能选取图像中的一小块，通过一定的指标进行比较，难以适应图像中存在仿射变换的情况。而现实中获取的图像之间大多既有平移，又有旋转和尺度变换，甚至有畸变等，此时这样的算法就无法满足对配准精度的要求了。图 5.2 为源图像组。图 5.3 显示了利用基本的像素匹配算法对图 5.2 进行配准并完成拼接的结果，可见该算法拼接的图像在下部基本连续，而越往上看越显得失真。这说明，该算法只能使图像的一部分较好地拼接，而不能保证整个图像的拼接质量。

2) 基于互信息量的图像配准算法

互信息量又称为交互信息，是两个变量的相关性的量度[17]。互信息量可以认为具有以下两层含义：一是指一个随机变量中包含的关于另一个随机变量的信息量；二是指一个随机变量由于另一个随机变量已知而减少的不确定性。一般而言，若两个变量具有很强的相关性，则它们之间的互信息量很大；若两个变量彼此相互独立，则它们之间的互信息量为 0。近年来，互信息量被广泛地应用于图像配

准[18-20]、图像搜索[21,22]、模式识别[23] 和图像拼接[7] 中。1995 年 Collignon 等[24]
首次提出了基于互信息的图像配准算法，1997 年 Viola 和 Wells[25] 又在此基础
上提出了改进算法。两幅图像 I_1 和 I_2 的互信息量可以用式 (5.2) 表示：

$$\mathrm{MI}(I_1, I_2) = \sum_{I_1, I_2} P(I_1, I_2) \lg \left(\frac{P_{I_1, I_2}(I_1, I_2)}{P_{I_1}(I_1) P_{I_2}(I_2)} \right) \tag{5.2}$$

式中，$P_{I_1, I_2}(I_1, I_2)$ 为联合概率密度；$P_{I_1}(I_1)$ 和 $P_{I_2}(I_2)$ 为边缘概率密度。

(a)   (b)

图 5.2 源图像组

图 5.3 利用基本的像素匹配算法完成图像拼接

在基于互信息量的图像配准中，待配准的两幅图像被视为变量，其相似度
被视为变量的相关性。依据式 (5.2)，它们的相关性 (图像相似度) 越高，互信
息量的值也越大。此时，图像配准问题就转变为一个寻找最大互信息量的问题。
这种图像配准法具有配准精度高、人工干预少、可靠性高等特点，但计算过程
较为烦琐，且鲁棒性往往不强，难以适应图像中存在仿射变换的情况。为了改进
互信息量的配准方式，业内提出了一些基于互信息量的概念，如 α-MI[20]、归一
化互信息量 (normalized mutual information，NMI)[26]、局部互信息量 (localized
mutual information，LMI)[27] 等。

3) 基于拉普拉斯金字塔的图像配准算法

拉普拉斯金字塔是一个所有图像都源于一幅图像的图像集合，它通过连续下采样源图像获得。Burt 和 Adelson [28] 最先提出基于多分辨率分解的拉普拉斯金字塔算法，其大致流程如下：首先，对源图像 I_0 进行降采样 (需隔行、隔列进行)，得到高一层的低通滤波图像 I_1，其中，第 I_1 层图像的像素值对应着前一层图像的加权平均值。经过反复迭代，可以得到低通滤波图像序列 $I_0, \cdots, I_n$。其中，第 l 层图像 I_l 的像素定义见式 (5.3)：

$$I_l(x,y) = \sum_{i=1}^{5}\sum_{j=1}^{5} G_l(2x+i, 2y+j, \sigma) \tag{5.3}$$

$G(i,j,\sigma)$ 称为生成核或高斯核，它必须受以下条件 (5.4) 的约束：

$$\sum_{i=-2}^{2}\sum_{j=-2}^{2} G(i,j)I_{l-1}(x-2^l i, y-2^l j) = 1 \tag{5.4}$$

两层高斯滤波图像的差即为带通滤波图像层，它们构成拉普拉斯金字塔。此时，要将低分辨率图像扩展到高分辨率图像的尺度。对待拼接图像进行拉普拉斯金字塔分解得到 L_A 和 L_B，则可以按照某种原则对 L_A 和 L_B 进行合成，得到融合图像金字塔 L_C，对 L_C 再次扩展、叠加得到图像拼接的最终结果。

2. 基于特征的图像配准算法

1) 角点检测算法

一般将二维图像中亮度有很大变化或图像边缘曲线上的曲率存在极大值的点称为角点 [29]。一般而言，角点产生于两条或多条相对直线交叉的区域 [30]，具有旋转不变性，几乎不受光照条件的影响。通过角点中包含的可以表现图像的局部特征的信息量，本节能够获得质量较高的配准图像。因此，角点成为图像中重要的局部特征之一，它的上述特性使得图像处理中经常采用角点进行目标识别和特征定位。角点检测算子以 Förstner 算子 [31]、Moravec 算子 [32] 和 Harris 算子 [33] 三者最为常见。

Förstner 算子是一种点定位算子，其特点是速度快、精度较高，但计算较为复杂。该算法通过像素周围的梯度协方差矩阵 C 计算 q 和 w，见式 (5.5) 和式 (5.6)：

$$q = \frac{4\det(C)}{(\mathrm{trace}(C))^2} \tag{5.5}$$

$$w = \frac{\det(C)}{\mathrm{trace}(C)} \tag{5.6}$$

对于给定的阈值 T，若 $q > T$，则该像素点被视作一个候选特征点，再通过 w，找到该窗口中的极值点，并设置为特征点。候选最佳窗口是以该特征点为中心的窗口。

通过式 (5.7) 可以求得角点的坐标：

$$C \begin{bmatrix} x \\ y \end{bmatrix} = \begin{bmatrix} x \sum g_x^2 + y \sum g_x g_y \\ x \sum g_x g_y + y \sum g_y^2 \end{bmatrix} \tag{5.7}$$

Moravec 算子提出于 1977 年，它的优势是运算迅速、计算容易，但也有显著的不足：该算子较容易地检测出边缘的点及相对独立的点，在进行噪声抑制时的表现也有一定的提升空间。Moravec 算子的特征点一般是图像的四个主要方向上灰度方差最大 (或最小) 的点。某个选定的点一般被用来作为计算像素兴趣值的中心。在 $\omega \times \omega$ 的窗口中，分别计算水平 (V_1)、垂直 (V_2)、对角线 (V_3)、反对角线 (V_4) 方向相邻像素灰度差的平方和，并取最小者作为该像素的兴趣值 I_v，见式 (5.8)：

$$I_v(x, y) = \min(V_1, V_2, V_3, V_4) \tag{5.8}$$

候选特征点是兴趣值大于阈值 T 的点，特征点是候选点中兴趣值在一定范围内 (可以不同于兴趣值计算范围) 最大的像素点。

在总结了 Moravec 算子不足的基础上 Harris 改进了检测算子。当角点检测窗口 $w(x, y)$ 发生 (i, j) 移动时，Harris 角点检测算子 D 为

$$D(i, j) = \sum_x \sum_y w(x, y)[I(x + i, y + j) - I(x, y)]^2 \tag{5.9}$$

式中，$w(x, y)$ 为窗函数，设

$$M = \sum_x \sum_y w(x, y) \begin{bmatrix} I_x^2 & I_x I_y \\ I_x I_y & I_y^2 \end{bmatrix} \tag{5.10}$$

式中，I_x、I_y 是图像在 x 方向及 y 方向的梯度值。检测算子可以近似为

$$D(i, j) = \begin{bmatrix} i & j \end{bmatrix} M \begin{bmatrix} i \\ j \end{bmatrix} \tag{5.11}$$

角点检测响应 R 定义为

$$R = \det(M) - k(\mathrm{trace}(M))^2 \tag{5.12}$$

式中，k 一般取 0.04~0.06。对小于某一阈值 T 的 R 值置 0[34]。

在 3×3 或 5×5 的邻域内进行非最大值抑制，局部最大值点即为图像中的角点，再根据检测出的角点周围灰度信息进行匹配。图 5.4 是利用 Harris 算子进行图像角点检测的结果。

图 5.4   利用 Harris 算子进行图像角点检测的结果

实验证明，如果选择恰当的阈值 T，用 Harris 角点检测算法检测到边缘的连续性可以得到提高，这一结果有利于进行拼接的后续工作。但是，该检测算法也有一些不足，例如，T 的取值依赖于图像的属性，导致设定具体阈值时没有衡量尺度。另外，特征值较大的点往往集中分布于某些区域，故而检测到的角点并非均匀分布；而一旦阈值 T 被降低，尽管角点总体倾向于均匀、合理地分散于图像中，但此时的角点也出现了聚簇，会影响图像的后期处理[35]。

2) 尺度不变特征转换算法

尺度不变特征转换 (scale-invariant feature transform, SIFT) 算法由 Lowe 于 1999 年提出，最初被用于目标识别[36,37]。近年来，SIFT 算法也被用于图像配准[38-41]。SIFT 算法大致包含以下一些步骤。

首先，检测两个图像中灰度和尺度的极值，初步选定关键点。设二阶高斯核 $G(x, y, \sigma)$ 为

$$G(x, y, \sigma) = \frac{1}{\sqrt{2\pi}\sigma e^{\frac{x^2+y^2}{2\sigma^2}}} \tag{5.13}$$

图像 I 在不同尺度空间 σ 可以视为图像与高斯核的卷积：

$$L(x, y, \sigma) = G(x, y, \sigma) * I(x, y) \tag{5.14}$$

两个不同尺度的高斯核的差分是高斯差分 (difference of Gaussian, DoG) 算子，见式 (5.15)，该算子可以用来进行极值检测。

$$\mathrm{DoG}(x, y, \sigma) = (G(x, y, k\sigma) - G(x, y, \sigma)) * I(x, y)$$
$$= L(x, y, k\sigma) - L(x, y, \sigma) \tag{5.15}$$

对于每个 $L(x,y)$，关键点的梯度幅值与方向分别见式 (5.16) 和式 (5.17)：

$$\rho(x,y) = \sqrt{(L(x+1,y) - L(x-1,y))^2 + (L(x,y+1) - L(x,y-1))^2} \quad (5.16)$$

$$\theta = \arctan\left(\frac{L(x,y+1) - L(x,y-1)}{L(x+1,y) - L(x-1,y)}\right) \quad (5.17)$$

然后，旋转坐标轴，直到与特征点的方向重合，把特征点视作一个 8×8 窗口的中心，再将这个窗口分成四个 4×4 小块，在每个小块内分别计算八个方向的梯度方向直方图。累加每个梯度的方向值，就形成了可以产生特征描述子的种子节点。SIFT 的特征描述子是一个 128 维的矢量。最后，匹配特征点的描述子。

一般依据描述子的欧氏距离判定描述子的相似度，在一幅图像中选取某个特征点作为基准，通过遍历找到另一幅图像中的距离最近的两个特征点。在这种情况下，若次近距离与最近距离的比值比某个阈值小，则可以认为这对点是相互匹配的。图 5.5 是用 SIFT 算法对图 5.2 进行配准的算例。为了改进 SIFT，也有人提出了 PCA-SIFT 等算法[42]，以适应对速度的需求。

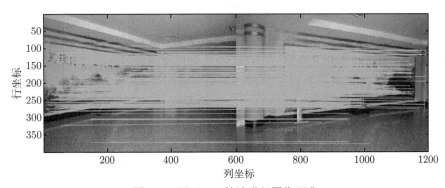

图 5.5 用 SIFT 算法进行图像配准

3) 加速鲁棒特征算法

加速鲁棒特征 (speeded up robust features, SURF) 算法最早由 Bay 等[43] 提出于 2006 年。SURF 算法是一个用来进行图像识别和描述的算法。近年来，张锐娟等[44] 基于 SURF 算法进行了图像配准，并获得了较好的效果。

SURF 算法的大致流程如下所示[45]。

首先，对图像进行积分。源图像左上角到任意一个点 (x,y) 相应区域灰度值 g 的总和构成了积分图像中点 (x,y) 的值 $I(x,y)$，见式 (5.18)：

$$I(x,y) = \sum_{i \leqslant x} \sum_{j \leqslant y} g(i,j) \quad (5.18)$$

$I(x,y)$ 可以由式 (5.19) 得出：

$$I(x, y) = I(x - 1, y) + S(x, y)$$
$$I(-1, y) = 0 \tag{5.19}$$

其中

$$S(x, y) = S(x, y - 1) + g(x, y)$$
$$S(x, -1) = 0 \tag{5.20}$$

通过积分图像，图像与高斯二阶微分模板的滤波转化成对积分图像进行加减的运算，进而简化了计算流程，缩短了计算时间。

SURF 使用黑塞矩阵侦测特征点，特征点是黑塞矩阵行列式的极大值或极小值。黑塞矩阵 $H(x, \sigma)$ 可以表示为

$$H(x, \sigma) = \begin{bmatrix} L_{xx}(x, \sigma) & L_{xy}(x, \sigma) \\ L_{xy}(x, \sigma) & L_{yy}(x, \sigma) \end{bmatrix} \tag{5.21}$$

L_{xx}、L_{xy}、L_{yy} 是图像在相应方向的二阶导数，该值可以经过高斯二阶梯度模板卷积之后得到。在 SURF 算法中，高斯二阶梯度模板可以用盒函数 (box function) 来近似。9×9 的盒函数被作为 SURF 最低的尺度，这个盒函数近似于 $\sigma = 1.2$ 的高斯滤波器。

下面建立特征描述子。SURF 的描述子应用了 Haar WT 的概念，积分图被用来简化描述子计算的过程。为了使特征点具有尺度不变性，SURF 的描述子计算特征点附近 6σ 半径像素的 x 方向、y 方向的 Haar WT，通过以特征点为中心的高斯函数对小波响应进行加权。

然后，将小波响应的值作图，以 $\pi/3$ 为一个区间，将区间内小波响应的 x 方向、y 方向的分量分别累加，得到一个矢量，在所有的矢量当中，模值最大者即为此特征点的方向。

一旦特征点的方向选定之后，其周围的像素点需要以此方向为基准建立描述子。此时，以 5×5 个像素点为一个子区域，在特征点周围 20×20 个像素点的 16 个子区域中，分别求出 x 方向、y 方向的 Haar WT 总和 $\sum \mathrm{d}x$、$\sum \mathrm{d}y$ 与其矢量模总和 $\sum |\mathrm{d}x|$、$\sum |\mathrm{d}y|$ 共四个量值，产生 64 维的描述子。

最后，仿照 SIFT 算法的做法进行特征匹配，并消除误匹配，就能实现图像配准。图 5.6 是用 SURF 算法对图 5.2 进行图像配准的算例。

相比于像素匹配或基于互信息量的算法，SIFT 算法及 SURF 算法的匹配较为准确，能够完成存在仿射变换的图像配准。不过，有实验证明，SURF 算法往往

快于 SIFT 算法 [46]，且在光照强度有较大变化时仍能较好地完成配准。但是，相比于 SIFT 算法，SURF 算法往往难以对有一定旋转的图像完成配准。通过对比图 5.5 和图 5.6，对于同样一组图像，SIFT 算法找到的特征点明显多于 SURF 算法。为了在速度和精确度之间获取平衡，Wang 等 [47] 提出了改进的 TSURF 法。近年来，也有一些新的特征描述子，如 KAZE、加速版 A-KAZE (accelerated KAZE)、学习不变特征变换 (learned invariant feature transform，LIFT) 等，它们主要继承了 SIFT 算法、SURF 算法的特征描述思想，但在此基础上又有所创新。例如，KAZE 描述子采用了非线性空间取代 SIFT、SURF 中的高斯空间；A-KAZE 主要采用二进制特征描述子，进而加快了运算速度；LIFT 描述子主要基于深度学习网络，计算时可以更加智能。这也是未来图像配准的一个发展方向。

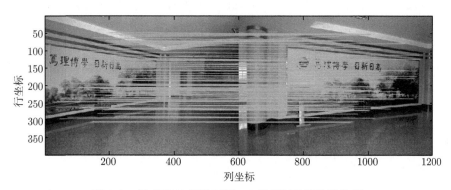

图 5.6　用 SURF 算法对图 5.2 进行图像配准的算例

5.2　图像拼接中的图像融合

图像融合技术是图像拼接中两种关键技术之一。其目标是通过适当的图像融合方法，去除拼接图像中的不和谐因素，使整个拼接结果看起来非常自然、协调。图像配准技术的优劣决定了图像拼接的位置精度；图像融合的效果决定了拼接结果的视觉质量。

5.2.1　拼接缝的产生

由于现实的图像在拍摄过程中往往存在对比度的差异，在图像配准完成后，往往要进行去缝。作为图像拼接中的一个重要环节，去缝不仅能使拼接后的图像更加美观，也能使图像中的信息更加完整、准确，进而改善图像的质量。

拼接缝去除技术可以看作一种特殊的图像融合技术。拼接图像的重叠区域通常在聚焦点、曝光度、对比度等方面具有一定差异，通过图像融合方法将拼接区域融合成无差异的图像，使整个拼接图像在曝光度、对比度等方面浑然一体看不出丝毫拼接的痕迹。

5.2.2　拼接缝的消除方法

目前，常用的拼接缝消除算法主要有像素加权算法、最优拼接缝算法和变换域融合算法。下面对这些算法进行介绍。

1. 像素加权算法

基于像素加权的去缝算法主要使用式 (5.22) 消除拼接缝[48]：

$$I(x,y) = aI_1(x,y) + (1-a)I_2(x,y) \tag{5.22}$$

式中，a 是一个介于 0 和 1 之间的系数；$I_1(x,y)$、$I_2(x,y)$ 指图像重叠区域 (x,y) 点的像素值。早先，a 是一个定值，但这样有时不能加强图像中感兴趣的部分。在实际操作中，a 的值是渐变的，当 a 由 1 变化到 0 时，两幅图像之间可以实现平滑过渡。a 的选取规则如下[49]：

(1) 若竖直位移不明显，图像在竖直方向上的像素变化不大，则 $a(x,y) = (l_w - x)/x_l$，其中，l_w 为 $I_1(x,y)$ 的图像宽度，x 为像素点的横坐标，x_l 为重叠区域上一行的长度。

(2) 若水平位移不明显，图像在水平方向上的像素变化不大，这时，$a(x,y)=(l_h-y)/y_l$，其中，l_h 为 $I_1(x,y)$ 的图像高度，y 为像素点的纵坐标，y_l 为重叠区域上一列的高度。

(3) 若既存在水平位移，又存在竖直位移，则 $a = \dfrac{l_w - x}{x_l}\dfrac{l_h - y}{y_l}$。

这样的加权算法总体上而言比较粗糙，有时会产生"鬼影"，不适用于对图像细节有较高要求的场合。

2. 最优拼接缝算法

最优拼接缝算法是在重叠区域中寻找最优拼接缝位置的算法。一般而言，较好的拼接缝能够将最终的图像分区，以至于两幅图像边界的不连续尽量减少。较好的拼接缝应位于重叠区域的像素灰度最低处，尽量地避开运动的物体或有明显视差的区域。

不同的最优拼接缝算法思路各异。该算法一般先从图像的像素值或梯度值入手，将它们视为权重，通过加权、迭代等一系列操作，最终获得一条最优的拼接缝 (通常是权重和最小的路径)[50-52]，进而尽量地减少拼接图像的不连续。

3. 变换域融合算法

变换域融合算法采取类似于图像融合的策略：首先将两幅图像的重叠区域进行相应的变换，使之在变换域内分解为多种层次；然后在变换域内分别应用相应的规则将两幅图像融合，使之合二为一；最后将融合后的图像通过对应的逆变换输出到源图像。

在通常情况下，这样的融合在频域内进行。由于图像的低频部分往往反映轮廓，高频部分往往反映细节，处理时一般对低频和高频的部分采取不同的融合策略。常见的变换有傅里叶变换、拉普拉斯变换、WT[5,53]、CVT[53,54]、ST[55,56] 等。

晁锐等[57] 介绍了一种基于 WT 的图像融合方法。该方法首先采用 WT 分解源图像，并选择适当的规则获得图像在各频段的决策表；然后，验证决策表的一致性，得到最终的决策表；根据决策表完成图像融合，并得到融合后的多分辨率表达式；再经由小波逆变换，获得融合完毕的图像。

首先，对图像进行小波分解。Mallat 提出了基于函数多分辨空间的 WT 快速算法[58]。在二维的情况下，设 $V_o^2(o \in Z)$ 是空间 $L^2(R^2)$ 的一个可分离多分辨分析，对每一个 $o \in Z$，尺度函数系 $\{\phi_{o,b_1,b_2}(b_1,b_2) \in Z^2\}$ 构成 V_o^2 的规范正交基；小波函数系 $\{\Psi_{o,b_1,b_2}^\epsilon(b_1,b_2) \in Z^2\}(\epsilon=1,2,3)$ 构成 $L^2(R^2)$ 的规范正交基。则对于二维图像 $I(x,y) \in V_o^2$，可用它在 V_o^2 空间的投影 $A_oI(x,y)$ 表示，见式 (5.23)：

$$I(x,y) = A_oI(x,y) = A_{o+1}I + K_{o+1}I + K_{o+1}^2I + K_{o+1}^3I \qquad (5.23)$$

式 (5.23) 满足式 (5.24)：

$$\begin{aligned} A_{o+1}I &= \sum_{b_1,b_2 \in Z} C_{o+1,b_1,b_2}\phi_{o+1,b_1,b_2} \\ K_{o+1}^\epsilon I &= \sum_{b_1,b_2 \in Z} K_{o+1,b_1,b_2}^\epsilon \psi_{o+1,b_1,b_2} \end{aligned} \qquad (5.24)$$

若 H 和 G 表示镜像共轭滤波器，则 H_r、G_r 表示 H 和 G 作用在行，H_c、G_c 表示 H 和 G 作用在列，小波分解可以用式 (5.25) 的形式简洁地表示为

$$\begin{aligned} C_{o+1} &= H_rH_cC_o \\ K_{o+1} &= H_rG_cC_o \\ K_{o+1}^2 &= G_rH_cC_o \\ K_{o+1}^3 &= G_rG_cC_o \end{aligned} \qquad (5.25)$$

WT 的重构算法为

$$C_o = H_r^*H_c^*C_{o+1} + H_rG_cK_{o+1} + G_r^*H_c^*K_{o+1}^2 + G_r^*G_c^*K_{o+1}^3 \qquad (5.26)$$

对于两幅源图像 I_1、I_2，经过 N 层的小波分解，可以分别得到相应的小波和尺度系数。下面需要选择每层的小波系数和尺度系数，得到融合图像 F 的多分辨

率分解。对于图像中的高频和低频部分，分别选取不同的方法进行融合。按照上面的融合方法可以得到图像 F 的多分辨分解。最终的融合图像 F 需要通过进行小波逆变换方可获得。

5.3 基于曲波变换的拼接缝融合算法

5.3.1 曲波变换

自然图像中含有大量的纹理特征，它们的曲线奇异性表现比较突出，使用 WT 无法达到最优的逼近。为了解决这一问题，Candes 和 Guo[59] 提出了脊波变换。该变换既能充分地考虑图像边缘的方向性和奇异性，也能有效地处理高维情况下的线状奇异性。然而，脊波变换不具有最优的非线性逼近误差衰减阶，这使得它对图像曲线边缘的描述逼近性能仅相当于 WT，造成了曲线奇异性仍旧是一个曲线，而不是一个点的现象。奇异性的小波表示将不是稀疏的，这给计算带来了困难。为寻求更好的表示方法，Candes 等于 1999 年提出了 CVT。

CVT 是一种多尺度、多层级的脊波变换[60]。第一代 CVT 对图像进行子带分解，通过不同大小的块来划分不同尺度的子带图像，使得每个块区域的线条都逼近为直线，并且在每一个小块内实行脊波变换。但是，第一代 CVT 较难通过数字方式实现，而且将会带来巨大的数据冗余。于是，Candes 等提出了快速离散曲波变换 (fast discrete curvelet transform, FDCT) 算法，即第二代 CVT。这些算法比原来的离散实现算法更加简单、快速，并且大大减少了传统实现算法的计算冗余。

任意一个均方可积函数 $f(x)$ 可以经过 CVT 映射到系数序列 $\alpha_\mu(\mu \in M)$，M 是 α_μ 的参数集。其中，2D 空间下的连续 CVT 定义如下：

设 x 是空域的一个变量，ω 是频域的一个变量，ρ 与 θ 分别是极坐标系下表示半径 (长度) 和方向角的变量，$W(\rho)$ 与 $V(\theta)$ 是表示半径和方向角的窗函数。$W(\cdot)$ 和 $V(\cdot)$ 有如式 (5.27) 所示的关系。

$$\sum_{u=-\infty}^{\infty} W^2(2^u\rho) = 1, \ 0.75 \leqslant \rho \leqslant 1.5$$
$$\sum_{u=-\infty}^{\infty} V^2(\theta - l) = 1, \ -0.5 \leqslant \rho \leqslant 1.5$$
(5.27)

对于任意 $u \leqslant u_0$，设 Q_u 是一个频域的窗函数，见式 (5.28)：

$$Q_u(\rho, \theta) = 2^{-3u/4} W(2^{-u}\rho) V\left(\frac{2\text{floor}(u/2)\theta}{2\pi}\right)$$
(5.28)

floor (x) 表示对 x 向下取整。由式 (5.28) 可知，实数值的曲波为 $Q_u(\rho,\theta) + Q_u(\rho,\theta+\pi)$。

$\hat{\phi}_u$ 是曲波的母函数，如式 (5.29) 所示，它表示在 2^{-u} 尺度下的曲波，由曲波母函数 ϕ_u 经过平移和旋转变化而来。

$$\hat{\phi}_u = Q_u(\omega) \tag{5.29}$$

在旋转角的等间隔序列 $(\theta_l = 2\pi \times 2^{-\text{floor}(u/2)}l, l \in Z^*)$ 中，位于 $x_k^{(u,l)} = R_{\theta l}^{-1}(2^{-u} \cdot k_1, 2^{-u/2}k_2)$ 处 $(k_1, k_2 \in Z)$ 具有 2^{-l} 尺度的曲波 ϕ 可以表示为

$$\phi_{u,k,l}(x) = \phi_u(R_{\theta l}(x - x_k^{(u,l)})) \tag{5.30}$$

式 (5.30) 满足式 (5.31)：

$$R(\theta) = \begin{bmatrix} \cos\theta & \sin\theta \\ -\sin\theta & \cos\theta \end{bmatrix} \tag{5.31}$$

曲波集合构成了一个紧标架，见式 (5.32)：

$$c(u,l,k) = <f(x), \phi_{u,l,k}(x)> = \int_{R^2} f(x)\overline{\phi_{u,l,k}(x)}\mathrm{d}x \tag{5.32}$$

研究表明，二阶 CVT 的前 Z 项非线性逼近能达到式 (5.33) 级别的误差 [60]：

$$||f(x) - Q_Z^B(f(x))||_2^2 \leqslant BZ^{-2}\log^{\frac{1}{2}}Z \tag{5.33}$$

CVT 是一种具有多分辨、带通、方向性特点的函数分析方法，若目标函数的曲线满足光滑奇异性，则它提供的表示方法稳定、高效且近乎最优。通过实验，不难发现，CVT 对二阶可导函数的逼近效果较好。由于自然图像的非直线部分较多，所以 CVT 适宜处理自然图像，因此得到了广泛应用 [61,62]。

为此，本节利用 CVT 程序包 Curvelab 对 CVT 的效果进行测试。此程序包可在 https://www.curvelet.org 上下载。图 5.7 是最基础的空域和频域的曲波图形。为了得到这一波形，需要将展示波形位置以外区域的曲波系数设为 0，展示波形区域的曲波系数设为 1，并进行伴随 CVT。

图 5.8 是利用 CVT 消除图像中的噪声的实验，其中，图 5.8 (a) 为源图像，图 5.8 (b) 为增加随机噪声后的图像，图 5.8 (c) 为利用 CVT 消除噪声后的结果。

图 5.9 是利用 CVT 进行图像部分重构的实验，其中，图 5.9 (a) 为源图像，图 5.9 (b) 为部分重构后的结果。

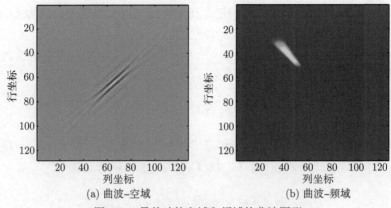

(a) 曲波–空域　　　　　　　　　　(b) 曲波–频域

图 5.7　最基础的空域和频域的曲波图形

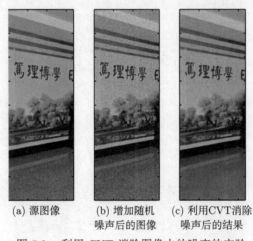

(a) 源图像　　(b) 增加随机　　(c) 利用CVT消除
　　　　　　　噪声后的图像　　噪声后的结果

图 5.8　利用 CVT 消除图像中的噪声的实验

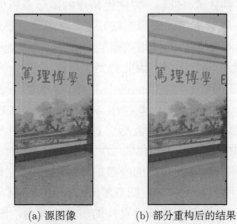

(a) 源图像　　　　　(b) 部分重构后的结果

图 5.9　利用 CVT 进行图像部分重构

5.3.2　拼接缝融合

本节提出的基于 CVT 的拼接缝图像融合算法的流程如图 5.10 所示。假如两幅图像已经完成配准,此时有必要消除拼接缝,以实现图像之间的平滑过渡。

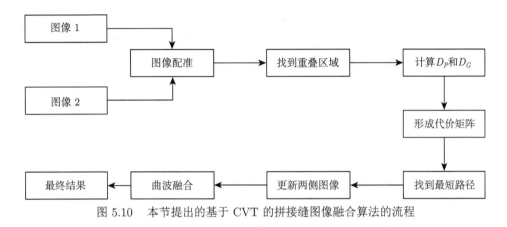

图 5.10　本节提出的基于 CVT 的拼接缝图像融合算法的流程

以往拼接缝去除主要依赖于像素加权,但这样的加权方式显得较为机械,无法满足"无缝拼接"的要求。因此,本节提出拼接缝融合的方式。

人眼能敏锐地感知图像的变化。如果图像有明显的边缘,那么图像在边缘处的像素值也会有显著的变化。在一个未消除拼接缝的拼接图像中,拼接缝位置会有显著的边缘效果,故而也会伴随着像素值的变化。

对于一个函数 $h(x, y)$,其梯度值定义如式 (5.34) 所示。

$$\text{grad } h(x, y) = \frac{\partial h(x, y)}{\partial x} i + \frac{\partial h(x, y)}{\partial y} j \tag{5.34}$$

式中,i 是 x 方向;j 是 y 方向的单位矢量。在实际计算时,图像的梯度大致由式 (5.35) 给出:

$$
\begin{aligned}
gr_{1x}(x, y) &= \Omega_1(x + 1, y) - \Omega_1(x, y) \\
gr_{1y}(x, y) &= \Omega_1(x, y + 1) - \Omega_1(x, y) \\
gr_{2x}(x, y) &= \Omega_2(x + 1, y) - \Omega_2(x, y) \\
gr_{2y}(x, y) &= \Omega_2(x, y + 1) - \Omega_2(x, y) \\
gr_1 &= G_{1x} + G_{1y} \\
gr_2 &= G_{2x} + G_{2y}
\end{aligned}
\tag{5.35}
$$

先计算 D_P，如式 (5.36) 所示。D_P 指两幅图像重叠区域的像素值 Ω_1、Ω_2 的差与其最大值比值的绝对值。

$$D_P = \left| \frac{\Omega_1(x,y) - \Omega_2(x,y)}{\max(\Omega_1(x,y), \Omega_2(x,y))} \right| \tag{5.36}$$

仿照 D_P，再计算 D_G，如式 (5.37) 所示。D_G 指两幅图像重叠区域的梯度值 gr_1、gr_2 的差与其最大值比值的绝对值。

$$D_G = \left| \frac{gr_1(x,y) - gr_2(x,y)}{\max(gr_1(x,y), gr_2(x,y))} \right| \tag{5.37}$$

寻找重叠区域的映射关系，见式 (5.38)。

$$[k \quad b] = (\omega_1^{\mathrm{T}} \Omega)^{-1} \Omega_1^{\mathrm{T}} \Omega_2 \tag{5.38}$$

对 D_P、D_G 按照式 (5.39) 进行加权：

$$D = aD_G + (1-a)D_P \tag{5.39}$$

式 (5.39) 满足式 (5.40)：

$$a = (|\log(k)| + |b|)^2 \tag{5.40}$$

此时，将 D 视为代价矩阵，D 中的值视为权重，利用最短路径算法找到穿过重叠区域的最短路径，并将结果更新到 Ω_1。

最后，利用 CVT 将两重叠区域 Ω_1、Ω_2 进行融合，得到最终的结果。

利用 CVT 进行图像融合的主要步骤如下所示。

首先，读取图像，对图像进行 CVT，分离高频和低频的分量。

然后，对高频、低频部分分别选择不同的融合方式。对低频部分，主要采用加权法；对高频部分，主要采用取最大值法。这是因为低频部分一般反映图像的轮廓，而高频部分往往反映图像的细节。对于低频部分，由于权重系数可调，这一融合规则可以消除部分噪声，具有较大的适用范围，使源图像信息损失减少，并使得图像对比度下降；而对于高频部分，融合结果能使源图像的特征不受过度的损失，图像对比度与源图像相比也没有太大的变化。在高频中，CVT 采取的操作本质上是将图像的全部信息集中到包含大幅值的系数中。这些包含大幅值的曲波系数含有的能量远比其他系数所含有的能量大，进而这些系数在图像的重构中起的作用远大于其他系数。

从实际情况分析，对于需要拼接缝融合的图像，本节主要希望它在重叠区域的总体亮度差异减少，而尽量地保留重叠区域中原始特征的面貌，尤其是图像的细节。

假如 Low_1 与 Low_2 分别代表 Ω_1 和 Ω_2 的低频部分，High_1 与 High_2 分别代表高频部分，则有式 (5.41) 和式 (5.42)：

$$\text{Low} = a\text{Low}_1 + (1-a)\text{Low}_2 \tag{5.41}$$

$$\text{High} = \max(\text{High}_1, \text{High}_2) \tag{5.42}$$

最后，将融合后的图像利用曲波逆变换进行重构，并放回原全景图像中。

5.3.3　实验结果与分析

实验图片采用自行拍摄的三组 RGB 彩色图片，每组 2 张，均为左右两部分，JPG 格式，压缩为 1200 像素 ×798 像素，分别为大厅图 (命名为 cise)、铁路图 (命名为 rail)、教室内部图 (命名为 classroom)。图 5.11～ 图 5.13 为实验的三组图片，图中 (a) 是左侧图像，(b) 是右侧图像，所有图像利用 SURF 算法完成配准。在去缝阶段，当用均值法融合图像时，$a = 0.5$。

(a)　　　　　　　　　　　　　　　　(b)

图 5.11　实验图像 cise

(a)　　　　　　　　　　　　　　　　(b)

图 5.12　实验图像 rail

(a)　　　　　　　　　　　　　　　　　(b)

图 5.13　　实验图像 classroom

1. 实验结果

图 5.11 ~ 图 5.13 的拼接结果分别如图 5.14 ~ 图 5.16 所示，其中，(a) 表示未经过拼接缝融合的拼接图像；(b) 表示用像素加权 [49] 后的拼接缝融合结果；(c) 表示仅用小波融合 [57] 拼接缝融合的结果；(d) 表示仅用曲波融合 [54] 拼接缝融合的结果；(e) 表示只用最优拼接缝算法 [63] 拼接缝融合的结果；(f) 是本节所提算法的结果。方框内为两幅图像的大致重叠区域，箭头为原始的拼接缝。

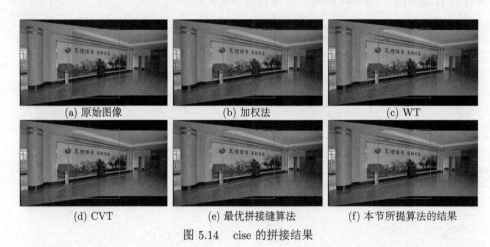

(a) 原始图像　　　　　　　　(b) 加权法　　　　　　　　(c) WT

(d) CVT　　　　　　　(e) 最优拼接缝算法　　　　　(f) 本节所提算法的结果

图 5.14　　cise 的拼接结果

由于两幅图像在拍摄时有明显的光照变化，且没有进行去缝处理，这三组拼接图像的 (a) 图都带有明显的拼接缝，具体表现为在两幅图像交界处有一道明显的拼接缝。拼接缝既影响了视觉体验，也影响了图像中信息的准确传达。在 (b) 图中，拼接缝在总体程度上变得很不明显，但仍然存在。而且，在图 5.15 (b) 和图 5.16 (b) 中，可以明显地看到局部的"鬼影"，如椭圆框所示。究其原因，可能是图像配准时出现了一定的偏差。这说明，像素加权法虽然可以消除拼接缝，但也有其局限性。

通过 WT ((c) 图) 和 CVT ((d) 图)，拼接缝对图像质量的影响被明显地降低了，但在图 5.16 (c) 和 (d) 中，仍能明显看到"鬼影"，如椭圆框所示。这说明有时仅凭变换域的融合也难以构建无缝的拼接图像。通过最优拼接缝法 ((e) 图)，拼接缝进一步被消除。而在本节所提算法中，拼接缝几乎看不到了。从以上分析看出，在不考虑"鬼影"的情况下，如果观察者对拼接缝的容忍度较高，则子图 (b) 可以认为达到了"无缝"拼接。但是，若与子图 (c)~(f) 中的任意一个结果相比，其效果还是存在一定的差异。通过以上直观的观察和分析可知，在以上几种算法中，本节所提的拼接缝融合算法基本上实现了图像的"无缝拼接"。

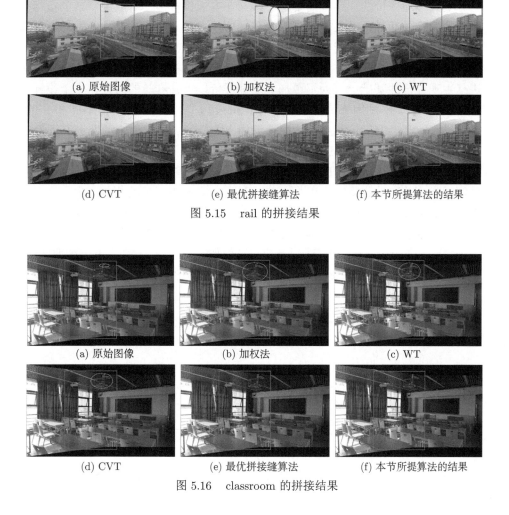

(a) 原始图像　　　　　　(b) 加权法　　　　　　(c) WT

(d) CVT　　　　　(e) 最优拼接缝算法　　　　　(f) 本节所提算法的结果

图 5.15　rail 的拼接结果

(a) 原始图像　　　　　　(b) 加权法　　　　　　(c) WT

(d) CVT　　　　　(e) 最优拼接缝算法　　　　　(f) 本节所提算法的结果

图 5.16　classroom 的拼接结果

2. 对实验结果的客观评价

图像质量评价是图像处理中的重要一环。它可以提供衡量图像品质优劣的尺度，也可以协助改进图像处理的流程。在进行图像质量评价时，首先需要了解图像的性质和特点，其次进行分析和研究，最后根据研究的结果测试出图像的失真程度，并通过一定的指标反映图像的好坏[64]。图像质量评价主要由主观评价和客观评价两种方式组成[65]。主观评价只涉及人做出的定性评价，它要求测试人员先观察图像，再通过自己的感受定性地评价图像质量的好坏[66]。该方法是建立在统计意义上的，在主观评价中，往往需要设计实验令测试者评价图像的质量，其评价结果受测试者、测试环境等外部因素影响较大，为了保证图像主观评价在统计上有意义，参加评价的观察者需要足够多。在客观评价中，一般用特定的指标衡量图像的质量，其评价结果受外部因素影响较小，且同种方法对同一幅图像的评价结果一般不会有显著的变化。

图像质量客观评价的方法可以分为全参考、部分参考和无参考三种。在对图像进行主观评价的基础上，为了更加客观地评价以上各实验的结果，本节设计一些评测实验。首先，利用峰值信噪比 (peak signal-to-noise ratio，PSNR) 和 SSIM 对图像进行评测，然后，利用原始拼接缝周围的像素对拼接后的图像进行评价。

1) 基于 PSNR 和 SSIM 的图像评价

在信号处理领域，PSNR 是一种表示信号最大可能功率和影响它的表示精度的破坏性噪声功率的比值的术语[67]。PSNR 是一种全参考评价指标，由于许多信号都有非常宽的动态范围，PSNR 常以对数分贝的形式表示。PSNR 经常作为对信号重构质量的测量方式，尤其是在图像压缩领域中。一般而言，PSNR 通过均方差 (mean square error，MSE) 进行定义。假如有两个 $X \times Y$ 的单色图像 I_1 和 I_2，如果一个为另外一个的噪声近似，那么它们的 MSE 定义为

$$\text{MSE} = \frac{1}{XY} \sum_{x=0}^{X-1} \sum_{y=0}^{Y-1} \left(I_1(x,y) - I_2(x,y) \right)^2 \tag{5.43}$$

PSNR 的定义为

$$\text{PSNR} = 10 \lg \left(\frac{I_{\max}^2}{\text{MSE}} \right) \tag{5.44}$$

式中，$I_{\max}$ 为图像上可能出现的最大像素。如果每个采样点用 B 位表示，那么就是 $2^B - 1$，此处 $B = 8$，所以 $I_{\max} = 255$。

将待评价的图像转化为灰度图像再进行评测。利用 PSNR 对图像进行的评测结果如表 5.1 所示，利用 SSIM 对图像进行的评测结果如表 5.2 所示。

表 5.1　利用 PSNR 对图像进行的评测结果　　　　　单位：dB

图像	最佳图像	源图像	加权法	WT	CVT	本节所提算法
cise	∞	27.6740	30.7507	30.9276	31.4839	37.0747
rail	∞	32.2559	29.3110	33.0045	33.4904	38.5923
classroom	∞	21.1450	25.2500	23.9887	26.0557	37.2158

表 5.2　利用 SSIM 对图像进行的评测结果 (结果量化到 0~1)　　　单位：dB

图像	最佳图像	源图像	加权法	WT	CVT	本节所提算法
cise	1	0.9789	0.9874	0.9891	0.9914	0.9988
rail	1	0.9931	0.9896	0.9958	0.9961	0.9990
classroom	1	0.9347	0.9672	0.9712	0.9749	0.9992

PSNR 和 SSIM 评价方法的得分越高，表示待评测图像越接近参考图像。当使用 PSNR 时，若待评测图像与参考图像完全一致，则 PSNR 值为无限大 (inf)；当使用 SSIM 时，若待评测图像与参考图像完全一致，则 SSIM 值为 1。在本实验中，由于最佳图像被选为参考图像，其 PSNR 值为无限大，SSIM 值为 1。

从评价结果中可以发现，除了参照图像外，图像的 PSNR 和 SSIM 值自左向右都总体呈上升趋势，无论评价指标是 PSNR 还是 SSIM，本节所提算法得分都最高。这说明相比于源图像，采用上述几种算法都能提升图像的质量。而在这几种算法中，本节提出算法能够改善拼接图像的整体质量。在 rail 中，由于像素加权存在一定的缺陷，重叠区域中部出现了明显偏亮的区块 (参见图 5.15 (b) 的椭圆框)，使其 PSNR 和 SSIM 的评价结果并不高。在 classroom 中，由于 WT 融合后的图像 (wavelet) 存在 "鬼影" (参见图 5.16 (c))，其 PSNR 的评价结果也比像素加权低。通过这些观察及分析可以看出，PSNR 和 SSIM 基本可以反映图像的总体质量。

2) 本节提出的评价标准和评价结果

很多拼接缝融合算法的评测指标仅局限于图像的整体质量，如上面提及的 PSNR 和 SSIM。但有时图像的整体质量与其局部质量并没有很大的关系。有时，虽然图像的整体质量较高，但其局部质量却不够好，这种不佳的局部质量影响着读者的视觉效果，有时却无法通过整体的评价指标反馈出来，也很少有指标对它进行评测，进而易被忽视，影响了算法的改进。

由于图像评价标准的缺失，图像拼接后，虽然整体质量较高，但拼接效果依然较差的情况时有发生。在已有的研究成果中，有的研究仅仅通过评价拼接图像的总体质量就对算法进行了评测，这样的评价角度较为片面，无法准确地衡量图像拼接质量的好坏。有的研究仅仅展示拼接图像的全体或一部分 (通常是拼接缝)，不做任何评测而令读者对比拼接效果，这样的评价方式较为主观，不利于客观地评价图像的质量。

考虑到前面 PSNR、SSIM 算法需要找到一个参考图像，图像拼接后往往需要立刻进行评价，此时很难甚至无法找到对应的参考图像，故而需要考虑无参考、运行较快的评价指标。又因为图像去缝的实质是将图像的重叠部分，尤其是拼接缝附近的梯度尽量"抹平"(即减小拼接缝周围的梯度差)，因此考虑使用与拼接缝附近的像素梯度有关的值进行评价。为了体现拼接缝附近像素梯度值的相对变化，需要选择拼接缝两侧的像素梯度值进行评价。又因为在统计学中，数据的极差、方差、SD 等都能够体现其离散程度，方差与 SD 仅仅是平方与开方的关系，它们都涉及待评测的像素及像素的平均数，较为精确。而极差仅考虑了像素的最大值和最小值的差值，利用它来评价图像过于机械。所以，本节选择拼接缝附近像素的梯度方差作为评价标准。

在保持拼接图像原始比例的情况下，对拼接缝两侧各选择 $n = 5$、25、50 的相邻像素进行评测。作为试点，本节首先对 cise 进行评价。为了方便观察，选择一行，并打印出当 $n = 25$、比例 = 100% 时像素和梯度的变化趋势，结果如图 5.17 所示 (这里需要注意的是，如果拼接图像是上下两幅图，那么需要选择一列)。其中，垂直于横轴的虚线大致展示了原始拼接缝的位置，实线、虚线、点线分别代表 R、G、B 频段的像素和梯度变化趋势。

从图 5.17 中可以看出，在图 5.17 (a) 中，能明显地看到图像的像素值和梯度值在拼接缝附近的变化，具体表现为像素拼接缝前后之间有明显的起伏。在图 5.17 (b)~(f) 中，拼接缝附近的像素值和梯度值的变化范围都小于图 5.17 (a)。当 n 增加时，拼接缝两侧像素的变化趋势也趋于混乱。从理论分析来看，由于越靠近拼接缝的部分越能反映去缝算法的原始风貌，为了评测拼接缝附近的图像质量，在极端情况下似乎只需从拼接缝两侧各选择 1 个像素就够了。然而，通过深入分析，实际情况并非如此。图像拼接时，虽然梯度变化较大的仅仅是拼接缝两侧的各 1 个像素，但是在前面提及的去缝算法中，需要进行处理的不仅仅是拼接缝两侧的各 1 个像素，而往往是整个重叠区域的图像。从实验中发现，当 $n = 5$ 时，由于参与实验的像素数目太少，图形趋于平缓，不太容易直观地看出像素和梯度的变化趋势，自然也很难判断图像拼接效果的优劣。当 $n = 50$ 时，远离拼接缝的其他像素又有较大的起伏，对评测结果有所干扰。从这样的结果中不难发现，若把 $n = 5$ 或者 $n = 50$ 视为有效结果，都很有可能得到片面的结论。而参照 $n = 5$ 和 $n = 50$ 的情况，当 $n = 25$ 时，这两个因素恰趋于平衡。所以，$n = 25$ 是较合理的数值。

为了进一步验证该指标的可靠性，又在 $n = 25$ 的情况下将图像的比例分别改为比例 = 50%、80%、120%、150% 进行验证。在缩放时，假设图像的左上角为原点，图像的右方为 x 轴正方向，图像的下方为 y 轴正方向。缩放后，图像的像素最大值会分别往上 (下)、左 (右) 方向移动, 此时评测的像素数为 $n\times$ 比例。由于像素必须是整数, 比例缩放后的实际取值带有四舍五入的影响, 拼接缝的位置可能不够准确。

从缩放的结果来看, 由于四舍五入的影响, 图像的像素值、梯度值和拼接缝实际位置可能会发生些许变化, 曲线的形态也可能被拉长或压扁, 但是通过观察, 图像的像素值和梯度值的变化趋势基本不变。也就是说, 尽管在图像的伸缩中插入或忽视了某些像素的值, 但图像像素值和梯度值的变化趋势在总体上趋于稳定。

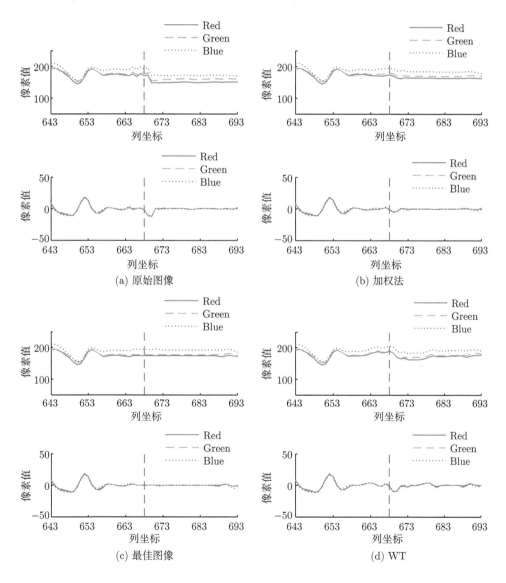

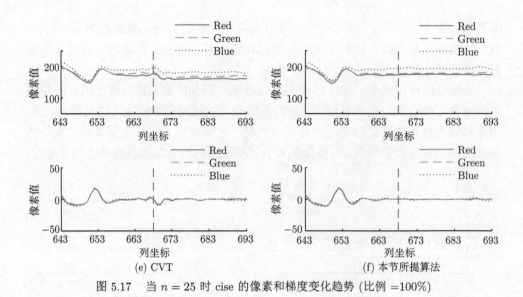

图 5.17　当 $n = 25$ 时 cise 的像素和梯度变化趋势 (比例 $=100\%$)

为了进一步比较, 本节分别又计算了梯度方差。表 5.3 显示了当 n 和比例为不同值时 cise 的梯度方差评价结果。为了方便查看, 用 R、G、B 分别代表 R、G、B 的频段, M 代表 R、G、B 的平均值, 见式 (5.45):

$$M = \frac{R + G + B}{3} \tag{5.45}$$

从表 5.3 中可以看出, 当比例为 100% 时, 同一方法中同一频段的梯度方差总体上随着 n 的升高而增加; 当 $n = 25$ 时, 比例越大, 方差越小。这是因为在比例增加时, 相比原图, 像素彼此之间变得稀疏, 其变化趋势也就趋于平缓。这些缝隙融合方法都减少了拼接缝的影响。虽然经过 WT 融合后的拼接图像基本看不到拼接缝了, 但是在几组数据中 WT 有时使得梯度的方差增大取得了适得其反的效果。这是由于配准后的图像有一定的误差, 而相比于 CVT, WT 并不擅长表示曲线, 这导致了图像融合后在拼接缝处出现了畸变, 进而使 WT 的结果出现了异常, 但这并不影响此评价标准的有效性。当 $n = 25$、比例为 100% 时, 本节所提算法的梯度方差的平均值 M 相比源图像降低了 17.28%, 高于其他四种算法 (从左向右分别为 11.76%、16.74%、−1.00%、13.14%); 当 $n = 25$ 时, 在其他几种不同的比例下 (按顺序分别为 50%、80%、120% 和 150%), 本节所提算法的梯度方差的平均值 M 相比源图像降低了 5.64%、12.84%、20.20% 和 24.05%, 高于像素加权 (按顺序分别为 4.57%、11.67%、18.06% 和 21.72%), 除在 50% 的比例下低于最优拼接缝法 (本节所提算法: 5.64%, 最优拼接缝法: 5.70%) 外, 均高于最优拼接缝法 (按顺序分别为 12.65%、19.75% 和 23.76%)。

表 5.3 对 cise 的评价结果

n	比例	通道	源图像	加权法	最佳图像	WT	CVT	本节所提算法
5	100%	R	22.7575	4.2682	0.4045	18.8909	12.7500	0.2682
		G	25.2227	4.3227	0.5409	20.4045	15.3682	0.4136
		B	22.2136	4.2000	1.5682	18.3909	13.5727	1.3136
		M	23.3979	4.2636	0.8379	19.2288	13.8970	0.6651
25	100%	R	29.5867	28.1565	24.6925	29.6908	24.3949	24.5337
		G	25.2525	20.7535	20.0767	25.4337	22.3031	19.8284
		B	28.1549	24.3249	24.3284	28.7025	25.3884	24.2925
		M	27.6647	24.4116	23.0325	27.9423	24.0288	22.8849
50	100%	R	206.9124	201.6520	222.9364	226.1105	230.9405	234.7283
		G	212.0614	209.5764	230.0280	233.5967	240.3295	241.0186
		B	180.0364	172.2364	195.2927	198.6555	200.9825	202.7497
		M	199.6701	194.4883	216.0857	219.4542	224.0842	226.1655
25	50%	R	209.1689	198.9539	196.4505	207.4102	195.8686	196.5874
		G	210.1721	200.7206	198.1438	207.9063	206.5721	198.4135
		B	201.7755	193.0612	191.1007	199.7132	192.9507	191.0909
		M	207.0388	197.5786	195.2317	205.0099	198.4638	195.3639
25	80%	R	48.8366	43.2556	42.6517	48.8230	40.9100	42.6230
		G	42.7383	37.1073	36.2790	42.7237	38.4900	36.1886
		B	46.3443	41.4674	41.5399	46.5920	41.7766	41.4022
		M	45.9731	40.6101	40.1569	46.0462	40.3925	40.0713
25	120%	R	20.5651	16.9955	16.5886	20.3732	16.5019	16.4979
		G	17.5904	13.9188	13.3741	17.4417	15.0500	13.2214
		B	19.7932	16.5706	16.5394	19.9188	17.3711	16.5217
		M	19.3162	15.8283	15.5007	19.2446	16.3077	15.4137
25	150%	R	14.0707	11.1591	10.8267	13.5252	11.0252	10.8013
		G	12.4610	9.4267	9.0098	11.8184	10.1996	8.9207
		B	13.5971	10.8270	10.7589	11.1977	11.4498	10.7569
		M	13.3763	10.4709	10.1985	12.1804	10.8915	10.1596

图 5.18 显示了本节所提算法对 rail 的评价结果。表 5.4 显示了当 n 和比例为不同值时 rail 的梯度方差评价结果。

由表 5.4 可知,当比例 =100% 时,同一算法中同一频段的梯度方差总体上随着 n 的升高而减少。当 $n = 25$、比例 =100% 时,本节所提算法将梯度方差的平均值 M 相比源图像降低了 93.89%,高于其他四种算法 (从左向右分别为 80.83%、93.20%、21.87%、47.42%)。由源图像可知,图像拼接缝处的颜色较淡,几乎为白色,这应该是梯度方差下降较快的原因之一。从这一趋势中相比 WT,CVT 能更好地在去缝中发挥作用。当 $n = 25$ 时,在其他几种不同的比例下 (按顺序分别为 50%、80%、120% 和 150%)，本节所提算法的梯度方差的平均值 M 减少了 93.46%、93.54%、93.75% 和 93.21%，高于像素加权 (按顺序分别为 69.82%、76.13%、81.18% 和 80.91%) 和最优拼接缝法 (按顺序分别为 90.81%、91.78%、93.20% 和 92.98%)。

表 5.4　对 rail 的评价结果

n	比例	通道	源图像	加权法	最佳图像	WT	CVT	本节所提算法
5	100%	R	3.9182	0.2500	0.1182	3.6682	1.8227	0.1182
		G	4.4500	0.7682	0.1727	3.9000	2.3682	0.1727
		B	4.1909	0.5136	0.0727	3.7409	2.1045	0.0727
		M	4.1864	0.5106	0.1212	3.7697	2.0985	0.1212
25	100%	R	0.9749	0.1502	0.0996	0.7896	0.4937	0.0696
		G	1.0202	0.2184	0.0696	0.8184	0.5596	0.0684
		B	1.0737	0.2196	0.0396	0.7896	0.5600	0.0496
		M	1.0229	0.1961	0.0696	0.7992	0.5378	0.0625
50	100%	R	0.5651	0.1425	0.0773	0.4650	0.3134	0.0499
		G	0.5295	0.1213	0.0400	0.4273	0.2919	0.0575
		B	0.5564	0.1434	0.0275	0.4149	0.3141	0.0300
		M	0.5503	0.1357	0.0483	0.4357	0.3065	0.0458
25	50%	R	1.0310	0.2767	0.1855	0.6634	0.7046	0.1205
		G	1.1420	0.3683	0.0811	0.7677	0.9094	0.0566
		B	1.2382	0.3845	0.0468	0.6991	0.8871	0.0462
		M	1.1371	0.3432	0.1045	0.7101	0.8337	0.0744
25	80%	R	1.0221	0.1937	0.1317	0.8137	0.6179	0.0911
		G	1.0764	0.2903	0.0824	0.8437	0.7437	0.0780
		B	1.1423	0.2896	0.0522	0.8118	0.7284	0.0598
		M	1.0803	0.2579	0.0888	0.8231	0.6967	0.0763
25	120%	R	0.7631	0.1140	0.0757	0.6158	0.3734	0.0534
		G	0.8031	0.1699	0.0565	0.6430	0.4184	0.0567
		B	0.8421	0.1693	0.0316	0.6184	0.4203	0.0404
		M	0.8028	0.1511	0.0546	0.6257	0.4040	0.0502
25	150%	R	0.5659	0.0865	0.0559	0.4502	0.2674	0.0407
		G	0.6033	0.1311	0.0454	0.4797	0.2941	0.0476
		B	0.6303	0.1259	0.0251	0.4576	0.2981	0.0338
		M	0.5998	0.1145	0.0421	0.4625	0.2865	0.0407

图 5.19 是本节所提算法对 classroom 的评价结果。表 5.5 显示了当 n 和比例为不同值时 classroom 的梯度方差评价结果。

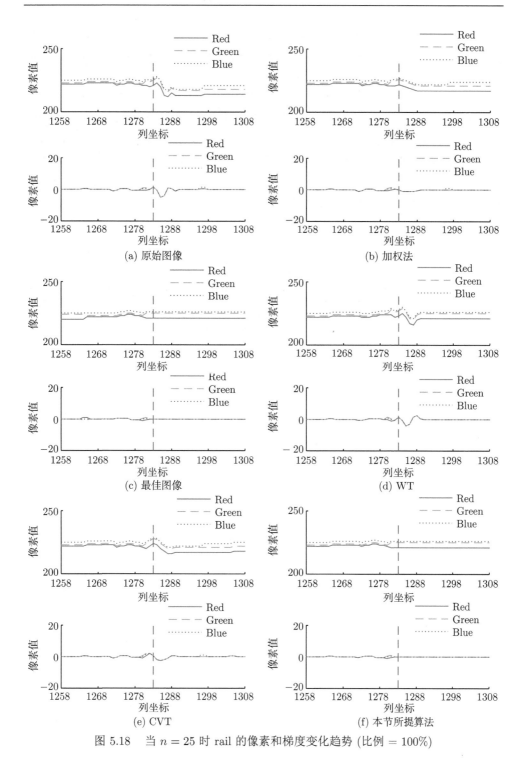

图 5.18 当 $n = 25$ 时 rail 的像素和梯度变化趋势 (比例 = 100%)

结合图 5.19 和表 5.5 分析，从本组照片中选择的行的像素变化比较杂乱，具体表现为像素的最小值趋于 0，而最大的值接近 150。这一特点导致像素的梯度也有较大的起伏，不再像前面两幅图像那样在 $-50 \sim 50$ 的区域内变化不明显。于是，图 5.19 中图像的梯度方差变化较大，算法处理这样的问题有些许困难。在这种情况下，当 $n = 25$、比例为 100% 时，本节所提算法将梯度方差的平均值 M 相比源图像降低了 11.19%，仍高于其他四种算法（从左向右分别为 10.62%、10.05%、-10.69%、0.64%）；当 $n = 25$ 时，在其他几种不同的比例下（按顺序分别为 50%、80%、120% 和 150%），本节所提算法的梯度方差的平均值 M 减少了 5.36%、7.65%、12.49% 和 16.25%，高于像素加权（按顺序分别为 1.47%、4.17%、12.28% 和 16.19%）和最优拼接缝法（按顺序分别为 4.81%、4.73%、12.41% 和 15.00%）。

表 5.5　对 classroom 的评价结果

n	比例	通道	源图像	加权法	最佳图像	WT	CVT	本节所提算法
5	100%	R	100.2409	103.6409	104.4909	119.5045	109.9136	94.3182
		G	94.8227	87.8727	89.1227	113.1227	106.9909	88.0227
		B	74.8182	85.2182	82.7182	98.5045	78.6227	79.8136
		M	89.9606	92.2439	92.1106	110.3772	98.5091	87.3848
25	100%	R	67.5925	60.1549	60.4367	73.9784	66.1231	59.4508
		G	60.5000	52.3341	53.3849	66.4802	63.8549	52.6749
		B	51.8000	48.2949	48.0002	58.6649	48.7684	47.6365
		M	59.9642	53.5946	53.9406	66.3745	59.5821	53.2541
50	100%	R	64.0857	59.2913	61.4987	76.3673	61.2335	59.0445
		G	56.5287	50.1800	52.1230	64.2830	60.2086	51.3014
		B	46.2169	42.9833	44.1699	54.5970	43.9353	42.0304
		M	55.6104	50.8182	52.5972	65.0824	55.1258	50.7921
25	50%	R	185.0045	178.3548	174.6908	212.5094	190.0720	171.7326
		G	152.9904	147.1293	142.5127	174.0519	174.4398	143.2815
		B	127.2705	132.9374	125.6962	151.6235	129.9010	125.3263
		M	155.0885	152.8072	147.6332	179.3949	164.8043	146.7801
25	80%	R	89.8374	85.1218	84.4090	101.9556	92.1400	81.2064
		G	79.8288	75.0194	75.4054	91.3321	89.8472	73.3513
		B	66.9235	66.5781	65.5923	79.2955	63.3138	63.9361
		M	78.8632	75.5731	75.1356	90.8611	81.7670	72.8313
25	120%	R	50.3939	43.6918	44.1897	55.2795	49.3380	43.7717
		G	44.9139	37.7036	38.4067	49.2135	47.2288	38.5437
		B	38.8307	36.2722	34.8995	44.0478	37.4263	35.0704
		M	44.7128	39.2225	39.1653	49.5136	44.6644	39.1286
25	150%	R	35.0200	29.3532	29.6885	38.6548	34.6340	29.6234
		G	30.8541	25.0394	25.8405	33.8017	32.7274	25.2161
		B	27.2151	23.6219	23.5950	30.9733	27.0928	23.1216
		M	31.0297	26.0048	26.3747	34.4766	31.4847	25.9870

本节提出的评价指标对于图像的缩放变换具有鲁棒性，通过这一指标，可以有效地评价拼接图像的局部质量，尤其是评价在拼接缝处的局部质量。通过本节提出的评价指标，可以发现，图像的整体质量与局部质量的评价结果并不完全吻合，也就是说，较好的图像整体质量不等于较好的图像局部质量。由于人眼对拼接缝等图像的边缘信息较为敏感，相比于图像的整体质量，有时人们更在乎图像的局部质量。理论上说，去缝的过程是一种使两幅图像平滑过渡的过程，达到无缝拼接是不可能的，若需要减小拼接缝对图像质量的影响，就需要考虑拼接缝前后过渡得是否自然。拼接缝前后过渡得越自然，就越能逼近无缝拼接的标准。以

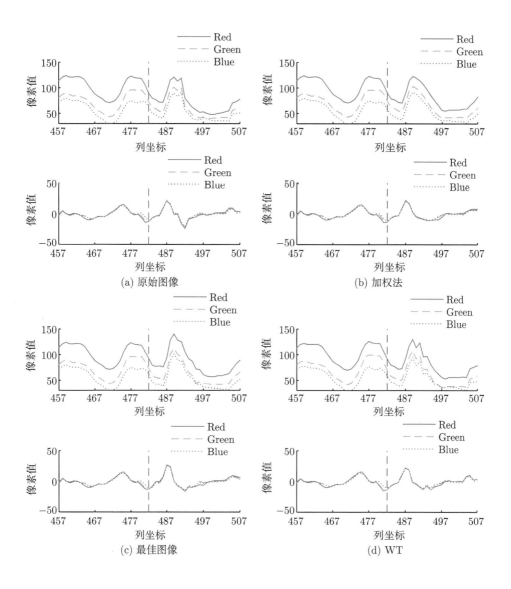

(a) 原始图像   (b) 加权法

(c) 最佳图像   (d) WT

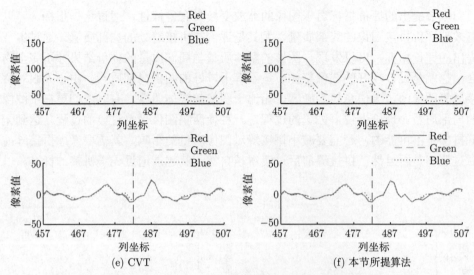

图 5.19　当 $n = 25$ 时 classroom 的像素和梯度变化趋势 (比例 $= 100\%$)

上一系列评价结果说明，本节所提算法在这种评价体系下有较好的表现，这也说明了本节所提算法的优越性。

参 考 文 献

[1] Bhosle U, Chaudhuri S, Roy S D. A fast method for image mosaicing using geometric hashing[J]. IETE Journal of Research, 2002, 48(3): 317-324.

[2] Zomet A, Levin A, Peleg S, et al. Seamless image stitching by minimizing false edges[J]. IEEE Transactions on Image Processing, 2006, 15(4): 969-977.

[3] Kekec T, Yildirim A, Unel M. A new approach to real-time mosaicing of aerial images[J]. Robotics and Autonomous Systems, 2014, 62(12): 1755-1767.

[4] Ye M J, Li J, Liang Y Y, et al. Automatic seamless stitching method for CCD images of Chang'E-1 lunar mission[J]. Journal of Earth Science, 2011, 22(5): 610-618.

[5] Chen M M, Nian R, He B, et al. Underwater image stitching based on sift and wavelet fusion[C]. OCEANS 2015, Genova, 2015: 1-4.

[6] Chailloux C, Le Caillec J M, Gueriot D, et al. Intensity-based block matching algorithm for mosaicing sonar images[J]. IEEE Journal of Oceanic Engineering, 2011, 36(4): 627-645.

[7] Hu S H, Wang L K, Xu S W. Algorithm for medical image patching based on mutual information[C]. Proceedings of 1st International Conference on Innovative Computing, Information and Control, Beijing, 2006: 628-631.

[8]   Adwan S, Alsaleh I, Majed R. A new approach for image stitching technique using Dynamic Time Warping (DTW) algorithm towards scoliosis X-ray diagnosis[J]. Measurement, 2016, 84: 32-46.

[9]   文贡坚, 吕金建, 王继阳. 基于特征的高精度自动图像配准方法 [J]. 软件学报, 2008, 19(9): 2293-2301.

[10] 蔡丽欢, 廖英豪, 郭东辉. 图像拼接方法及其关键技术研究 [J]. 计算机技术与发展, 2008, 18(3): 1-4, 20.

[11] 严大勤, 孙鑫. 一种基于区域匹配的图像拼接算法 [J]. 仪器仪表学报, 2006(Z): 749-750.

[12] 冷晓艳, 薛模根, 韩裕生, 等. 基于区域特征与灰度交叉相关的序列图像拼接 [J]. 红外与激光工程, 2005, 34(5): 602-605.

[13] Rankov V, Locke R J, Edens R J, et al. An algorithm for image stitching and blending[C]. Proceedings of SPIE, San Jose, 2005.

[14] 朱远平, 夏利民. 一种适用于图像拼接的自适应模板匹配算法 [J]. 计算机工程与应用, 2003, 39(31): 109-111, 139.

[15] 刘严严, 徐世伟, 周长春, 等. 基于比值法图像拼接算法研究 [J]. 电子测量技术, 2008, 31(7): 56-58.

[16] Berberidis K, Karybali I. A new efficient cross-correlation based image registration technique with improved performance[C]. 2002 11th European Signal Processing Conference, Toulouse, 2002: 1-4.

[17] Li W T. Mutual information functions versus correlation-functions[J]. Journal of Statistical Physics, 1990, 60(5): 823-837.

[18] Dame A, Marchand E. Second-order optimization of mutual information for real-time image registration[J]. IEEE Transactions on Image Processing, 2012, 21(9): 4190-4203.

[19] Maes F, Collignon A, Vandermeulen D, et al. Multimodality image registration by maximization of mutual information[J]. IEEE Transactions on Medical Imaging, 1997, 16(2): 187-198.

[20] Rivaz H, Karimaghaloo Z, Collins D L. Self-similarity weighted mutual information: A new nonrigid image registration metric[J]. Medical Image Analysis, 2014, 18(2): 343-358.

[21] 周明全, 韦娜, 耿国华. 交互信息理论及改进的颜色量化方法在图像检索中的应用研究 [J]. 小型微型计算机系统, 2006, 27(7): 1331-1334.

[22] Li S S, Yang M X, Zhuang T G. Medical image retrieval based on mutual information[C]. Multispectral Image Processing and Pattern Recognition, Wuhan, 2001: 119-125.

[23] Peng H C, Long F H, Ding C. Feature selection based on mutual information criteria of max-dependency, max-relevance, and min-redundancy[J]. IEEE Transactions on Pattern Analysis and Machine Intelligence, 2005, 27(8): 1226-1238.

[24] Collignon A, Maes F, Delaere D, et al. Automated multi-modality image registration based on information theory[C]. Information Processing in Medical Imaging, Dordrecht, 1995: 263-274.

[25] Viola P, Wells W M. Alignment by maximization of mutual information[J]. International Journal of Computer Vision, 1997, 24(2): 137-154.

[26] Studholme C, Hill D L, Hawkes D J. An overlap invariant entropy measure of 3D medical image alignment[J]. Pattern Recognition, 1999, 32(1): 71-86.

[27] Klein S, Van Der Heide U A, Lips I M, et al. Automatic segmentation of the prostate in 3D MR images by atlas matching using localized mutual information[J]. Medical Physics, 2008, 35(4): 1407-1417.

[28] Burt P J, Adelson E H. A multiresolution spline with application to image mosaics[J]. ACM Transactions on Graphics, 1983, 2(4): 217-236.

[29] 赵萌, 温佩芝, 邓星, 等. 一种参数自适应的 Harris 角点检测算法 [J]. 桂林电子科技大学学报, 2016, 36(3): 215-219.

[30] 陈乐, 吕文阁, 丁少华. 角点检测技术研究进展 [J]. 自动化技术与应用, 2005, 24(5): 1-4, 8.

[31] Förstner W, Gülch E. A fast operator for detection and precise location of distinct points, corners and centres of circular features[C]. Proceedings of ISPRS Intercommission Conference on Fast Processing of Photogrammetric Data, Interlaken, 1987: 281-305.

[32] Moravec H P. Obstacle avoidance and navigation in the real world by a seeing robot rover[D]. Stanford: Stanford University Department of Computer Science, 1980.

[33] Harris C, Stephens M. A combined corner and edge detector[C]. Alvey Vision Conference, Manchester, 1988.

[34] 周志艳, 闫梦璐, 陈盛德, 等. Harris 角点自适应检测的水稻低空遥感图像配准与拼接算法 [J]. 农业工程学报, 2015, 31(14): 186-193.

[35] Zhu M C, Wang W Z, Liu B H, et al. A fast image stitching algorithm via multiple-constraint corner matching[J]. Mathematical Problems in Engineering, 2013: 157847.

[36] Brown M, Lowe D G. Invariant features from interest point groups[C]. Proceedings of the British Machine Vision Conference 2002, Cardiff, 2002.

[37] Lowe D G. Object recognition from local scale-invariant features[C]. Proceedings of the 7th IEEE International Conference on Computer Vision, Kerkyra, 1999: 1150-1157.

[38] Yi Z, Cao Z G, Yang X. Multi-spectral remote image registration based on sift[J]. Electronics Letters, 2008, 44(2): 107-108.

[39] Ni X L, Cao C X, Ding L, et al. A fully automatic registration approach based on contour and SIFT for HJ-1 images[J]. Science China-Earth Sciences, 2012, 55(10): 1679-1687.

[40] Tang C M, Dong Y, Su X H. Automatic registration based on improved sift for medical microscopic sequence images[C]. 2nd International Symposium on Intelligent Information Technology Application, Shanghai, 2008: 580-583.

[41] Hernani G, Luis C R, José A G. Automatic image registration through image segmentation and SIFT[J]. IEEE Transactions on Geoscience and Remote Sensing, 2011, 49 (7): 2589-2600.

[42] Ke Y, Sukthankar R. PCA-SIFT: A more distinctive representation for local image descriptors[C]. Proceedings of the 2004 IEEE Computer Society Conference on Computer Vision and Pattern Recognition, Washington, 2004.

[43] Bay H, Tuytelaars T, Van G L. SURF: Speeded up robust features[C]. 2006 European Conference on Computer Vision, Berlin, 2006: 404-417.

[44] 张锐娟, 张建奇, 杨翠. 基于 SURF 的图像配准方法研究 [J]. 红外与激光工程, 2009, 38(1): 160-165.

[45] Teke M, Temizel A. Multi-spectral satellite image registration using scale-restricted surf[C]. Proceedings of 2010 20th International Conference on Pattern Recognition, Istanbul, 2010: 2310-2313.

[46] Juan L, Gwun O. A comparison of SIFT, PCA-SIFT and SURF[J]. International Journal of Image Processing, 2009, 3(4): 143-152.

[47] Wang J, Fang J, Liu X, et al. A fast mosaic method for airborne images: The new template-convolution speed-up robust features (TSURF) algorithm[J]. International Journal of Remote Sensing, 2014, 35(16): 5959-5970.

[48] Li H Y, Luo J, Huang C J, et al. An adaptive image-stitching algorithm for an underwater monitoring system[J]. International Journal of Advanced Robotic Systems, 2014, 11(10): 166.

[49] 周定富, 何明一, 杨青. 一种基于特征点的稳健无缝图像拼接算法 [J]. 测控技术, 2009, 28(6): 32-36.

[50] Jia J Y, Tang C K. Image stitching using structure deformation[J]. IEEE Transactions on Pattern Analysis and Machine Intelligence, 2008, 30(4): 617-631.

[51] Zhao G, Lin L, Tang Y D. A new optimal seam finding method based on tensor analysis for automatic panorama construction[J]. Pattern Recognition Letters, 2013, 34(3): 308-314.

[52] Jeong J, Jun K. A novel seam finding method using downscaling and cost for image stitching[J]. Journal of Sensors, 2016: 5258473.

[53] Li S T, Yang B. Multifocus image fusion by combining curvelet and wavelet transform[J]. Pattern Recognition Letters, 2008, 29(9): 1295-1301.

[54] Srivastava R, Prakash O, Khare A. Local energy-based multimodal medical image fusion in curvelet domain[J]. IET Computer Vision, 2016, 10(6): 513-527.

[55] Miao Q G, Shi C, Xu P F, et al. A novel algorithm of image fusion using shearlets[J]. Optics Communications, 2011, 284(6): 1540-1547.

[56] Gao G R, Xu L P, Feng D Z. Multi-focus image fusion based on non-subsampled shearlet transform[J]. IET Image Processing, 2013, 7(6): 633-639.

[57] 晁锐, 张科, 李言俊. 一种基于小波变换的图像融合算法 [J]. 电子学报, 2004, 32(5): 750-753.

[58] 孙延奎. 小波分析及其工程应用 [M]. 北京: 机械工业出版社, 2009.

[59] Candes E J, Guo F. New multiscale transforms, minimum total variation synthesis: Applications to edge-preserving image reconstruction[J]. Signal Processing, 2002, 82(11): 1519-1543.

[60] Candes E, Demanet L. Curvelets and fourier integral operators[J]. Comptes Rendus Mathematique, 2003, 336(5): 395-398.

[61] Starck J L, Candès E J, Donoho D L. The curvelet transform for image denoising[J]. IEEE Transactions on Image Processing, 2002, 11(6): 670-684.

[62] Starck J L, Murtagh F, Candès E J, et al. Gray and color image contrast enhancement by the curvelet transform[J]. IEEE Transactions on Image Processing, 2003, 12(6): 706-717.

[63] Mills A, Dudek G. Image stitching with dynamic elements[J]. Image and Vision Computing, 2009, 27(10): 1593-1602.

[64] 张偌雅, 李珍珍. 数字图像质量评价综述 [J]. 现代计算机, 2017(10): 78-81.

[65] 周景超, 戴汝为, 肖柏华. 图像质量评价研究综述 [J]. 计算机科学, 2008, 35(7): 1-4, 8.

[66] 杨春花, 姜晓云. 数字电视质量的主观评价与视觉特性 [J]. 山西大同大学学报 (自然科学版), 1999(6): 61-62.

[67] Huynh-Thu Q, Ghanbari M. Scope of validity of PSNR in image/video quality assessment[J]. Electronics Letters, 2008, 44(13): 800-801.

第 6 章　多模态医学图像融合

伴随着现代科学发展的日渐完善与创新研究的不断深入，传感器的信息采集技术也在逐渐地完善，由仅可以采集一种可见光的模式发展到可以同时采集多种可见光的模式。不过，不同的传感器具有不同的工作原理，如不同传感器对工作波长的要求、对工作环境的要求和其成像原理可能都不尽相同。由此可知，单一的传感器从场景中只能提取少部分有效信息，很难独自对一幅场景进行全面的描述，因此图像融合的概念就应运而生。图像融合就是将不同传感器对同一场景采集的不同信息有效结合起来，得到一个更有价值的复合图像。这个复合图像的可信度会更高，模糊信息会更少，会更加符合人类视觉系统，更加适合计算机的处理、检测及识别等操作。图像融合技术在遥感探测、医学图像分析、环境监测、交通检测及计算机视觉等领域都有着重大的应用价值。根据输入图像的类型，可以将图像融合划分为多聚焦图像融合、遥感图像融合、红外与可见光图像融合和多模态图像融合等。

6.1　医学图像融合概述

随着人们生活水平不断提高和医疗技术不断发展，人们对自己的身体健康状况越来越重视，这也让医学影像技术得到了科学家的重视和广泛的应用。医学影像包括血管摄影 (angiography)、心血管造影 (cardiac angiography)、CT、磁共振成像 (nuclear magnetic resonance imaging, MRI)、PET、单光子发射断层扫描 (single photon emission tomography, SPECT) 等 [1] 多种成像技术。然而一类医学图像只能提供关于人体器官和组织的某一类信息，如通过 CT 和 MRI 技术获得的图像可以提供解剖信息，这类图像具有较高的空间分辨率，前者可以更好地区分骨骼、血管等有密度差异的组织，而后者可以清晰地区分软组织，但骨骼结构几乎无法看见。通过 SPECT 与 PET 技术获得的图像能反映人体的功能结构和代谢信息，但这种图像的空间分辨率较差。本书将使用有脑部疾病患者的 CT 和 MRI 图像进行融合实验来验证融合效果及实用性。伴随着计算机技术的不断发展，也让医学成像技术有新技术替代，进而推动多模态医学图像融合的发展。

6.1.1　基本概念

多模态医学图像融合是指身体某个部位通过多个不同的传感器采集到多个图像，对这些不同的图像进行融合的过程 [2]。这些图像可以反映人体中各种病变组织的不同信息，如组织结构、代谢变化和骨骼信息等 [3]。在医学诊断过程中若将身体同一部位的不同医学图像融合在一幅图像上，就可以用图像表示人体某一部位的多种结构信息和功能信息。这样的图像不仅便于医生的诊断，又可以给患者提供个性化治疗，更有利于患者的病情康复。总之，正确整合不同影像信息是临床医生诊断和治疗疾病的迫切需要。

根据融合等级划分，医学图像融合与普通的图像融合一样，可以将层次从低到高划分为信号级图像融合、像素级图像融合、特征级图像融合及决策级图像融合。信号级图像融合是在最底层对信号进行混合处理，产生一个融合后的信号，这种融合方法经常用于雷达信息融合等 [4]，主要解决雷达信号的分布检测问题。像素级图像融合是最基本的图像融合方法，通过对图像中边缘、纹理等细节提取再融合，有利于尽可能多地保留源图像中的有效信息，这种方法的应用范围较广泛，包括遥感图像融合 [5]、多光谱图像融合 [6] 及红外图像融合 [7] 等；特征级图像融合是从输入图像中提取感兴趣的区域信息，对这些信息进行处理整合，但是可能会丢失部分细节信息；决策级图像融合是抽象等级最高的融合方法，这种方法是根据特征图像的特征可信度来计算并进行决策融合，因此该方法计算量可能最小，但可能会出现图像不清晰等问题。总而言之，在图像融合的研究和应用中，使用频率最高的是像素级图像融合。

根据融合算法划分，可以将图像融合分为空间域融合和变换域融合。空间域融合算法是通过处理输入图像的像素值，根据融合规则计算直接得到融合图像，是逻辑较简单的算法，如滤波器法 [8]、数学形态法 [9] 等。变换域融合算法相对于空间域融合较复杂，是将图片通过数学变换转换为频域表示方式，得到相对应的频域系数，随后对频域系数用合适的融合规则来进行融合，最后对其进行相应的逆变换得到最终的融合图像。对于变换域图像融合，有两个步骤是至关重要的：一是图像变换规则的选取；二是使融合效果更好地融合规则的选取。

医学图像融合技术的发展十分迅速，为了研究出融合效果最好的图像融合算法，研究人员做了许多前期铺垫和相关工作，很多经典的算法早已被提出并被广泛地应用于各类图像处理领域中。

6.1.2　研究现状

多模态医学图像融合的目的是帮助医生快速诊断，该研究具有实用价值和现实意义，因此引起科学家广泛的研究。科学家提出了各种类型的多模态图像融合算法，如自适应稀疏表示 (adaptive sparse representation, ASR) 算法、神经网络算法、多尺度变换法和深度学习算法等。

在传统的基于稀疏表示的应用中，由于不同图像块的结构差异很大，通常需要一个高度冗余的字典来满足信号重建的要求，但是这种高冗余字典可能会产生视觉伪影且需要较长的运算时间。采用固定字典的稀疏表示算法在图像融合过程中应用场景受限。在自适应稀疏表示模型中，除了构建一个冗余字典，还从大量高质量的图像块中构建一组紧凑的子字典，因此在图像融合的过程中自适应地选择子字典进行运算。因此，Liu 和 Wang[10] 提出了一种新的选择字典的方法，即自适应稀疏表示模型可以同时进行图像融合和去噪，该模型可以自适应地构造紧凑字典来融合图像。欧阳宁等[11] 根据图像的相似结构将图像分解为相似模型、平滑模型和细节模型，其中，对细节模型使用自适应稀疏表示的方法进行融合，提高了融合效率。自适应联合稀疏模型 (joint sparse model，JSM)[12] 被提出，同样是基于自适应稀疏表示的概念。Aishwarya 和 Thangammal[13] 将自适应选择字典的概念引入稀疏表示中，并将修正的空间频率应用于图像融合。刘先红和陈志斌[14] 为了更好地提取输入图像的边缘和方向信息，利用多个滤波器对输入图像进行滤波分解并用自适应稀疏表示对子带进行融合。Wang 等[15] 利用拉普拉斯金字塔分解输入图像，并用自适应稀疏表示融合每一层子带，实验证明了该方法应用于医学图像融合的有效性。

由于 PCNN 具有生物神经反应的性质，因此基于 PCNN 的融合算法能更多地捕获人眼感兴趣的区域。Wang 等[16] 提出双通道的脉冲耦合神经网络融合算法，该算法可以有效地减少神经网络模型的使用个数并且可以得到高质量的融合图像。Wang 等[17,18] 对脉冲耦合神经网络算法进行改进，将其分别与 RW 模型和引导滤波器结合，依旧获得了较高的融合质量。吴双和邱天爽[19] 将稀疏表示与脉冲耦合神经网络算法结合，采用 PCNN 来融合稀疏系数，提高了 PCNN 算法的融合性能。陈轶鸣等[20] 首先使用 NSCT 算法将输入图像分解为低频子带和高频子带，其次使用稀疏表示完成低频子带的融合并使用 PCNN 融合高频子带，从而得到了较好的融合结果。Wang 等[21] 提出基于 CNN 和对比金字塔的多模态医学图像融合算法，可以获得视觉质量高并且清晰的融合图像。随后业内又发展出多通道脉冲耦合神经网络 (m-PCNN)，但该算法的缺点是对于输入图像的控制能力较低且自动化水平较低，因此，Zhao 等[22] 提出通过链接强度和自适应计算像素的权重来改进的 m-PCNN 算法，实验证明了其有效性。

基于多尺度变换的融合规则是研究者经常使用的，如 WT 法和金字塔分解法等。其中，小波家族是融合效果最好、使用频率最高的图像处理算法。将 WT 应用于医学图像融合中，可以足够多地保留输入图像的细节信息和边缘结构，不会出现图像平均化和模糊[23] 等现象。Singh 和 Khare[24] 使用 DTCWT 对多通道图像融合，并使用加权平均融合规则得到融合图像，提高了复小波域图像融合的性能。徐磊[25] 将 DWT 进行了改进，将其高频分量与低频分量分别采用绝对值取大和区域能量加权的融合规则，最终得到了较好的融合结果。Yadav 等[26] 将研究重点放在混合算法组合上，并利用混合算法组合改进 WT 算法，利用 PCA 法与独立分量分析 (independent component analysis，ICA) 法改善 WT 的噪声和维度，同样提高了融合质量。但是 WT 缺乏输入图像的方向度量，因此科研人员提出了 CVT、NSCT 等。Das 和 Kundu[27] 提出基于 NSCT 和 PCNN 的多模态医学图像融合算法，该融合算法充分地利用了 NSCT 和 PCNN 各自的优点，通过对比实验证明了该融合算法的有效性。金字塔变换法也是图像多尺度变换中较重要的算法。李肖肖等[28] 将拉普拉斯多尺度变换应用在医学图像融合过程中，并引入图像增强技术，可以得到十分清晰的融合图像，极大地提高了融合质量。

　　基于深度学习的处理方法在图像处理领域内广泛使用，这种优秀的图像处理工具被应用于目标识别、图像分割及图像融合等领域。利用深度学习算法对融合过程中丢失的边缘信息进行修复[29]，这种新型算法得到的融合结果比一般的图像融合算法更加优异。在遥感图像融合中也经常使用到深度学习的方法，陈清江等[30] 将深度学习与非下采样剪切波变换 (nonsubsampled shearlet transform，NSST) 相结合，并运用超分辨率增强图像的分辨率，使融合图像的结构信息更加突出，光谱信息的保存率更良好。Parvathy 等[31] 提出基于最优阈值和深度学习的多模态医学图像融合算法，通过 ST 确定融合规则的最优阈值，并运用深度学习采样关键信息，最后得到效果很好的融合图像。Algarni[32] 提出一种基于深度学习多模态图像融合的诊断系统，可以帮助医生更好地诊断，这更加说明了深度学习算法的实际应用价值。薛湛琦和王远军[33] 汇总了常用于医学图像融合的深度学习框架，如 CNN、卷积稀疏表示和深度自编码等，并对深度学习不同融合的步骤进行了汇总。

6.2　图像融合评价

6.2.1　评价方法

　　图像融合作为一种将多个图像融合成单一图像的方法，近年来在各种类型的应用中得到了广泛的研究，因此对融合图像质量的评价是图像融合过程中至关重要的步骤。这个过程的目的是评估融合结果信息量的多少、是否符合人眼视觉系统、是否产生阴影或噪声等问题。有了这一过程就可以判定融合过程中的参数选取是否合适及评估图像融合算法的好坏，最终达到帮助研究者选择快速有效的融合方法的目的。综上所述，融合图像质量地科学评价和分析对选择合理的融合算法及研究新的融合算法具有重要的指导意义。图像融合的评价指标主要分为两大类。

　　(1) 主观评价方法：也可称为目测法，是依靠人眼对融合图像效果进行主观判断。对于图片质量的表述词也很少，观察者只能使用如优、良、不错、一般、差和看不清楚等简单的词汇来描述所观察的图片，因此需要一些评估数据来做支撑。

(2) 客观评价方法：通过测量相关指标定量地模拟人类视觉系统对图像质量感知的效果，客观地解决了融合性能的测量问题。为了对融合图像进行全面的评估和分析，研究者在实验过程中需要使用多个评价指标来对比和分析图像融合算法，进而评价融合算法的有效性和可靠性并比较算法的优劣。

1. 主观评价

主观评价的过程主要是依靠人眼系统对融合图像进行观察，但是该方法只适用于融合效果明显且能与其他对比算法的融合结果形成鲜明对比的实验当中，并且在人为评价的过程中会受到许多主观因素的影响，导致对于相同的图片，不同的观察者会给出不同的结论，使其评价的可靠性很低。对于同样的融合结果，不同的观察者感兴趣的部分也不一样，从而使相同算法的主观评价结果出现很大差异。因此可以采用差值法和放大法对融合结果进行处理，来使观察者能够更加仔细地观察图像。

差值法比较适用于多聚焦图像融合和红外与可见光图像融合的评价过程。对于多聚焦图像融合来说，待融合图像中通常是部分区域清晰聚焦，部分区域离焦模糊。通过差值处理就可以清晰地观察到融合图像与输入图像之间的差异。如图 6.1 所示，图 6.1 (a) 和图 6.1 (b) 分别为输入图像，图 6.1 (c) 和图 6.1 (f) 分别是两种不同融合算法的结果图。融合结果与图 6.1 (a) 图像做差得到差值图 (图 6.1 (e) 和 (h))，融合结果与图 6.1 (b) 图像做差得到差值图 (图 6.1 (d) 和 (g))。由于图像 1 和图像 2 的特征是半边模糊半边清晰，因此其有用信息为清晰的一边，另一边的模糊为无用信息，因此差值图中不应该出现本应该是有用信息的图像。但是从图 6.1 (g) 和

(a) 图像 1   (c)   (d)   (e)

(b) 图像 2   (f)   (g)   (h)

图 6.1 多聚焦融合图像和差值图像

(h) 可以观察到很多本应是有用的图像信息, 因此在融合结果图 6.1 (f) 并没有完全将输入图像 1 和图像 2 中的有效信息进行融合, 因此该算法融合效果不佳。而从图 6.1 (d) 和 (e) 来说, 这两张差值图中都只有模糊信息的那一半图像, 而有用信息的一半都不显示图像, 由此可知, 融合图像 (图 6.1 (c)) 中将图像 1 和图像 2 中的有效信息都进行了融合, 因此该融合图像质量优良, 该融合算法效果也较有效。

放大法比较适合其他种类图像融合的评价, 如多模态图像融合。由于多模态图像无法通过人眼观察简单地来判断有效信息和无用信息的位置, 只有通过放大融合图像的边缘或者感兴趣的区域对其进行仔细观察, 才能判断算法的融合效果是否优良。如图 6.2 所示, 图 6.2 (a) 和 (b) 分别为输入图像, 图 6.2 (c) 和 (f) 分别是两种不同融合算法的结果图。其中, 图 6.2 (d) 和 (g) 为放大的黄色图框 (实线) 中的信息, 图 6.2 (e) 和 (h) 为放大的红色图框 (虚线) 中的信息。本节认为在这组图像中感兴趣的区域为黄色图框 (实线) 中的内容, 通过仔细观察对比图 6.2 (d) 和 (g) 的信息可以知道图 6.2 (d) 的亮度较好, 结构信息保留完善, 更适合人眼观察系统。边缘信息为红色图框 (虚线) 中的内容, 通过仔细观察对比图 6.2 (e) 和 (h) 可以知道, 图 6.2 (e) 的边缘信息较多, 几乎没有丢失信息。综上所述可以知道, 融合结果图 6.2 (c) 优于融合结果图 6.2 (f)。因此放大法也经常被用于融合图像的主观评价当中。

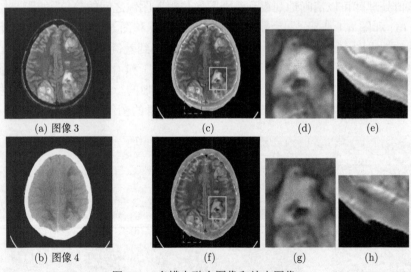

(a) 图像 3　　　　　　(c)　　　　　　(d)　　　　　　(e)

(b) 图像 4　　　　　　(f)　　　　　　(g)　　　　　　(h)

图 6.2　多模态融合图像和放大图像

2. 客观评价

根据不同评价方法, 本节对多种客观评价指标做了以下两种分类研究: ①无参考客观评价指标。有些指标只需要计算融合结果的特征统计量, 进而判断融合算法的优劣, 如均值、SD、信息熵、AG、联合熵 (union entropy, UE) 和空间频率等。这类评价指标的结果并没有一个固定的值, 而是会随着输入图像的差异而改变。②全参考客观评价指标。通过对比标准参考图和融合结果图之间的差异与关系来分析融合结果的质量和算法的优劣, 如 RMSE、SNR、PSNR、信息熵差和互信息等。这类评价指标的结果相对来说有一个固定的值, 如说更趋近于 1 或 0 才是效果最好的。

1) 无参考客观评价指标

无参考客观评价指标也可以分为两类: ①单图像统计特性的评价。这种方法只考虑融合结果图, 只对一张图像进行统计特性的测量计算和评价, 如信息熵 H: 熵值大小反映其包含信息量的多少, 熵值越大融合效果越好。SD: 反映图像灰度相对于均值的离散情况, 用于评价图像反差的大小。AG: 该指标可以十分灵敏地反映融合图像细节信息的差异水平, 通常用于评价融合图像的模糊程度。空间频率 (SF): 反映图像在空间域的整体活跃程度, 空间频率大小与图像融合效果成正比。②多图像之间关系的评价。这种方法是通过计算输入图像与融合图像之间的关系进行评价的方法, 如互信息量 (MI(A, B, F))、CE、UE 及相关系数 (correlation coefficient, CC) 等。以下均假设输入图像为 A 和 B, 被测量的融合图片为 F, 它们的大小均为 $M \times N$, 其像素点位置用 x 或 (i, j) 表示。

(1) 单图像统计特性的评价。信息熵、SD、空间频率已在第 1 章中说明过, 在这里主要介绍 AG。

AG 反映的是待评价图片的纹理信息, 被用来评价图片的模糊程度。若 AG 值越大, 则说明像素的变化率越大, 因此图片更清晰; 反之, 则图片较模糊。AG 计算过程为

$$\text{AG} = \frac{1}{(M-1)(N-1)} \sum_{i=2}^{M} \sum_{j=2}^{N} \sqrt{\frac{1}{2}\left((x_{i,j} - x_{i-1,j})^2 + (x_{i,j} - x_{i,j-1})^2\right)} \quad (6.1)$$

(2) 多图像之间关系的评价。互信息量和归一化互信息熵也已经在第 1 章中做出了说明, 故这里主要介绍 CE、UE、相关系数等评价指标。

CE 表示融合图像与输入图像之间信息的差异, CE 的值越大说明融合结果与输入之间的差异就越大; 反之, 则差异越小。其定义见式 (6.2) 和式 (6.3):

$$\text{CE}_{A,F} = \sum_{i=1}^{M} \sum_{j=1}^{N} P_A(i, j) \log_2 \frac{P_A(i, j)}{P_F(i, j)} \quad (6.2)$$

$$\mathrm{CE}_{B,F} = \sum_{i=1}^{M} \sum_{j=1}^{N} P_B(i,j) \log_2 \frac{P_B(i,j)}{P_F(i,j)} \tag{6.3}$$

随后就可以计算此次融合过程中的平均交叉熵 (mean cross entropy, MCE) 和平均根交叉熵 (root cross entropy, RCE), 定义分别见式 (6.4) 和式 (6.5):

$$\mathrm{MCE} = \frac{1}{2}\mathrm{CE}_{A,F} + \mathrm{CE}_{B,F} \tag{6.4}$$

$$\mathrm{RCE} = \sqrt{\frac{1}{2}\left((\mathrm{CE}_{A,F})^2 + (\mathrm{CE}_{B,F})^2\right)} \tag{6.5}$$

UE 是对输入图像和融合图像之间的相关性进行评估, 反映两者之间的联合信息量的多少。若 UE 的值越大, 则表示融合图像中所包含的信息越丰富, 也说明融合效果较好。其定义见式 (6.6):

$$\mathrm{UE} = -\sum^{F}\sum^{A}\sum^{B} P_{ABF} \log_2 P_{ABF} \tag{6.6}$$

相关系数利用皮尔逊相关系数, 反映的是输入图像和融合结果之间的相似程度, 其定义见式 (6.9)。若相关系数越大, 则说明融合结果与输入图像之间越相似, 也就是从输入图像中获得的细节信息和结构信息越多; 反之, 则说明融合效果较差。ρ_{AF} 和 ρ_{BF} 分别为图像 A 与 F 之间和 B 与 F 之间的相关系数, 其定义分别见式 (6.7) 和式 (6.8)。B 为融合图像与两幅输入图像之间的相关系数。

$$\rho_{AF} = \frac{\sum\limits_{i=1}^{M} \sum\limits_{j=1}^{N} \left(F(i,j) - \bar{f}\right)\left(A(i,j) - \bar{a}\right)}{\sqrt{\sum\limits_{i=1}^{M} \sum\limits_{j=1}^{N} \left(F(i,j) - \bar{f}\right)^2 \left(A(i,j) - \bar{a}\right)^2}} \tag{6.7}$$

$$\rho_{BF} = \frac{\sum\limits_{i=1}^{M} \sum\limits_{j=1}^{N} \left(F(i,j) - \bar{f}\right)\left(B(i,j) - \bar{b}\right)}{\sqrt{\sum\limits_{i=1}^{M} \sum\limits_{j=1}^{N} \left(F(i,j) - \bar{f}\right)^2 \left(B(i,j) - \bar{b}\right)^2}} \tag{6.8}$$

$$\mathrm{CC} = \frac{\rho_{AF} + \rho_{BF}}{2} \tag{6.9}$$

式中, $\bar{f}$、$\bar{a}$ 和 $\bar{b}$ 分别为融合图像 F、输入图像 A 和输入图像 B 的均值。

融合质量 $Q_{AB/F}$ [34] 是一种比较新颖的质量评估指标, 该指标根据局部度量来评估输入图像的信息在融合图像中含有的程度, 该过程是使用滑动窗口 ω 对输入图像和融合图像分割提取进而计算出显著性特征。$Q_{AB/F}$ 的值越高则说明融合效果越好。其定义见式 (6.10):

$$Q_{AB/F} = \frac{1}{|W|} \sum_{\omega \in W} (\lambda_A(\omega)\text{SSIM}(A, F|\omega) + \lambda_B(\omega)\text{SSIM}(B, F|\omega)) \qquad (6.10)$$

式中, $\lambda_A(\omega)$ 可以通过式 (6.11) 计算得到

$$\lambda_A(\omega) = \frac{s(A|\omega)}{s(A|\omega) + s(B|\omega)} \qquad (6.11)$$

同理, 可以计算出 $\lambda_B(\omega)$, 其中, $s(A|\omega)$ 与 $s(B|\omega)$ 分别表示输入图像 A 和输入图像 B 在滑动窗口 ω 处的显著性。式 (6.10) 中, $\text{SSIM}(A, F|\omega)$ 是融合结果 F 与输入图像 A 在滑动窗口 ω 处采样的图块之间的结构相似度。

加权质量评估指标 Q_w 是融合质量指标 $Q_{AB/F}$ 的改进版本, 可以进一步改善评估效果。其定义见式 (6.12):

$$Q_\omega = \sum_{\omega \in W} c(\omega)(\lambda_A(\omega)\text{SSIM}(A, F|\omega) + \lambda_B(\omega)\text{SSIM}(B, F|\omega)) \qquad (6.12)$$

式中, $c(\omega)$ 表示在 ω 处的图像在整个图像中的重要程度, 定义见式 (6.13):

$$c(\omega) = \frac{C(\omega)}{\sum\limits_{\omega \in W} C(\omega)} \qquad (6.13)$$

其中, $C(\omega)$ 见式 (6.14):

$$C(\omega) = \max(s(A|\omega), s(B|\omega)) \qquad (6.14)$$

图像融合损失 $L_{AB/F}$ 是对融合过程中丢失的信息的度量, 它可以用来度量融合图像中没有但输入图像含有的信息。其定义见式 (6.15):

$$L_{AB/F} = \frac{\sum\limits_{\omega \in W} r(\omega)\left(s(A|\omega)(1 - Q_{AF}(\omega)) + s(B|\omega)(1 - Q_{\text{BF}}(\omega))\right)}{\sum\limits_{\omega \in W} (s(A|\omega) + s(B|\omega))} \qquad (6.15)$$

式中, $r(\omega)$ 见式 (6.16); $Q_{AF}(\omega)$ 见式 (6.17):

$$r(\omega) = \begin{cases} 1, & g_F(\omega) < g_A(\omega) \text{或} g_F(\omega) < g_B(\omega) \\ 0, & \text{其他} \end{cases} \tag{6.16}$$

$$Q_{AF}(\omega) = Q_{AF}^g(\omega) Q_{AF}^\alpha(\omega) \tag{6.17}$$

其中，$g_A(\omega)$、$g_B(\omega)$ 和 $g_F(\omega)$ 分别表示两个输入图像和融合图像在窗口 ω 内的区域强度；$Q_{AF}^g(\omega)$ 与 $Q_{AF}^\alpha(\omega)$ 分别表示融合图像的边缘强度和方向保持度，第 1 章中已给出了相关计算方法，并给出了相关参数的设置。

融合伪影 $N_{AB/F}$ 是评价融合过程中引入融合图像中无用信息数量的评价指标，这些信息在任何输入图像中都没有对应的特征。其定义见式 (6.18) 和式 (6.19)。融合伪影本质上就是错误的信息，也可以被称为融合噪声，直接降低了融合图像的有用性和准确性，这种情况的出现在某些融合应用中可能会产生严重的影响。

$$N(\omega) = \begin{cases} 2 - Q_{AF}(\omega) - Q_{BF}(\omega), & g_F(\omega) > (g_A(\omega) \& g_F(\omega)) \\ 0, & \text{其他} \end{cases} \tag{6.18}$$

$$N_{AB/F} = \frac{\sum_{\omega \in W} N(\omega)(s(A|\omega) + s(B|\omega))}{\sum_{\omega \in W} (s(A|\omega) + s(B|\omega))} \tag{6.19}$$

需要注意的是，融合损失 $L_{AB/F}$、融合噪声 $N_{AB/F}$ 和融合质量 $Q_{AB/F}$ 三者是互补的，共同对信息融合过程进行综合评价，即 $Q_{AB/F} + L_{AB/F} + N_{AB/F} = 1$。

2) 全参考客观评价指标

全参考客观评价指标是通过对比标准参考图像与融合图像之间的关系，进而来分析融合图像的质量和融合效果的优劣。这种类型的指标有 RMSE、信息熵差和互信息等。假设标准参考图像为 R，该图像中的像素点用 $R(i,j)$ 表示，其大小为 $M \times N$。

RMSE 用来评价融合图像和参考图像之间的差异，其值越小则说明两者之间的差异越小，融合效果越好。RMSE 数学公式为

$$\text{RMSE} = \sqrt{\frac{1}{MN} \sum_{i=1}^{M} \sum_{j=1}^{N} (R(i,j) - F(i,j))^2} \tag{6.20}$$

SNR 和 PSNR 的评估过程中，将融合图像与参考图像之间的差异假设为噪声，其值越大则说明融合过程的失真越小，融合图像与标准参考图像越接近，融

合效果越好，反之则融合效果较差。其中，PSNR 是通过融合图像的峰值 r（一般设置为 256）与噪声之比来反映失真度的。其定义分别见式 (6.21) 和式 (6.22)：

$$\text{SNR} = 10 \lg \frac{\sum\limits_{i=1}^{M} \sum\limits_{j=1}^{N} F(i,j)^2}{\sum\limits_{i=1}^{M} \sum\limits_{j=1}^{N} \left(R(i,j) - F(i,j)\right)^2} \tag{6.21}$$

$$\text{PSNR} = 10 \lg \frac{MNr^2}{\sum\limits_{i=1}^{M} \sum\limits_{j=1}^{N} \left(R(i,j) - F(i,j)\right)^2} \tag{6.22}$$

信息熵差 ΔE 是通过计算融合图像和参考图像之间的信息熵之差进而评估融合图像的。若信息熵差越小，则说明融合图像与标准参考图像越相似，更加说明融合效果好。其计算过程如式 (6.23) 所示，E_R 和 E_F 分别表示参考图像和融合图像之间的信息熵。

$$\Delta E = |E_R - E_F| \tag{6.23}$$

全参考评价指标受到标准参考图像的限制，在有参考图像的情况下，以上所讲述的指标就可以正常使用。在没有标准参考图像的情况下，有些指标中的参考图像可以用输入图像来代替。因此这种全参考评价指标的使用频率是比较低的，在以下的实验过程中本节也因为没有参考图像而并不使用这类指标。

6.2.2　评价指标分析

本节使用三组多模态医学图像的实验结果图对上述 10 个指标进行验证分析，进而来判断评价指标的实用性。实验中的每一组实验图片均为 3 张，且这 3 张图片的主观评价均不同，在此可直接分为差、中和优三个等级。在这 10 个指标中，有些指标是数值越大就表明融合效果越好，有些指标则相反。因此，对于理论上来说，数值越大越好的指标，在优等级应为最大，在差等级应为最小；数值越小越好的指标，在优等级应为最小，在差等级应为最大。本节在此次实验当中使用了 10 个指标，分别为 API、SD、AG、H、MI、SF、CORR、$Q_{AB/F}$、$L_{AB/F}$ 和 $N_{AB/F}$。其中，前 8 个评价指标是理论上数值越大越好的指标，后 2 个评价指标为数值越小越好的指标。

图 6.3～图 6.5 中 (a)～(c) 分别代表差、中和优三个等级融合图像。可以明显地看出，子图 (a) 有很多斑驳的方块，细节较模糊，其融合效果最差；子图 (b) 与 (c) 相对比，可以看出子图 (b) 丢失了部分细节信息且亮度较低，不适合人眼视觉系统；子图 (c) 融合图效果最佳。从表 6.1 中可以看出，API、SD、AG、MI、SF、$Q_{AB/F}$ 和 $N_{AB/F}$ 指标是完全符合以上推论的，即优等级图像的评价指标结

果为最佳。指标 H 和 $L_{AB/F}$ 中第 1 组的优等级结果并不是最佳，说明这两种指标在评价融合质量的优劣程度时有一定的参考价值。相关系数 CORR 的第 1 组和第 3 组的评价结果均是中等级表现最好，优等级稍逊一筹，这代表该指标在评价多模态医学图像融合算法中参考价值不高。

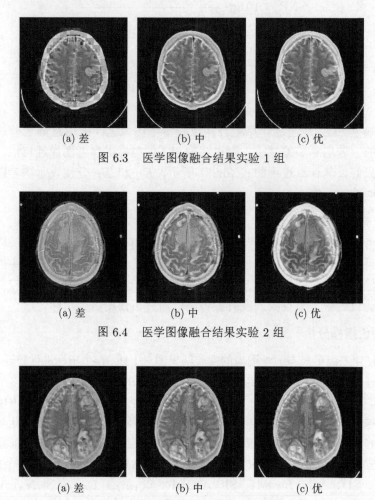

(a) 差　　　　　　　(b) 中　　　　　　　(c) 优

图 6.3　医学图像融合结果实验 1 组

(a) 差　　　　　　　(b) 中　　　　　　　(c) 优

图 6.4　医学图像融合结果实验 2 组

(a) 差　　　　　　　(b) 中　　　　　　　(c) 优

图 6.5　医学图像融合结果实验 3 组

　　因此，在多模态医学图像融合算法评价的过程中，7 个指标 API、SD、AG、MI、SF、$Q_{AB/F}$ 和 $N_{AB/F}$ 可以准确表达出融合效果的优劣程度，2 个指标 H 和 $L_{AB/F}$ 相对来说有参考价值，只有相关系数 CORR 不太适合用来评价多模态医学图像融合。因此在后续实验中，将选用上述 9 个有参考价值的评价指标对实验结果进行评价与分析。

表 6.1 客观评价指标对比

指标	组别	差	中	优	指标	组别	差	中	优
	1	49.6812	50.6193	**54.6720**		1	28.8052	31.9192	**33.3014**
API	2	53.6060	54.2812	**58.3789**	SF	2	18.9562	21.3798	**22.0491**
	3	54.8349	54.8926	**62.3060**		3	23.6024	24.3635	**26.5331**
	1	65.3270	71.2562	**81.9278**		1	0.9109	**0.9574**	0.9569
SD	2	70.7826	74.2689	**83.6760**	CORR	2	0.9744	0.9716	**0.9769**
	3	67.2257	68.5057	**81.9288**		3	0.9541	**0.9542**	0.9476
	1	10.6422	11.1243	**13.5861**		1	0.7353	0.7875	**0.7965**
AG	2	8.4168	9.3888	**10.8501**	$Q_{AB/F}$	2	0.8006	0.8231	**0.8349**
	3	8.1820	8.7211	**8.9159**		3	0.7624	0.8140	**0.8169**
	1	5.0856	**5.1552**	4.3976		1	0.2233	**0.1702**	0.1918
H	2	4.1095	4.6663	**4.9028**	$L_{AB/F}$	2	0.1936	0.1634	**0.1520**
	3	5.0401	4.9081	**5.5125**		3	0.2211	0.1672	**0.1665**
	1	2.8216	2.7533	**4.7934**		1	0.0414	0.0123	**0.0116**
MI	2	2.6828	2.5799	**3.8886**	$N_{AB/F}$	2	0.0058	0.0145	**0.0131**
	3	2.4874	2.4904	**2.7088**		3	0.0166	0.0188	**0.0161**

6.3 基于多通道 PCNN 的医学图像融合算法

随着传感器技术和计算机计算能力的提高, 多源图像融合技术的应用越来越广泛。例如, 在医学成像领域[35,36], CT、MR 和 PET 图像的融合提高了计算机辅助诊断能力; 在生物学领域[37], 多通道荧光图像的融合对目标定位和定量分析有重要的作用; 在遥感领域[38], 大量遥感图像的融合为更方便、更全面地认识环境和自然资源提供了可能。与此同时, 国内外学者对图像融合技术也越来越重视。多源图像融合的过程是从多源图像中提取和综合信息的过程。如何实现信息最大限度地提取, 如何才能使提取的信息最重要、最有效, 都是很值得研究的问题。

现阶段, 能够进行图像融合的算法繁多[35,36,39-46], 如各种各样的金字塔融合算法和基于 WT 的融合算法等。但是, 在进行图像融合时它们有不同程度的缺陷。例如, 融合后的图像不能很好地反映源图像中的信息, 融合后的图像有不同程度的失真等。

早在 PCNN 提出之初, 就有人将 PCNN 运用到图像融合领域, 其主要方法是把小波技术和 PCNN 结合起来, 先对图像进行分解, 然后使用 PCNN 对分解后的系数进行分类选择操作[47-52]。直到现在, 大多数文献也在使用这种思路。还有一种思路是使用 PCNN 组对图像进行融合[53,54]。但是, 它们的共同特点是算法比较复杂。

鉴于此, 本节对 PCNN 模型进行了大量的分析和论证。研究发现, PCNN 在进行图像融合处理时具有一定的缺陷。该缺陷使得 PCNN 进行多源图像融合时，力不从心。为了弥补这一缺陷，本节对 PCNN 做了改进，提出了适用于多源图像融合的多通道 PCNN 模型，这里称为 m-PCNN。该模型较好地克服了 PCNN 中每个神经元只有一个外界输入的先天性缺陷，为 PCNN 在图像融合领域发挥更大的作用扫除了障碍。本节将 m-PCNN 运用到图像融合领域，取得了非常好的效果。

与标准 PCNN 相比，在 m-PCNN 中神经元的外部激励是不固定的，具体数目可以根据实际需要进行增减，这对图像融合来说是十分重要的。例如，通常需要融合的图像往往是多幅的，这时本节就可以增加神经元的外部激励以满足要求，而不需要使用多层 PCNN 的复杂组合方式。这样，不但简化了算法的复杂度，而且也使算法更加实用。因此，m-PCNN 可以使 PCNN 在图像融合领域有更大开发潜力与应用前景。

6.3.1　图像融合算法

通过前面的介绍可知，m-PCNN 是根据图像融合的实际需要提出来的。因此，它非常适用于图像融合。这里将介绍使用该模型进行图像融合处理的一般步骤。该步骤相对比较简单，算法框图可以参见图 6.6，具体步骤如下所示。

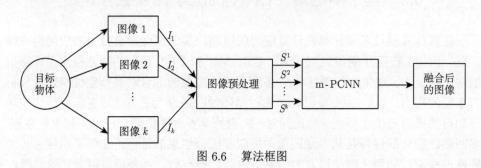

图 6.6　算法框图

(1) 图像获取。根据具体研究的需要，分别从图像获取设备中获取含有研究目标不同信息类型的图像。一般而言，这样的图像来自不同的传感器。本节将含有不同信息内容的图像记作 I^k，通常 $k > 1$。

(2) 图像预处理。在输入 m-PCNN 之前，要进行一些必要的处理，如图像配准、图像灰度值的归一化等。由于各个图像所显示的目标物体不一定彼此完全一致，即目标物体不匹配，这时就需要图像配准加以校正。经过预处理后的图像记作 R^k，则 $R^k = T(I^k)$，函数 $T(\cdot)$ 表示配准前后图像间的映射关系。

(3) 图像输入。待预处理完成后，图像 R 就直接输入 m-PCNN 了，但必须满足这样的对应关系，即 $R_{ij}^k = S_{ij}^k$。同一位置不同像素与相应位置神经元的不同输入相对应，如图 6.7 所示。

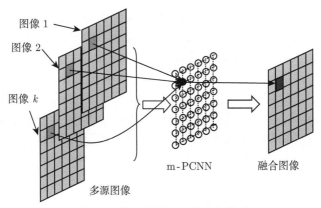

图 6.7 像素与神经元的对应关系

(4) 图像融合。当所有配准后的图像经过各个通道输入网络中时，每个神经元都把接收到的信号汇集到内部活动项中进行信息融合处理。在信息融合过程中，神经元使用的融合方式比较复杂，不仅有线性操作，而且还有大量的非线性操作。这也是该模型的一大特点。

尽管数据融合是在内部活动项中，但此过程中数据并没有得到完全融合。这主要是出于 PCNN 进行处理数据时，并不像其他算法一样一次性处理完数据，而是经过数次迭代运算才能完成处理工作。同样 m-PCNN 在数据融合时也需要这样的迭代过程。每经过一次迭代数据，图像就融合一次，迭代以后对融合后的数据进行选择处理。

(5) 图像输出。在迭代完成之后，内部活动项中数据才能够较好地融合。而迭代完成的条件是所有的神经元都经历过点火过程。注意，每个神经元只能点火一次。因此，在迭代过程完成之后，数据融合也完成。这时融合好的数据就在内部活动项 U 中。最后对 U 中的数据进行归一化处理，即将数据映射到 $(0, 1)$ 区间内。这样整个融合过程也就结束了。

6.3.2 实验结果与分析

PCNN 的性能与其参数设置有一定关系。因此，本节首先给出了所用的模型及相关参数。其次为了说明本节所提算法的有效性和实用性，将其与多种不同的图像融合算法进行了比较。并使用互信息量作为客观标准进行客观评价。最后给出了本节所提算法在生物显微图像融合方面的应用情况。

1. 参数设置

考虑到大多数图像融合算法均对两幅输入图像进行融合，在本实验中也使用两幅输入图像进行融合。即采用 $m = 2$ 时的 m-PCNN 模型。此时该模型的参数设置如下：$\beta^1 = \beta^2 = 0.5$；$K = [0.1091, 0.1409, 0.1091; 0.1409, 0, 0.1409; 0.1091,$ $0.1409, 0.1091]$；$M(\cdot) = W(\cdot) = Y[n{-}1] * K$，$*$ 表示卷积运算，K 为卷积算子；内部平衡因子 $\sigma = 1.0$；阈值衰减因子 $\alpha_T = 0.012$；$V_T = 4000$。

为了说明方法的优越性，将本节所提算法与其他多种算法进行性能比较。这些算法分别是 CP 算法[43]、FSD 金字塔算法[39]、GP 算法[40]、MP 算法[44,46,55]、比率金字塔 (ratio pyramid, RP) 算法[42]、SIDWT 算法[41] 及 DWT 算法[45]。这里的 DWT 算法采用的小波是 DBSS(2, 2)。这些算法的设置：金字塔分解水平为 4；对于高频系数采用最大值原则进行选取，而对 LF 系数则进行平均处理。

2. 评价标准

为了客观公正地评价各种算法的优劣，我们采取经常使用的客观评价标准：互信息量法。互信息量表征的是两者之间相似的程度。若两者之间的互信息量大，则说明两者之间相似；反之，则说明二者差别明显。图像融合的目的就是尽可能地使融合后的图像集各个源图像的信息于一身。因此，融合后图像与各个不同图像的互信息量的大小，就反映它与这些不同图像的相似程度，也就是融合图像从源图像中获得信息的多少。图像融合的目标之一是尽量地从源图像中获得最多的信息以满足各种不同程度的需要。

在这里定义 MI_AF 为源图像 A 与融合后图像的互信息量。其值越大，说明融合后图像从源图像 A 获得的信息就越多，二者相似程度就越大。下面是数学计算式 (6.24)：

$$\mathrm{MI\_AF} = H(A) + H(F) - H(A, F) \tag{6.24}$$

式中，$H(A)$、$H(F)$ 分别为 A、F 的熵值；联合熵 $H(A, F)$ 见式 (6.25)：

$$H(A, F) = -\sum p(A, F) \log_2 p(A, F) \tag{6.25}$$

与此类似，MI_BF 为源图像 B 与融合后图像的互信息量，MI_AB 表示融合后图像从源图像 A 和 B 获得的总信息，数值上等于 MI_AF 和 MI_BF 的相加值。该值反映了融合算法从源图像中获取信息的能力，其值越大就越说明该算法从源图像中获取信息的能力越强，否则就越差。

3. 实验分析

这里使用四组不同的图像 (图 6.8) 进行实验。图 6.8(a) 为第一组，其中第一行为 MRI 图像，第二行为 CT 图像；图 6.8(b) 为第二组，其中第一行为 PDG 图像，第二行为 MR-T1 图像；图 6.8(c) 和 (d) 也分别来源不同的医学图像。由于本实验结果数据较多，现对其简单介绍一下：图 6.9～图 6.12 分别为相应各组图像经不同算法融合后的图像；图 6.13~图 6.16 是处理同一组图像，不同算法的性能比较柱状图。表 6.2 为四组图像所含有的信息量 (熵值)。

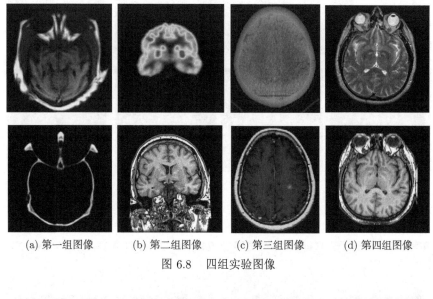

(a) 第一组图像　　　(b) 第二组图像　　　(c) 第三组图像　　　(d) 第四组图像

图 6.8　四组实验图像

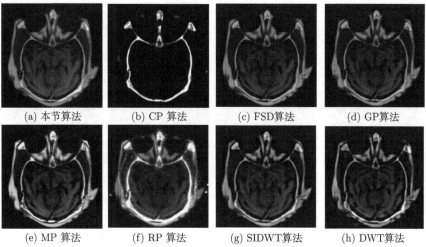

(a) 本节算法　　　(b) CP 算法　　　(c) FSD算法　　　(d) GP算法

(e) MP 算法　　　(f) RP 算法　　　(g) SIDWT算法　　　(h) DWT算法

图 6.9　第一组: 不同算法的融合结果

表 6.2　源图像含有的信息量 (熵值)

第一组		第二组		第三组		第四组	
CT 图像	MR 图像	PDG 图像	MR-T1 图像	图像 A	图像 B	图像 A	图像 B
1.7126	5.6561	2.8458	4.6773	4.3699	4.5280	2.8458	4.6773

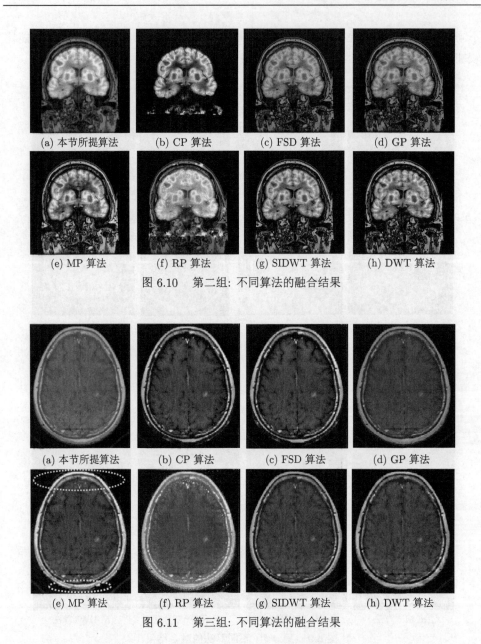

(a) 本节所提算法   (b) CP 算法   (c) FSD 算法   (d) GP 算法

(e) MP 算法   (f) RP 算法   (g) SIDWT 算法   (h) DWT 算法

图 6.10   第二组: 不同算法的融合结果

(a) 本节所提算法   (b) CP 算法   (c) FSD 算法   (d) GP 算法

(e) MP 算法   (f) RP 算法   (g) SIDWT 算法   (h) DWT 算法

图 6.11   第三组: 不同算法的融合结果

首先, 观察前两组医学图像融合后的图像, 见图 6.9 和图 6.10。从图 6.9 和图 6.10 可知, CP 算法融合效果最差, 因为其融合后的图像丢失信息十分严重。如图 6.9(b) 中几乎看不到图 6.8(b) 的影子, 而图 6.10(b) 中看到图 6.8(d) 已丢失了大半的图像信息。其次, 比率金字塔算法无论从信息完整度方面, 还是从图像清晰度方面讲都比对比度金字塔算法要好, 如图 6.9(f) 和图 6.10(f) 所示。但是比率金字塔算法的缺点也很明显，如融合图像中有很多亮点和亮区。仔细观察图 6.9(f) 和图 6.10(f)，会发现融合图像中的边缘部位有不同程度的失真，而其他算法没有上述情况发生。

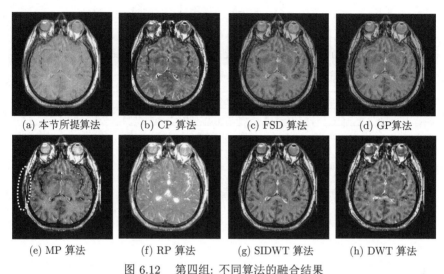

(a) 本节所提算法　　(b) CP 算法　　(c) FSD 算法　　(d) GP算法

(e) MP 算法　　(f) RP 算法　　(g) SIDWT 算法　　(h) DWT 算法

图 6.12　第四组: 不同算法的融合结果

至于后两组图像融合后的图像，如图 6.11 和图 6.12 所示，其结论与前两组类似。由对比度金字塔算法得到的图 6.11(b) 与图 6.12(b) 可以明显地看到，图 6.11(b) 的左右下角处和图 6.12(b) 两边居中的位置均有严重的信息丢失现象。

图 6.11(e) 与图 6.12(e) 是 MP 算法融合的结果，其视觉效果也较差。如在图 6.11(e) 中出现了源图像中没有的块状区域，而图 6.12(e) 中也有相当程度的信息丢失。而使用比率金字塔算法得到的图 6.11(f) 的可视性也不好，因为该图像整体偏亮，不但丢失了源图像中很多信息，而且还引入了大量的干扰噪声。图 6.11(f) 也有同样的问题。

由此可见，在所使用的八种融合算法中，对比度金字塔算法、MP 算法及比率低通金字塔算法，融合后的视觉效果不佳。而剩下的五种算法在视觉效果上比较好，可视性较高。

各种算法的性能评价如图 6.13~ 图 6.16 所示，从图中可以看到，不同的实验图像，除了本节所提算法，其他算法的性能均呈现出了不稳定性，这一点可以从它们的互信息量排序中看到。在所有的算法中，只有本节所提算法一直处于最高位置。这说明本节所提算法性能上比较稳定，可靠性高，对不同类型的图像适应性强。而其他算法的性能浮动变化，则说明它们比较适合某一特定类的图像，即处理对象比较专一，

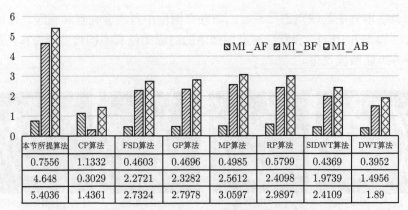

图 6.13   第一组：不同算法的指标对比

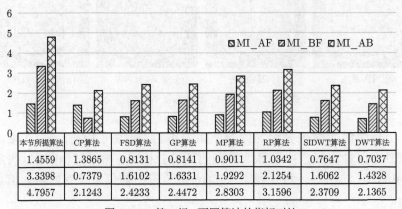

图 6.14   第二组：不同算法的指标对比

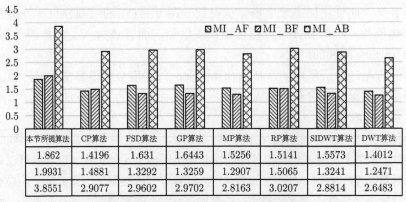

图 6.15   第三组：不同算法的指标对比

算法的普适性较差。此外，从图中还可看到，本节所提算法获得的总互信息量一直位居同组之首，这可以说明本节所提算法从源图像中获取信息的能力最强。即由本节所提算法获得的融合图像最能体现源图像所含有的信息。

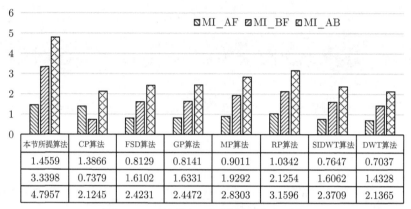

	本节所提算法	CP算法	FSD算法	GP算法	MP算法	RP算法	SIDWT算法	DWT算法
	1.4559	1.3866	0.8129	0.8141	0.9011	1.0342	0.7647	0.7037
	3.3398	0.7379	1.6102	1.6331	1.9292	2.1254	1.6062	1.4328
	4.7957	2.1245	2.4231	2.4472	2.8303	3.1596	2.3709	2.1365

图 6.16 第四组: 不同算法的指标对比

图像融合的过程是从多个源图像中提取和综合信息的过程，图像融合的目的就是如何实现信息的最大限度地提取，如何才能使提取的信息最重要、最有效。而本节所提算法最大限度地提取了源图像的信息。同时也做到了使提取的信息最重要、最有效。因为获取源图像的信息越多，获得重要信息的概率就越大。因此，本节所提算法是十分有用的，不仅性能稳定，而且适用范围广，算法简单，易于操作。

4. 其他应用

除了可以有效地融合医学多源图像，本节提出的方法还可以进行其他类型的图像融合。例如，在生物学的相关研究中，有时为了很好地观察与研究实验对象，需要进行多次染色。但每次染色所得到的信息是不相同的，如图 6.17 所示。从图 6.17(a) 仅可以看到细胞的整体轮廓信息，而从图 6.17(b) 中也只能得到感兴趣目标的相关信息。在图 6.17(c) 中却可以同时清楚地得到两者的信息。同样对于

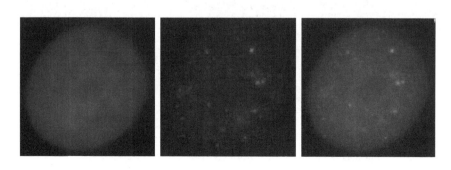

含不同信息的遥感图像 (图 6.18)、多传感器图像 (图 6.19) 等均可使用本节所提算法进行融合处理。

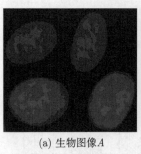 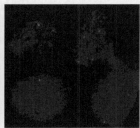 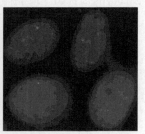

(a) 生物图像 *A*　　　　　　　(b) 生物图像 *B*　　　　　　　(c) 融合后的图像

图 6.17　生物图像融合示例

(a) 遥感图像 *A*　　　　　　　(b) 遥感图像 *B*　　　　　　　(c) 融合后的图像

图 6.18　遥感图像融合示例

 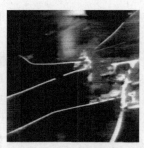 

(a) 航拍图像 *A*　　　　　　　(b) 航拍图像 *B*　　　　　　　(c) 融合后的图像

图 6.19　多传感器图像融合示例

参 考 文 献

[1] Townsend D W, Beyer T. A combined PET/CT scanner: The path to true image fusion[J]. The British Journal of Radiology, 2002, 75(S9): 24-30.

[2] Goshtasby A A, Nikolov S. Image fusion: Advances in the state of the art[J]. Information Fusion, 2007, 8(2): 114-118.

[3] Du J, Li W S, Lu K, et al. An overview of multi-modal medical image fusion[J]. Neurocomputing, 2016, 215(26): 3-20.

[4] 闫世强. 基于分布式雷达的信号级融合方法 [C]. 第十届全国信号和智能信息处理与应用学术会议, 襄阳, 2016.

[5] 贾永红, 李德仁. 多源遥感影像像素级融合分类与决策级分类融合法的研究 [J]. 武汉大学学报 (信息科学版), 2001, 26(5): 430-434.

[6] 陈宝印. 多光谱遥感图像与高分辨率全色图像融合研究 [J]. 电脑开发与应用, 2008, 21(4): 40-42.

[7] 李海宾, 葛秘蕾. 一种新的红外与可见光图像像素级融合方法 [J]. 半导体光电, 2018, 39(2): 290-293.

[8] 陈丽娜. 基于随机游走与引导滤波的多聚焦图像融合算法研究 [D]. 兰州: 兰州大学, 2019.

[9] 吕金坤, 王明泉, 蔡文涛. 结合数学形态学和图像融合的边缘检测算法 [J]. 电视技术, 2013, 37(3): 26-28.

[10] Liu Y, Wang Z F. Simultaneous image fusion and denoising with adaptive sparse representation[J]. IET Image Processing, 2014, 9(5): 347-357.

[11] 欧阳宁, 李子, 袁华, 等. 基于自适应稀疏表示的多聚焦图像融合 [J]. 微电子学与计算机, 2015, 32(6): 22-26, 31.

[12] Zhang C F, Yi L Z, Feng Z L, et al. Multimodal image fusion with adaptive joint sparsity model[J]. Journal of Electronic Imaging, 2019, 28(1): 013043.

[13] Aishwarya N, Thangammal C B. A novel multimodal medical image fusion using sparse representation and modified spatial frequency[J]. International Journal of Imaging Systems and Technology, 2018, 28(3): 175-185.

[14] 刘先红, 陈志斌. 基于多尺度方向局部极值滤波和 ASR 的图像融合 [J]. 激光与红外, 2018, 48(5): 644-650.

[15] Wang Z B, Cui Z J, Zhu Y. Multi-modal medical image fusion by Laplacian pyramid and adaptive sparse representation[J]. Computers in Biology and Medicine, 2020, 123: 103823.

[16] Wang Z B, Ma Y D, Gu J. Multi-focus image fusion using PCNN[J]. Journal of University of Electronic Science and Technology of China, 2010, 43(6): 2003-2016.

[17] Wang Z B, Wang S, Guo L J. Novel multi-focus image fusion based on PCNN and random walks[J]. Neural Computing and Applications, 2018, 29(11): 1101-1114.

[18] Wang Z B, Wang S, Zhu Y. Multi-focus image fusion based on the improved PCNN and guided filter[J]. Neural Processing Letters, 2017, 45(1): 75-94.

[19] 吴双, 邱天爽. 基于稀疏表示和脉冲耦合神经网络的医学影像融合算法 [J]. 中国生物医学工程学报, 2013, 32(4): 448-453.

[20] 陈轶鸣, 夏景明, 陈轶才, 等. 结合稀疏表示与神经网络的医学图像融合 [J]. 河南科技大学学报 (自然科学版), 2018(39)：40-47.

[21] Wang K P, Zheng M Y, Wei H Y, et al. Multi-modality medical image fusion using convolutional neural network and contrast pyramid[J]. Sensors, 2020, 20(8)：2169.

[22] Zhao Y Q, Zhao Q P, Hao A M. Multimodal medical image fusion using improved multi-channel PCNN[J]. Bio Medical Materials and Engineering, 2014, 24(1)：221-228.

[23] 沈晋慧, 马斌荣, 杨虎. 基于小波分析的医学图像融合技术及其效果评价 [J]. 中国医学物理学杂志, 2003, 20(4)：232-234.

[24] Singh R, Khare A. Multimodal medical image fusion using daubechies complex wavelet transform[C]. Information and Communication Technologies, Thuckalay, 2013.

[25] 徐磊. 基于离散小波变换的多模态医学图像融合算法研究 [D]. 南京：南京医科大学, 2016.

[26] Yadav S P, Yadav S. Image fusion using hybrid methods in multimodality medical images[J]. Medical and Biological Engineering and Computing, 2020, 58(4): 669-687.

[27] Das S, Kundu M K. NSCT-based multimodal medical image fusion using pulse-coupled neural network and modified spatial frequency[J]. Medical and Biological Engineering and Computing, 2012, 50(10): 1105-1114.

[28] 李肖肖, 聂仁灿, 周冬明, 等. 图像增强的拉普拉斯多尺度医学图像融合算法 [J]. 云南大学学报 (自然科学版), 2019, 41(5): 907-917.

[29] 刘小利. 基于深度学习算法的图像融合 [J]. 国外电子测量技术, 2020, 39(7): 38-42.

[30] 陈清江, 李毅, 柴昱洲. 结合深度学习的非下采样剪切波遥感图像融合 [J]. 应用光学, 2018, 39(5)：655-666.

[31] Parvathy V S, Pothiraj S, Sampson J. A novel approach in multimodality medical image fusion using optimal shearlet and deep learning[J]. International Journal of Imaging Systems and Technology, 2020, 30(4): 847-859.

[32] Algarni A D. Automated medical diagnosis system based on multi-modality image fusion and deep learning[J]. Wireless Personal Communications, 2020, 111(2)：1033-1058.

[33] 薛湛琦, 王远军. 基于深度学习的多模态医学图像融合方法研究进展 [J]. 中国医学物理学杂志, 2020, 37(5)：579-583.

[34] Xydeas C S, Petrovic V. Objective image fusion performance measure[J]. Military Technical Courier, 2000, 56(4)：181-193.

[35] 陶玲, 钱志余, 陈春晓. 基于小波变换模极大值的医学图像融合技术 [J]. 华南理工大学学报 (自然科学版), 2008, 36(8)：18-22.

[36] 周兰花, 周付根. 基于小波变换极大模的多模医学图像融合 [J]. 中国体视学与图像分析, 2003, 8(4)：225-229.

[37] 狄改霞. 显微图像融合技术研究 [D]. 西安：西安电子科技大学, 2009.

[38] 刘鹏, 刘定生, 李国庆. 基于成像模型的遥感图像 IHS 融合 [J]. 光电工程, 2009, 36(3): 97-101.

[39] Anderson C H. Filter-subtract-decimate hierarchical pyramid signal analyzing and synthesizing technique: USA, 4718104[P]. 1987.

[40] Burt P J. A gradient pyramid basis for pattern-selective image fusion[J]. Proceedings of SID, 1992, 23: 467-470.

[41] Rockinger O. Image sequence fusion using a shift-invariant wavelet transform[C]. Proceedings of International Conference on Image Processing, Santa Barbara, 1997: 288-291.

[42] Toet A. Image fusion by a ratio of low-pass pyramid[J]. Pattern Recognition Letters, 1989, 9(4): 245-253.

[43] Toet A, van Ruyven L J, Valeton J M. Merging thermal and visual images by a contrast pyramid[J]. Optical Engineering, 1989, 28(7): 287789.

[44] Toet A. A morphological pyramidal image decomposition[J]. Pattern Recognition Letters, 1989, 9(4): 255-261.

[45] Lejeune C. Wavelet transforms for infrared applications[C]. Infrared Technology XXI, San Diego, 1995: 313-324.

[46] Ramac L C, Uner M K, Varshney P K, et al. Morphological filters and wavelet-based image fusion for concealed weapons detection[C]. Sensor Fusion: Architectures, Algorithms, and Applications II, Orlando, 1998: 110-119.

[47] Kinser J M. Pulse-coupled image fusion[J]. Optical Engineering, 1997, 36(3): 737-742.

[48] Kinser J M, Wyman C L, Kerstiens B L. Spiral image fusion: A 30 parallel channel case[J]. Optical Engineering, 1998, 37: 492-498.

[49] Broussard R P, Rogers S K, Oxley M E, et al. Physiologically motivated image fusion for object detection using a pulse coupled neural network[J]. IEEE Transactions on Neural Networks, 1999, 10(3): 554-563.

[50] Blasch E P. Biological information fusion using a PCNN and belief filtering[C]. International Joint Conference on Neural Networks, Washington, 1999: 2792-2795.

[51] Xu B C, Chen Z. A multisensor image fusion algorithm based on PCNN[C]. 5th World Congress on Intelligent Control and Automation, Hangzhou, 2004: 3679-3682.

[52] Li W, Zhu X F. A new image fusion algorithm based on wavelet packet analysis and PCNN[C]. 2005 International Conference on Machine Learning and Cybernetics, Guangzhou, 2005: 5297-5301.

[53] Zhang J, Liang J. Image fusion based on pulse-coupled neural networks[J]. Computer Simulation, 2004, 21(4): 102-104.

[54] Li M, Cai W, Tan Z. A region-based multi-sensor image fusion scheme using pulse-coupled neural network[J]. Pattern Recognition Letters, 2006, 27(16): 1948-1956.

[55] Matsopoulos G K, Marshall S. Application of morphological pyramids: Fusion of MR and CT phantoms[J]. Journal of Visual Communication and Image Representation, 1995, 6(2): 196-207.

第 7 章　基于自适应稀疏表示的多模态图像融合

多模态图像融合算法一直受国内外科学家的关注，使其发展极其迅速。多尺度变化和稀疏表示算法可以使多模态图像的融合效果最佳，并且不同的融合规则也会带来不一样的效果。因此本章将围绕多种多模态图像融合算法进行论述。

7.1　相关基础理论

7.1.1　图像的多尺度变换

图像的多尺度变换被广大研究者所关注并被普遍认为是一种有效的图像处理工具。该类算法已经研究得相对成熟，能够在各种图像处理领域得到广泛的应用，如遥感图像融合[1]和医学图像融合[2]等。图 7.1 为基于多尺度变换图像融合流程图。首先对输入图像进行多尺度变换，使其不同的特征在不同的空间频域中表示，同时可以将其分为高频子带和低频子带。然后针对不同频域的特性使用不同的融合规则来获得融合后的高频子带和低频子带。对融合后的子带进行多尺度逆变换，从而得到最终的融合图像。这种融合方法中至关重要的问题就是如何选择多尺度变换方法和采用何种融合规则来进行融合。传统的多尺度变换方法包括 MP[3]、GP[4]、DWT[5]、CVT[6,7] 和 NSCT[8] 等。本节将介绍多种多尺度变换方法如拉普拉斯金字塔变换法及 DW 法等。

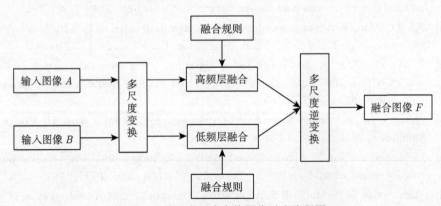

图 7.1　基于多尺度变换图像融合流程图

1. 拉普拉斯金字塔变换法

金字塔变换法是一种可以实现多尺度图像融合的方法。它主要应用于机器视觉、图像压缩和图像分割等，且金字塔变换 [9-12] 已被广泛地应用于多模态医学图像的融合。Du 等 [13] 在多方向金字塔变换中引入 PCA 算法来突出图像的对比度，能够有效地保留输入图像的结构信息。Kou 等 [14] 提出了一种基于区域级拉普拉斯金字塔的区域拼接算法来融合多聚焦图像，利用求和拉普拉斯算子提取图像特征，从而提高了融合图像的轮廓和对比度。在此基础上，Zhang 等 [15] 提出了联合拉普拉斯金字塔模型算法，能有效地反映输入图像丰富的背景信息。

金字塔变换法的原理是将输入图像变换拆解为一系列多尺度、多层、堆叠形如金字塔的图像组 [16]。采用这种变换方法对图像进行分解，可以从输入图像中提取最有效的信息。图像被分解后将一系列图像按照分辨率从高到低的规律排列成金字塔形状，低分辨率图像被放置在上层，高分辨率图像被放置在下层，其中，下层图像的大小是上层图像的 4 倍。假设分解层数为 L(通常取 $L = 4$)。拉普拉斯金字塔分解过程如图 7.2 所示。

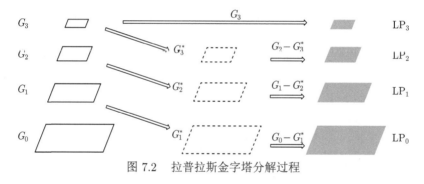

图 7.2 拉普拉斯金字塔分解过程

在拉普拉斯金字塔计算过程中，首先，就是对图像进行高斯金字塔分解；其次，用高斯金字塔的每一层图像减去其上一层图像上采样并进行高斯卷积之后的图像，得到的差值图像为拉普拉斯金字塔的每一层从而得到拉普拉斯金字塔。图像拉普拉斯变换的步骤如下所示。

(1) 对输入图像构造初始高斯金字塔。使用 5×5 二维可分离高斯滤波器 $\omega(m,n)$ 对输入图像进行图像卷积，并通过自下而上的下采样来构建 G_l，见式 (7.1)，则 G_l 被称为高斯金字塔的第 l 层，其中，l 是当前层数，当前层的行数与列数分别为 R_l 和 C_l。

$$G_l(i,j) = 4 \sum_{m=-2}^{2} \sum_{n=-2}^{2} \omega(m,n) G_{l-1}(2i+m, 2j+n), 0 < l \leqslant L, 0 \leqslant i < R_l, 0 \leqslant j < C_l$$

$$(7.1)$$

(2) 利用上一步得到的高斯金字塔 G_l 构造相应的拉普拉斯金字塔,见式 (7.2)。对 $l+1$ 层高斯金字塔上采样并进行高斯卷积后,其与第 l 层高斯金字塔的差值就是第 l 层拉普拉斯金字塔。从底层到顶层构建拉普拉斯金字塔 LP_l,见式 (7.3)。

$$G_l^*(i,j) = 4 \sum_{m=-2}^{2} \sum_{n=-2}^{2} \omega(m,n) G_l \left(\frac{i-m}{2}, \frac{j-n}{2} \right), 1 \leqslant l \leqslant N, 0 \leqslant i \leqslant R_l, 0 \leqslant j \leqslant C_l \tag{7.2}$$

$$\text{LP}_l = \begin{cases} G_{l-1} - G_l^*, & 0 \leqslant l < N \\ G_l, & l = N \end{cases} \tag{7.3}$$

式中,在偶数行和列插入 0,见式 (7.4):

$$G_l^* \left(\frac{i-m}{2}, \frac{j-n}{2} \right) = \begin{cases} G_l \left(\frac{i-m}{2}, \frac{j-n}{2} \right), & \frac{i-m}{2}, \frac{j-n}{2} \text{均为整数} \\ 0, & \text{其他} \end{cases} \tag{7.4}$$

(3) 对于融合后的拉普拉斯金字塔,可以逐层恢复其对应的高斯金字塔,最终得到 G_0 层,随后对其使用插值法并进行计算得到源图像,这个过程称为拉普拉斯金字塔逆变换,见式 (7.5):

$$G_l = \begin{cases} \text{LP}_l, & l = L \\ \text{LP}_l + G_{l+1}^*, & 0 \leqslant l < L \end{cases} \tag{7.5}$$

2. WT 法

DWT 是图像处理和分析的过程中最常用的方法,因此研究者也将 WT 法用于图像融合中。晁锐等 [17] 使用 WT 进行图像融合,对高频层采用绝对值取大的规则,对低频层采用平均法的融合规则来获得最终的融合图像。夏明革等 [18] 从电磁波频谱带宽的角度介绍了多 WT 的理论,基于这个新理论对可见光与红外图像进行融合,随后从物理角度对所提理论给出合理解释。Li [19] 提出了一种基于目标特征区域的 WT 融合算法,采用模糊均值聚类提取红外图像的目标特征区域,并对图像的目标区域采用局部融合规则,得到了较好的融合结果。Guo 等 [20] 提出了针对彩色图像的双树双四元数 WT 的定义,基于该变换的彩色图像分解与重构可以通过双树双四元数滤波器组实现,该算法较好地保留了输入彩色图像的细节信息。但是 WT 与傅里叶变换类似,在方向性上有一定的局限性,因此研究者提出了双树 WT 的思想,目前已经发展到了三树 WT [21]。

DWT 就是用一簇不同尺度的小波函数去分解输入图像，得到不同尺度下的小波系数。图 7.3 为二层小波分解流程图。其中，L、H 分别表示小波分解的高频层和低频层，分解层数由 1、2 进行表示。首先对输入图像的每一列用小波函数 $w(t)$ 进行分解得到 L、H，再对得到的结果的每一行用 $w(t)$ 进行分解，得到 LL1、HL1、LH1、HH1 四个频带，这就是一层 WT 的结果；二级分解仅对低频分量 LL1 进行分解。输入图像由 WT 分解为近似图像和细节图像，WT 是在竖直和平行两个空间对输入图像进行分解，因此可以提取三个方向的高频边缘细节信息。

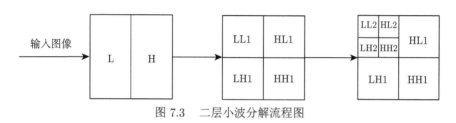

图 7.3   二层小波分解流程图

由于简单的 WT 有缺少方向性的缺陷，一些引入方向的尺度变换应运而生。例如，CVT 可以很好地提取图像中各个方向的边缘特征，也可以清晰地表现出图像的曲线特征。Nencini 等 [22] 提出了一种基于不可分离多分辨率分析的多光谱图像融合算法，从高分辨率图像中通过 CVT 算法提取高通方向细节，使用这些细节信息来锐化图像，从而获得更多信息并大大提高了融合质量。宋江山等 [23] 将 CVT 运用至图像融合中，利用区域分布图对高频子带采用高斯加权求和，对低频子带采用求平均值的融合规则，得到边缘清晰的融合结果。然后有很多研究者将 CVT 与其他融合方法相结合提出很多新的思路。贺养慧 [24] 提出了基于多通道滤波的 CVT 图像融合，该算法在 CVT 的基础上，利用多通道滤波原理保留输入图像的大量细节信息和纹理特征，得到了优于传统 CVT 的融合算法。张慧等 [25] 提出基于 CVT 和引导滤波的红外与可见光图像融合算法，利用引导滤波对可见光图像增强，对处理后的图像进行融合可以得到增强后的融合图像。

轮廓波同样也可以较好地保留输入图像中的结构信息和纹理特征。然后在 CVT 和轮廓波变换的基础上改进，NSCT 法应运而生。在 NSCT 中主要使用非下采样金字塔滤波器组 (non subsampled pyramid filter bank, NSPFB) 和非下采样方向滤波器组 (non subsampled directional filter bank, NSDFB) 来对输入图像进行多尺度分解与多方向分解，其流程图如图 7.4 所示。这种方式对输入图像的边缘信息和轮廓特征十分敏感。Zhang 和 Guo [8] 使用 NSCT 算法对多聚焦图像融合，详细讨论了 NSCT 分解得到的不同子带系数的选择规则，该算法可以从输入图像中提取出重要的视觉信息并有效地避免人工信息的引入。颜正恕和王璟 [26] 将 NSCT 与 HSV (hue, saturation, value) 色彩模型相结合应用到遥感图像融合中，利用显著性因子与区域能量融合低频子带，使用图像 SD 和平均梯度融合高频子带，最终得到了较好的结果。

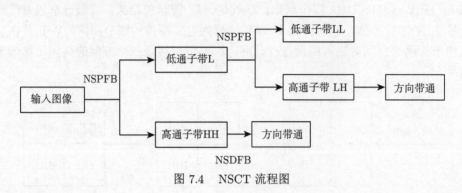

图 7.4　NSCT 流程图

7.1.2　稀疏表示

科学家通过模拟人类视觉系统的稀疏编码机制，提出了一种新颖的图像表示理论——稀疏表示 (sparsa representation, SR) [27]，这种图像方法已成功地应用于许多图像处理领域，如图像去噪 [28]、图像超分辨率处理 [29,30]、目标识别 [31] 和图像融合 [32-37]。稀疏表示理论在图像处理领域引起了广泛的关注，特别是在图像融合的应用方面。稀疏表示的过程就是信号变换的过程，将输入图像在一组过完备字典上进行稀疏分解，可以用尽可能少的原子来表达源图像 (或图像补丁)，从而得到稀疏向量，本节称这个稀疏向量是图像在这个字典上的稀疏表示，即稀疏系数是用较少的非零元素有效地表示源图像的显著性信息。

具体来说，为了提取局部显著特征并保持图像的平移不变性，首先，将多个输入图像分割成多个重叠的小块，将这些图像块在同一个过完备字典上进行分解，得到相应的稀疏系数。然后，利用融合规则 (如绝对值最大规则) 对系数进行融合。最后，利用融合系数和字典对图像进行重构。基于稀疏表示图像融合框架有两个关键问题：①稀疏分解；②构建字典。

稀疏表示的核心思想是使用少量的字典码字线性地描述输入图像，因此，本节假设输入图像 $x \in R^n$ 可以用过完备字典优化 [32,38] 为式 (7.6)：

$$x = \sum_{i=1}^{K} d_i \alpha = D\alpha \quad \text{s.t.} \quad \min ||\alpha||_0 \tag{7.6}$$

式 (7.6) 也等同于式 (7.7)：

$$\min \|\alpha\|_0 \quad \text{s.t.} \quad x = \sum_{i=1}^{K} d_i \alpha = D\alpha \tag{7.7}$$

式中, $D = [d_1, d_2, \cdots, d_M] \in R^{N \times M}(N < M)$ 为稀疏表示的字典矩阵; 矩阵的每列 d_i 为字典原子; $\alpha = [\alpha_1, \alpha_2, \cdots, \alpha_M]$ 为稀疏系数; $\|\alpha\|_0$ 为稀疏系数 α 的 L_0 范数。由于字典 D 为冗余字典, 其维数 $N < M$, 使求解系数 α 的问题成为一个欠定问题, 式 (7.6) 将有无限的解。因此, 这个过程是计算稀疏系数中非零元素的个数, 目标是使非零元素尽可能少。我们通常选择最大 L_1 范数规则来融合 α:

$$\min_{\alpha} \|x - D\alpha\|_F^2 + \lambda \|\alpha\|_1 \tag{7.8}$$

式中, λ 在稀疏过程中保持着其平衡性。如果 λ 比较大, 那么意味着稀疏误差会很大; 如果 λ 比较小, 那么说明在图像重建后最终误差会很小。

众所周知, 过完备字典的构造对融合图像的质量有很大的影响, 因此构造字典方法的选取至关重要。通常有两种方法来构造过完备字典: ①预先设定变换矩阵, 如轮廓波变换和离散余弦变换等。用这种方法得到的字典基本是固定不变的, 但是考虑到不同类型的输入图像具有各自的特征及特点, 这表明使用一个恒定的稀疏字典来融合多种类型的图像可能会导致融合效果较差, 不符合人眼视觉系统。②基于 PCA、K-SVD [39] 等训练方法设计字典。这种方法根据输入图像的性质构造一个字典, 使学习或训练过的原子能更稀疏地表示输入图像。因此, 第二种方法得到的字典通常融合效果更好, 更适合多模态医学图像融合。

下面解释如何训练字典中的原子。假设 $\{y_i\}_{i=1}^{e}$ 为通过固定大小窗口 (大小为 $\sqrt{n} \times \sqrt{n}$) 采样得到的数据库样本, 其中, e 为样本数量, N 为抽样数据库总数。该窗口从一组输入图像中进行随机采样。字典 D 的学习模型可以表示为

$$\min_{D, \alpha_i} \sum_{i=0}^{M} \|\alpha_i\|_0 \quad \text{s.t.} \quad \|y_i - D\alpha_i\|_2 < \varepsilon \tag{7.9}$$

式中, $\varepsilon > 0$ 为一个极小的正数, 代表能够容许的最大误差; M 为输入图像的总数。

7.1.3 融合规则

图像融合的过程中虽然多尺度变换至关重要, 但是融合规则也非常关键, 因为它最终可以直接影响图像融合的性能。图像融合规则的制定主要是提取人眼感兴趣区域的特征, 消除或者尽量抑制不重要的特征出现。图像融合规则的最终目的是将多幅输入图像融合为一幅图像。图像融合规则主要包括四个部分: 活动水平测量、系数分组、系数组合和一致性验证 [40]。融合规则 [41] 也可以从像素级、特征级和决策级这三个角度来进行描述。

1. 数学统计法

数学统计法是基于像素的融合规则，主要有平均法、最大值法和加权平均法。科学家进一步研究，也慢慢发展出了基于局部区域统计的融合规则和基于窗口的图像融合规则。

平均值法是中规中矩的融合规则，虽然能将有效信息完全利用，但同时也会引入大量的无用信息，最终会导致融合结果比较差。因此平均值法在多尺度图像融合过程中通常只用于低频层或基础层的系数融合。假设输入图像 A 与 B 的像素系数分别为 $c_A(m,n)$ 和 $c_B(i,j)$，$c_F(i,j)$ 为融合后的像素系数值，具体见式 (7.10)：

$$c_F(i,j) = \frac{1}{2}\left(c_A(i,j) + c_B(i,j)\right) \tag{7.10}$$

选取最大值的融合规则是非常直接的规则，其优点是图像细节清晰，融合过程基本不丢失信息，边缘细节丰富，比较适用于多聚焦图像融合的过程，但其也有拼接感比较强的缺陷。其表达式为 (7.11)：

$$c_F(i,j) = \begin{cases} c_A(i,j), & |c_A(i,j)| \geqslant |c_B(i,j)| \\ c_B(i,j), & |c_A(i,j)| < |c_B(i,j)| \end{cases} \tag{7.11}$$

加权平均的融合规则可以将图像细节信息和结构信息都完整保留，但不适合用于像素值有较大差异的情况，因为这样得到的融合图像容易有拼接感，不符合人眼视觉系统。具体见式 (7.12) 和式 (7.13)：

$$c_F(i,j) = a(i,j)c_A(i,j) + (1-a(i,j))c_B(i,j) \tag{7.12}$$

$$a(i,j) = \frac{c_A(i,j)}{c_A(i,j) + c_B(i,j)} \tag{7.13}$$

以上三种融合规则在处理边缘信息时过于敏感，导致融合结果的边缘信息不尽如人意。而基于窗口的融合规则在保持细节信息方面优于基于像素的融合规则，在这种规则中使用的窗口大小一般为 3×3 或 5×5 等，使用窗口提取相邻像素间的信息，规避了对单一像素过于敏感的缺点，并且可以减少无效信息的选取，极大地提高了融合算法的鲁棒性，使边缘信息更加完善，从而提高融合结果质量。

基于窗口的融合过程如下所示：

(1) 计算权重图 c_A 和 c_B 在点 (i,j) 的窗口范围内像素值之间的方差 $\sigma(i,j)$ 与区域局部能量 $E_A(i,j)$ 和 $E_B(i,j)$。

(2) 计算权重图 c_A 和 c_B 在点 (i,j) 窗口内的互相关系数 $M(i,j)$。

(3) 当 $M(i,j) \leqslant 0.85$ 时，说明输入图像 A 和 B 之间相关性比较低，因此直接选用区域内方差或能量最大系数为融合系数即可。见式 (7.14)：

$$c_F(i,j) = \begin{cases} c_A(i,j), & E_A(i,j) \geqslant E_B(i,j) \\ c_B(i,j), & E_A(i,j) < E_B(i,j) \end{cases} \tag{7.14}$$

当 $M(i,j) > 0.85$ 时，说明多幅输入图像之间较为相似，采用加权平均融合规则更合理。见式 (7.15) 和式 (7.16)：

$$c_F(i,j) = a(i,j)c_A(i,j) + (1 - a(i,j)) c_B(i,j) \tag{7.15}$$

$$a(i,j) = \begin{cases} \dfrac{1}{2} + \dfrac{1-M(i,j)}{2(1-\alpha)}, & E_A(i,j) \geqslant E_B(i,j) \\ \dfrac{1}{2} - \dfrac{1-M(i,j)}{2(1-\alpha)}, & E_A(i,j) < E_B(i,j) \end{cases} \tag{7.16}$$

2. 模糊逻辑法

模糊逻辑法 [41-43] 属于决策级图像融合规则。针对融合模糊图像难题，本节提出基于模糊逻辑的图像融合规则。模糊逻辑法有两种模型：Mamdani 模型和 T-S 模型。与 Mamdani 模型相比，T-S 模型更准确，避免了去模糊。但是在医学图像融合过程中模糊逻辑规则的使用频率比较低。

假设 S^A、S^B 为从输入图像中提取的特征信息，使用模糊逻辑模型来计算每个特征的权重。

第一步，用模糊逻辑对输入图像进行处理，其过程如下所示：

规则 1：若 S^A 为高且 S^B 为高，则为 S_1^F。

规则 2：若 S^A 为低且 S^B 为高，则为 S_2^F。

规则 3：若 S^A 为高且 S^B 为低，则为 S_2^F。

规则 4：若 S^A 为低且 S^B 为低，则为 S_3^F。

第二步，计算 S_1^F、S_2^F 与 S_3^F 分量的权重，μ 与 σ 分别为均值和方差，其表达式为

$$S_i^F = \mathrm{e}^{-\left(\frac{y-\mu_i}{\sigma_i}\right)^2}, \quad i = 1, 2, 3 \tag{7.17}$$

第三步，用中心平均去模糊器处理模糊输出，得到模糊逻辑的最终权重，通过加权计算得到融合图像。

3. 人类视觉系统法

基于人类视觉系统 [44-50] 的方法模拟了人眼对图像识别和思维理解的过程。在多模态医学图像融合中，使用人类视觉系统融合规则的算法有能见度 [51] 及人工神经网络 (artificial neural network, ANN) [45-50] 等。

能见度也称为图像的清晰度。能见度越高,模糊度就越小。Vijayarajan 和 Muttan [51] 提出了迭代块级主成分平均的图像融合,首先将输入图像分割成区域块,对这些区域块进行主成分计算。所有块主成分的平均值为融合规则提供权重,得到具有最大平均互信息的融合结果,该算法在平均互信息和平均结构相似度指标方面都有良好的性能。因此选择合适的融合系数的过程就是选择最大能见度方案的过程。由此可知,根据输入图像的能见度进行融合,是比较符合人眼视觉系统的。图像的能见度如式 (7.18) 所示。其中,μ 与 α 为图像的均值和一个大小在 0.6~0.7 的常数。

$$V(i,j) = \frac{1}{MN} \sum_{i=1}^{M} \sum_{j=1}^{N} \left(\frac{1}{\mu}\right)^{\alpha} \frac{|A(i,j) - \mu|}{\mu} \tag{7.18}$$

ANN 模型 [45-50] 能够从输入图像中学习并处理有用的特征,进而融合输入图像得到最终结果。映射神经网络 [47] 和 PCNN [46-48] 是神经网络模型在图像融合领域中的主要应用。映射神经网络模型的思想来源于自组织神经网络,因此可以提供多层次融合策略。而 PCNN 融合规则被经常应用于 WT 当中,对于变换后得到的低、高频段图像进行融合。PCNN 模型 [46-48] 是基于对动物视觉皮层同步脉冲的生物学实验观察,并通过人工神经网络发展而来的。每个神经细胞都由接受域、调制域和脉冲发生器组成。因此假设输入图像中每个像素对应于 PCNN 模型中的神经细胞。首先,设置两个通道分别为输入和输出的系数;其次,对两个通道中的输入进行加权求和调制,以获得中间状态;最后,根据阈值产生脉冲得到融合图像。

7.1.4　融合算法评价

通过前面的介绍,读者已经了解到不同的融合算法和融合规则,因此这里将对不同的融合算法和融合规则进行组合,进一步说明在实际应用中何种融合算法在多模态医学图像融合中的表现较好。在实验中,本节选用了以下几种融合算法进行对比:LP 法、DWT 法、CVT 算法、NSCT 和 SR。仿真后的结果如图 7.5 所示,以上几种融合算法评价指标对比如表 7.1 所示。对于多尺度变换融合算法,在实验中本节均设置其分解为 4 层,而稀疏表示的迭代次数设置为 6 次。

由表 7.1 可以看出,稀疏表示的指标 API、SD、AG、H、MI、SF、$N_{AB/F}$ 均表现最好,这说明稀疏表示模型可以更多地保留源图像的像素值和大量有效信息,并且产生噪声最小,整体融合效果较优。但是在其余四种多尺度变换算法中,表现最好的是拉普拉斯金字塔变换法,该算法得到的融合结果与输入图像更相似,融合质量高并且丢失信息最少。但是其他指标的表现不如稀疏表示。而 DWT 算法、CVT 算法和 NSCT 算法的评价指标表现更差，这也说明多尺度变换融合算法在尺度变换时会产生一些难以估计的误差。因此以下实验将运用稀疏表示来对这四种多尺度变换进行改进，进而判断哪种算法更适合与稀疏表示模型相结合。

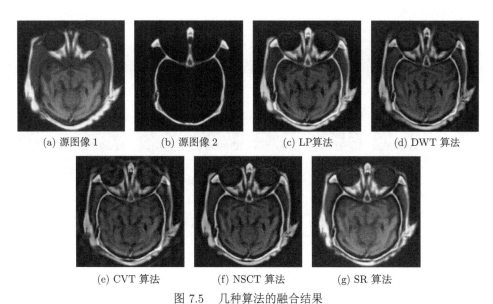

(a) 源图像1 (b) 源图像2 (c) LP算法 (d) DWT 算法

(e) CVT 算法 (f) NSCT 算法 (g) SR 算法

图 7.5 几种算法的融合结果

表 7.1 几种融合算法指标对比

算法	LP	DWT	CVT	NSCT	SR
API	38.0636	32.5138	32.7008	32.5800	52.6494
SD	53.7843	41.6680	41.2276	44.9951	55.0258
AG	9.5072	8.7654	8.7677	9.1862	10.4097
H	6.1658	6.2758	6.2575	6.1315	6.7795
MI	2.6672	2.1062	1.8184	2.4265	5.4071
CORR	0.6838	0.6751	0.6696	0.6770	0.6576
SF	17.5866	15.9099	15.5181	16.9543	18.0515
$Q_{AB/F}$	0.9050	0.8300	0.8142	0.8838	0.8989
$L_{AB/F}$	0.0845	0.1573	0.1728	0.1064	0.0926
$N_{AB/F}$	0.0104	0.0126	0.0130	0.0099	**0.0085**

图 7.6 为将四种多尺度变换融合算法与稀疏表示模型相结合后的融合结果，主要结合思路是：第一步用多尺度变换法将输入图像用不同的尺度进行表示，得到多个不同的频域子带；第二步使用稀疏表示将相同尺度的频域子带两两融合，得到融合后的多个频域子带；第三步运用逆多尺度变换得到最终的融合结果。从表 7.2 中可以看出，10 种评价指标中有 6 个指标在拉普拉斯金字塔变换与稀疏表

示模型的组合中表现最好，其余 4 个指标在 NSCT 算法与稀疏表示模型的组合中表现最好。这说明拉普拉斯金字塔法和 NSCT 算法相较于其他两种算法，更加适合与稀疏表示模型组合运用来进行图像融合算法的改进，这个结论将有利于本章下一步的实验。

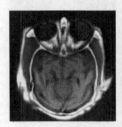 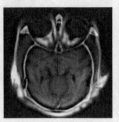 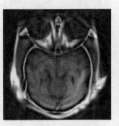 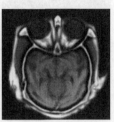

(a) LP＋SR　　　　　　(b) DWT＋SR　　　　　　(c) CVT＋SR　　　　　　(d) NSCT＋SR

图 7.6　稀疏表示改进算法的融合结果

表 **7.2**　稀疏表示改进算法指标对比

算法	LP+SR	DWT+SR	CVT+SR	NSCT+SR
API	54.9104	44.5612	48.1091	52.7751
SD	61.0595	52.5261	54.0672	55.8177
AG	9.9898	9.3035	9.4293	10.3388
H	7.0161	6.7287	6.8697	6.7847
MI	3.5904	2.2977	2.1291	5.2571
CORR	0.6890	0.6551	0.6452	0.6576
SF	17.6053	16.4193	16.1017	17.8761
$Q_{AB/F}$	0.9035	0.8380	0.8212	0.9024
$L_{AB/F}$	0.0865	0.1462	0.1615	0.0834
$N_{AB/F}$	0.0101	0.0158	0.0174	0.0092

7.2　基于自适应稀疏表示与引导滤波的图像融合算法

本节介绍一种基于自适应稀疏表示和引导滤波的多模态图像融合算法，并对自适应稀疏表示模型和引导滤波模型进行详细介绍。随后讲解本节所提算法的流程并给出其算法框图。使用有脑部病变患者的三组 CT 和 MRI 图像进行实验并与多种经典算法对比，体现本节所提算法的有效性和实用性。

7.2.1　相关模型

1. 自适应稀疏表示模型

为了构建自适应稀疏表示字典的学习训练集，假设输入图像大小均为 $M \times N$，由于多模态医学图像大小均为 256×256，自适应稀疏表示模型十分适用于医学图像融合领域。首先,从多幅高质量的输入图像中随机采样出大量的大小为 $\sqrt{n} \times \sqrt{n}$ 的图像块。其次,为了保证训练集中只有足够边缘结构的图像块,删除强度方差小于给定阈值的图像块[37,52]。因此假设训练集 $P = \{p_1, p_2, \cdots, p_M\}$,其中,有 M 个满足以上条件的图像块。然后,对于集合 P 中的图像块进行分类,才能构建出一组紧凑的子词典。为此,本节根据图像块的梯度主导方向进行分类。如同尺度不变特征变换描述符[13]中的方向分配方法一样,使用由全部像素的梯度组成的梯度方向直方图来计算图像块的主导方向。对于每一个图像块 $p_m(i,j) \in P$ 的水平梯度 $G_x(i,j)$ 和垂直梯度 $G_y(i,j)$ 都通过 Sobel 算子计算得出,见式 (7.19) 和式 (7.20):

$$G_x(i,j) = p_m(i,j) * \begin{bmatrix} -1 & 0 & 1 \\ -2 & 0 & 2 \\ -1 & 0 & 1 \end{bmatrix} \tag{7.19}$$

$$G_y(i,j) = p_m(i,j) * \begin{bmatrix} -1 & -2 & -1 \\ 0 & 0 & 0 \\ 1 & 2 & 1 \end{bmatrix} \tag{7.20}$$

式中,符号 $*$ 代表二维卷积运算符。梯度幅值 $G(i,j)$ 和梯度方向 $\Theta(i,j)$ 由式 (7.21) 和式 (7.22) 计算得出:

$$G(i,j) = \sqrt{G_x(i,j)^2 + G_y(i,j)^2} \tag{7.21}$$

$$\Theta = \arctan \frac{G_y(i,j)}{G_x(i,j)} \tag{7.22}$$

假设将 360° 平均划分 K 份来绘制方向直方图,如图 7.7(a) 所示,$K = 4$。为了构建图像块 p_m 的方向直方图,首先将 p_m 中每个像素 (i,j) 处的梯度方向 $\Theta(i,j)$ 量化到 K 个统计量中,然后将梯度幅度 $G(i,j)$ 添加到相应的统计量中。使用结构相似的图像块构建的子字典更为紧凑,因此使用这种字典进行图像融合更为合理。在此过程中,本节构建出 $K+1$ 个子字典 $D = \{D_0, D_1, D_2, \cdots, D_K\}$,其中,$D_0$ 是从集合 P 中所有的图像块训练得到的,其余的 $\{D_k | k = 1, \cdots, K\}$ 通过其相对应的子集 $\{P_k | k = 1, \cdots, K\} \in P$ 计算得出。基于以上考虑,设 k_m 表示图像块 p_m 应分配到哪一部分的 P_k,其中,k_m 按式 (7.23) 的分类得到。

$$k_m = \begin{cases} 0, & \dfrac{\theta_{\max}}{\sum\limits_{k=1}^{K} \theta_k} < \dfrac{2}{K} \\ k^*, & \text{其他} \end{cases} \tag{7.23}$$

式中，方向直方图峰值 $\theta_{\max} = \max\{\theta_0, \theta_1, \theta_2, \cdots, \theta_K\}$；$k^* = \arg\max\{\theta_k | k = 1, \cdots, K\}$ 是 $\theta_{\max}$ 的指标。若 $k_m = 0$，则意味着 p_m 是不规则的图像块。

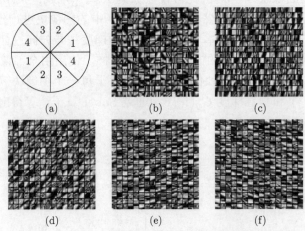

图 7.7　自适应稀疏表示模型中学习子词典的图解

(b)~(f) 为按照 360° 方向范围划分四等份学习的子词典

将 P 中需要被训练的所有图像块应用以上规则，就可以构造出 $\{P_k | k = 1, \cdots, K\}$。最后应用 K-SVD 算法学习出 $K+1$ 个子字典，图 7.7 (c)~(f) 给出了当 $K = 4$ 时的自适应字典，在这个例子中是从 30 对多模态医学图像中提取 10 万个大小为 8×8 的图像块，从而构建出 4 张大小均为 256×256 的子字典。对比图 7.7(b) 和图 7.7(c)~(f)，可以看出后者的每张字典的梯度方向大致相同。图 7.8 为自适应选择自适应稀疏表示的字典。

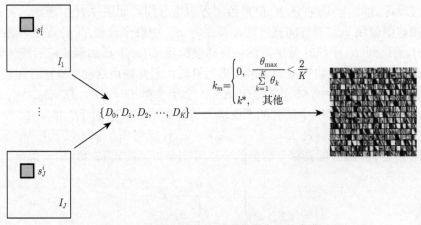

图 7.8　自适应选择自适应稀疏表示的字典

2. 引导滤波模型

2010 年引导滤波器的概念被首次提出，由于其与双边滤波器一样有较好的保持边缘信息的性能，科学家经常将它与其他算法结合来构建融合图像。Jameel 等[53] 将引导滤波器与 WT 相结合，克服了引导滤波器对噪声图像处理的缺陷，并提出了新颖的权重映射融合规则。Zhang 等[54] 用引导滤波器与显著性映射计算基础层和纹理层的权重图，从而得到较好的融合结果。Wang 等[55] 基于这种理念并与 RW 模型结合用于融合多聚焦图像，客观评价指标表明该方法可以得到很好的融合效果。引导滤波器也可以看作一种图像的多尺度变换法，并且可以结合图像的像素值和空间信息来构造权重图，由此可见引导滤波器的优良特性。因此在本节所提算法中将使用引导滤波器对输入图像进行分解，从而得到精细层和粗糙层。以下将介绍引导滤波器模型。

首先将引导滤波器假设为一种局部窗口线性滤波器，其定义如式 (7.24) 所示。用引导图像 G 来指导输入图像 I 进行滤波，从而得到输出结果 O。其中，W_{ij} 是根据引导图像 G 所计算的权重值。

$$O_{ij} = \sum_j W_{ij}(G)I_{ij} \tag{7.24}$$

计算权重图的过程如式 (7.25) 所示：

$$W_{ij}(G) = \frac{1}{|w|^2} \sum_{K:(i,j)\in w_k} \left(1 + \frac{(G_i - \mu_k)(G_j - \mu_k)}{\sigma_k^2 + \epsilon}\right) \tag{7.25}$$

式中，μ_k 与 σ_k 分别是局部窗口内的像素平均值和方差；G_i 与 G_j 是两个相邻的像素点的像素值；ϵ 是惩罚值。通过式 (7.25) 可以分析得出以下结果：当像素点 G_i 与 G_j 在局部窗口的边界上时，$(G_i - \mu_k)(G_j - \mu_k)$ 永远是负值，否则是正值；当权重为负值时，说明该像素点的权重较低，因此边缘两侧的像素会被赋予负值权重，削弱了滤波器的平滑模糊的效果，可以起到保持边缘细节的作用；当权重为正值时，就等于此处的像素权重较高，可以起到滤波器平滑图像的作用。不可忽视的是，惩罚值 ϵ 对引导滤波器的滤波效果影响也很大，当 ϵ 非常小时，其滤波效果就可以如上述所示；当 ϵ 非常大时，引导滤波器就可以被看作一个均值滤波器，其滤波平滑的效果会更加明显，但却起不到保边平滑的效果。

同样也可以用线性滤波器来理解引导滤波器计算权重的过程，同样的假设在引导图像 G 和输入图像 I 的点 (i,j) 处使用大小为 $m \times n$ 的窗口 ω 进行局部滤波，最终输出结果为滤波图像 O，相关公式见式 (7.26)～式 (7.30)：

$$O_{ij} = \bar{a}_{ij}P_{ij} + \bar{b}_{ij} \tag{7.26}$$

$$\bar{a}_{ij} = \frac{1}{|\omega|} \sum_{(i,j) \in \omega} a_{mn} \tag{7.27}$$

$$\bar{b}_{ij} = \frac{1}{|\omega|} \sum_{(i,j) \in \omega} b_{mn} \tag{7.28}$$

$$a_{mn} = \frac{\dfrac{1}{|\omega|} \sum_{(i,j) \in \omega} G_{ij} I_{ij} - \mu_{mn} \bar{I}_{mn}}{\sigma_{mn} + \epsilon} \tag{7.29}$$

$$b_{mn} = \frac{\bar{I}_{mn} - a_{mn} \mu_{mn}}{\bar{I}_{mn}} \tag{7.30}$$

式中，$|\omega|$ 为窗口内的像素总数；输入图像 I 在局部窗口内的像素均值为 $\bar{I}_{mn} = \dfrac{1}{|\omega|} \sum_{(i,j) \in \omega} I_{ij}$。因此可以得知，用引导滤波器进行图像处理的过程中，最关键的一步是求得线性系数的值，只要能够准确地求得线性系数，就能准确地绘制权重图，得到具有保边平滑性的滤波图像。

7.2.2　算法描述

自适应稀疏表示在图像融合的过程中可以同时对粗糙层和精细层进行图像去噪，引导滤波在保持边缘细节方面有着良好的特性，结合这两种方法的优势，我们提出了一种自适应稀疏表示和引导滤波器的多模态医学图像融合算法。通过后续的实验验证了该算法的可行性与有效性，其算法流程图如图 7.9 所示。

(1) 使用均值滤波器将输入图像分解为粗糙层 B_1 和 B_2、精细层 D_1 和 D_2。

(2) 对输入图像进行显著性计算，得到显著性权重图，再对权重图使用拉普拉斯滤波器得到粗糙层权重图，最后使用引导滤波器对以上求得的权重图进行优化，得到最终的粗糙层权重图。

(3) 根据以上的粗糙层权重图，对粗糙层 B_1 和 B_2 使用加权平均的融合规则，得到融合后的粗糙层。

(4) 对精细层 D_1 和 D_2 使用自适应稀疏表示的融合规则，求得融合后的精细层。

(5) 融合图像就是通过将融合粗糙层与融合精细层相加而得出的。

1. 图像分解

将输入图像分解为粗糙层和精细层的原因是粗糙层包含输入图像轮廓结构和大部分底层信息，精细层包含输入图像的显著性信息、内部结构和边缘细节等关键信息。因此将图像分解为精细层和粗糙层并且使用不同的融合规则，可以更有

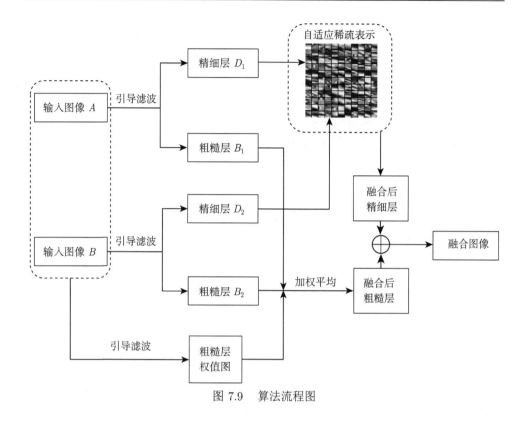

图 7.9　算法流程图

针对性地融合不同的信息，从而得到更加优良的融合结果。本节使用高斯滤波器将输入图像 A 和 B 分解为精细层图像和粗糙层图像，其计算过程如式 (7.31)~式 (7.35) 所示。其中，G 表示高斯函数，其高斯模板大小为 3×3，以此模板来对像素 (i, j) 的周围进行取样计算：

$$G(i, j) = \frac{1}{2\pi\sigma^2} e^{-\frac{i^2+j^2}{2\sigma^2}} \tag{7.31}$$

$$B_1 = A * G \tag{7.32}$$

$$B_2 = B * G \tag{7.33}$$

通过高斯滤波器得到粗糙层后，就可以求得精细层图像。其计算思路是将输入图像与其相对应的粗糙层求差。精细层 D_1 和 D_2 计算过程如下所示：

$$D_1 = A - B_1 \tag{7.34}$$

$$D_2 = B - B_2 \tag{7.35}$$

2. 融合规则

对于通过上面计算得到的精细层和粗糙层，这里首先使用拉普拉斯滤波器结合图像的显著性区域计算输入图像的初始权重图，随后用引导滤波器结合输入图像 A 和 B 指导优化权重图。

(1) 实验证明大小为 3×3 拉普拉斯滤波器的滤波效果最佳[55]。因此，使用大小为 3×3 拉普拉斯滤波器 L 作用于输入图像 A 和 B，获得其高通图像 H_1 和 H_2，见式 (7.36)：

$$H_1 = A * L, \quad H_2 = B * L \tag{7.36}$$

(2) 对以上计算得到的高斯图像 H_1 和 H_2 的绝对值进行显著性区域平均计算，构建显著性图像 S_1 和 S_2，见式 (7.37)。根据这两幅输入图像的显著性图，依据以下定义得到对应的权重图，见式 (7.38)：

$$S_1 = |H_1| * Y_{r_g, \sigma_g}, \quad S_2 = |H_2| * Y_{r_g, \sigma_g} \tag{7.37}$$

$$P_n^k = \begin{cases} 1, & S_X^k = \max\left(S_1^k, S_2^k, \cdots, S_N^k\right) \\ 0, & \text{其他} \end{cases} \tag{7.38}$$

式 (7.37) 中，Y 为一个大小为 $(2r_g + 1) \times (2r_g + 1)$ 的高斯低通滤波器，在本次计算过程中本节将 r_g 和 σ_g 的值都设置为 5。在式 (7.38) 中，n 为输入图像的个数，这里输入图像个数均为 $n = 2$，且第 n 幅输入图像的像素点 k 处的显著性权重为 S_n^k。

而这仅仅是计算出了初始权重图，如果使用这种权重图对图像进行融合会导致融合结果图的拼接感过强，也会丢失大量边缘信息，不符合人类视觉系统。因此，我们使用引导滤波器结合输入图像 A、B 对权重图 P_n^k 进行优化就可以计算出粗糙层和精细层的权重图，见式 (7.39) 和式 (7.40)：

$$W_1^B = G_{r_1, \epsilon_1}(P_1, A), \quad W_2^B = G_{r_1, \epsilon_1}(P_2, B) \tag{7.39}$$

$$W_1^D = G_{r_2, \epsilon_2}(P_1, A), \quad W_2^D = G_{r_2, \epsilon_2}(P_2, B) \tag{7.40}$$

式中，r_1、r_2、ϵ_1 和 ϵ_2 为引导滤波器的相关参数值。在本节所提算法中将参数设置为 $r_1 = 45$、$r_2 = 7$、$\epsilon_1 = 0.3$ 与 $\epsilon_2 = 10^{-6}$。W_1^B 与 W_2^B 分别表示输入图像 A 和 B 的粗糙层权重图，W_1^D 与 W_2^D 分别表示输入图像 A 和 B 的精细层权重图。为了能够较好地进行图像重构，必须保证通过以上过程计算出的粗糙层与精细层图像中的权重在每一个像素点之和为 1，因此本节将权重图进行归一化处理，来确保权重图的有效性。

随后，针对以上步骤中计算出的精细层使用自适应稀疏表示的融合规则，来得到融合精细层。自适应稀疏表示可以减少精细层中的噪声和伪影，因此使用此算法对精细层 D_1 和 D_2 进行融合，从而构建出融合精细层 F_D。由于医学图像的大小均为 256×256，因此不需要图像配准过程。

(1) 对一组输入图像从左至右、从上至下进行采样得到大小一致的图像块，并对这些图像块进行梯度方向直方图分类从而得到 k 幅子字典。最后从这些字典中自适应地选择不同字典来对精细层 D_1 和 D_2 的图像块进行稀疏表示，见式 (7.41)：

$$D_1 \approx D_k \alpha_1, \quad D_2 \approx D_k \alpha_2 \tag{7.41}$$

式中，D_k 为自适应挑选的字典；α_1 和 α_2 分别为精细层 D_1 和 D_2 的稀疏系数。

(2) 根据稀疏系数选择不同的规则对系数进行融合。选取依据稀疏系数的方差来进行融合，见式 (7.42)~式 (7.44)：

$$G_1 = \frac{1}{mn} \sum_{x=1}^{m} \sum_{y=1}^{n} \left(\alpha_1(x,y) - \mu_1 \right)^2 \tag{7.42}$$

$$G_2 = \frac{1}{mn} \sum_{x=1}^{m} \sum_{y=1}^{n} \left(\alpha_2(x,y) - \mu_2 \right)^2 \tag{7.43}$$

$$\mu_1 = \frac{1}{mn} \sum_{x=1}^{m} \sum_{y=1}^{n} \alpha_1(x,y), \quad \mu_2 = \frac{1}{mn} \sum_{x=1}^{m} \sum_{y=1}^{n} \alpha_2(x,y) \tag{7.44}$$

式中，稀疏系数 $\alpha_1(x,y)$ 与 $\alpha_2(x,y)$ 的均值分别为 μ_1 和 μ_2，且稀疏系数矩阵的大小为 $m \times n$。

然后根据稀疏系数的方差大小和稀疏矩阵的稀疏度 $d_1 = ||\alpha_1||_0$，$d_2 = ||\alpha_2||_0$ 来指定稀疏系数的融合规则，见式 (7.45)：

$$\alpha_F = \begin{cases} \alpha_1, & G_1 - G2 > \epsilon 且 d_1 > d_2 \\ \alpha_2, & G_2 - G1 > \epsilon 且 d_2 > d_1 \\ \dfrac{G_1 \alpha_1 + G_2 \alpha_2}{G_1 + G_2}, & 其他 \end{cases} \tag{7.45}$$

最后根据融合后的稀疏系数，并自适应的挑选子字典之后，进行精细层重构，得到融合精细层 F_D，见式 (7.46)：

$$F_D = D_k \alpha_F \tag{7.46}$$

3. 图像重构

利用式 (7.39) 和式 (7.40) 计算出权重图 W_1^B 和 W_2^B，见式 (7.47) 和式 (7.48)。采用加权平均的融合规则来计算得到融合后的粗糙层 F_B，见式 (7.49)：

$$W_1^F = \frac{W_1^B}{W_1^B + W_2^B} \tag{7.47}$$

$$W_2^F = \frac{W_2}{W_1 + W_2} \tag{7.48}$$

$$F_B = W_1^F B_1 + W_2^F B_2 \tag{7.49}$$

最后，将融合粗糙层图像与融合精细层图像相加，得到融合图像 F，见式 (7.50)：

$$F = F_B + F_D \tag{7.50}$$

7.2.3　算法仿真和评价

1. 实验参数

为了验证本节所提算法的有效性，对三组多模态有脑病变医学图像 (CT 图像和 MRI 图像) 进行对比实验。在实验中，使用如下图片：一名肉瘤患者的第 17 组脑切片 (第一组)、一名脑膜瘤患者的第 17 组脑切片 (第二组) 和一名急性中风言语停止患者的第 18 组脑切片 (第三组)。因为大部分切片都可以显示患者大脑内的病变，所以一种病变本节只选择一组清晰直观的图像来进行实验。所有的 CT 图像和 MRI 图像的大小均为 256×256。

融合结果通过以下 9 个指标进行评价。平均像素强度 (API) 可以用来计算对比度；SD 是方差的算术平方根，反映了融合结果的离散程度；AG 测量融合结果的分辨率；熵 H [38] 表示融合图像中信息的总量；SF [56] 用于计算融合图像的整体信息水平；MI [57] 反映了源图像向融合图像传递的有效信息的数量；融合质量 $(Q_{AB/F})$ [58] 反映了最终融合图像中保留的输入图像边缘细节的数量；$L_{AB/F}$ 与 $N_{AB/F}$ 分别代表融合图像的总损失量和噪声与伪影的数量。

2. 仿真结果对比

为了验证本节提出算法的有效性，将其与 DWT [59]、CVT [60,61]、NSCT [62] 等其他算法对比。为了便于描述，在实验分析中将本节所提算法记为 SR+GF 算法。三组图像的融合结果如图 7.10～图 7.12 所示。为了直观地对比融合结果之间的差异，

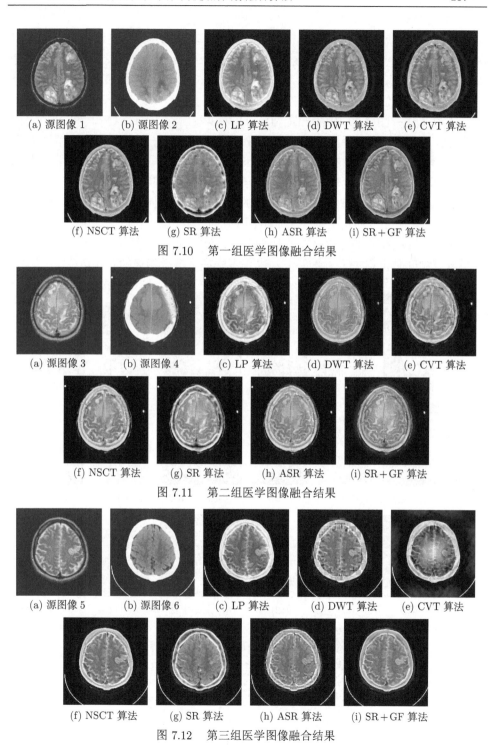

(a) 源图像 1　　(b) 源图像 2　　(c) LP 算法　　(d) DWT 算法　　(e) CVT 算法

(f) NSCT 算法　　(g) SR 算法　　(h) ASR 算法　　(i) SR+GF 算法

图 7.10　　第一组医学图像融合结果

(a) 源图像 3　　(b) 源图像 4　　(c) LP 算法　　(d) DWT 算法　　(e) CVT 算法

(f) NSCT 算法　　(g) SR 算法　　(h) ASR 算法　　(i) SR+GF 算法

图 7.11　　第二组医学图像融合结果

(a) 源图像 5　　(b) 源图像 6　　(c) LP 算法　　(d) DWT 算法　　(e) CVT 算法

(f) NSCT 算法　　(g) SR 算法　　(h) ASR 算法　　(i) SR+GF 算法

图 7.12　　第三组医学图像融合结果

首先将细节区域放大,用视觉分析对比细节信息之间的差异,如图 7.13～图 7.15 所示子图 (a1)～g(1) 和子图 (a2)～g(2) 分别是从虚线方框和实线方框中截取并放大的图像。可以看出一般情况下,本节所提算法得到的融合图像可以保持较好的边缘结构和细节信息。

从图 7.10～图 7.12 中的子图 (d)～(f) 可以看出,DWT、CVT 和 NSCT 算法的融合结果都丢失了大量的 MRI 图像边缘细节。从子图 (g) 可以清楚地看到,SR 算法容易形成阻滞效应。而从子图 (h) 中可以看出,ASR 算法无法消除块效应,梯度、对比度和亮度较差,导致融合结果中部分纹理和结构不清晰。图 7.13～图 7.15(a1) 显示的是 LP 算法融合结果的边缘信息,由图可知,由于融合结果的亮度过高,导致 LP 的结果丢失了 MRI 图像的部分边缘细节。在子图 (b2)、(c2) 和 (d2) 中可以发现,DWT、CVT 和 NSCT 算法的融合结果图丢失边缘信息,导致图像模糊同时也损失了大量能量,进一步降低了融合图像的对比度。

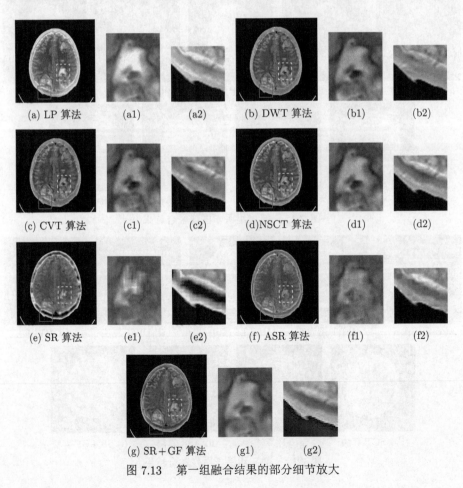

(a) LP 算法　　　(a1)　　　(a2)　　　(b) DWT 算法　　　(b1)　　　(b2)

(c) CVT 算法　　　(c1)　　　(c2)　　　(d)NSCT 算法　　　(d1)　　　(d2)

(e) SR 算法　　　(e1)　　　(e2)　　　(f) ASR 算法　　　(f1)　　　(f2)

(g) SR+GF 算法　　　(g1)　　　(g2)

图 7.13　第一组融合结果的部分细节放大

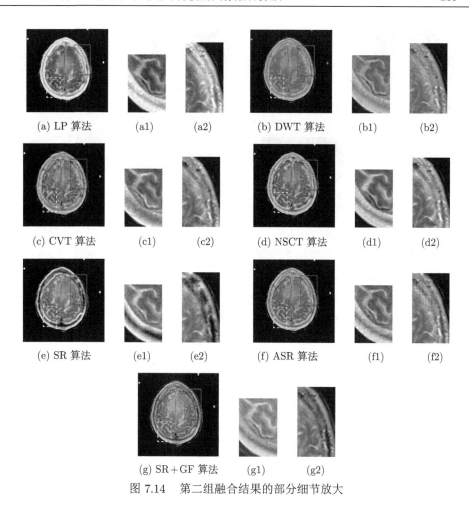

(a) LP 算法   (a1)   (a2)   (b) DWT 算法   (b1)   (b2)

(c) CVT 算法   (c1)   (c2)   (d) NSCT 算法   (d1)   (d2)

(e) SR 算法   (e1)   (e2)   (f) ASR 算法   (f1)   (f2)

(g) SR+GF 算法   (g1)   (g2)

图 7.14 第二组融合结果的部分细节放大

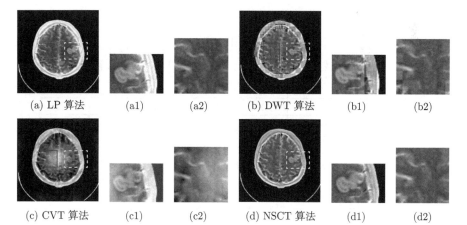

(a) LP 算法   (a1)   (a2)   (b) DWT 算法   (b1)   (b2)

(c) CVT 算法   (c1)   (c2)   (d) NSCT 算法   (d1)   (d2)

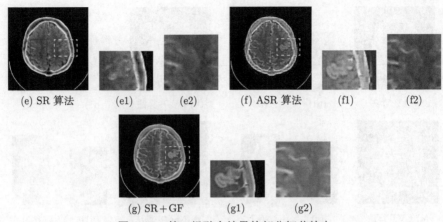

(e) SR 算法　　　　(e1)　　　(e2)　　　(f) ASR 算法　　　(f1)　　　(f2)

(g) SR+GF　　　　(g1)　　　(g2)

图 7.15　第三组融合结果的部分细节放大

总而言之，其余六种算法在医学图像融合中表现不佳，导致融合后的图像边缘不清、对比度低、结构丢失，显著地影响医生诊断的准确性。相比之下，本节所提算法 (SR+GF) 能够较好地保留边缘信息，但它的对比度较低且缺少大量亮度信息。因此从视觉上可以得出结论，本节所提算法获得的融合效果，由于缺少部分信息，并不太适合人眼视觉系统。因此，该算法还需要进一步改进。

3. 客观指标对比

这里采用以下客观评价指标进行对比。由于客观评价指标过多，将 9 个评价指标分为 A 和 B 两组。A 组为 API、SD、AG、H、MI 和 SF，如图 7.16、图 7.18 和图 7.20 所示。这 6 个统计指标的值越高就说明融合图像的质量越好。

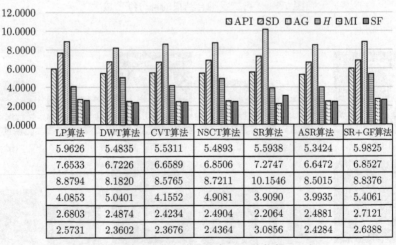

	LP算法	DWT算法	CVT算法	NSCT算法	SR算法	ASR算法	SR+GF算法
API	5.9626	5.4835	5.5311	5.4893	5.5938	5.3424	5.9825
SD	7.6533	6.7226	6.6589	6.8506	7.2747	6.6472	6.8527
AG	8.8794	8.1820	8.5765	8.7211	10.1546	8.5015	8.8376
H	4.0853	5.0401	4.1552	4.9081	3.9090	3.9935	5.4061
MI	2.6803	2.4874	2.4234	2.4904	2.2064	2.4881	2.7121
SF	2.5731	2.3602	2.3676	2.4364	3.0856	2.4284	2.6388

图 7.16　第一组融合结果的客观评价指标 (A 组)

由于 API、SD 和 SF 的值过大，为了便于观察，本节将这些数据除以 10 来绘制表格。B 组评价指标为 $Q_{AB/F}$、$L_{AB/F}$ 和 $N_{AB/F}$，如图 7.17、图 7.19 和图 7.21 所示。其中，$Q_{AB/F}$ 的值越高就说明图像效果越好，而 $L_{AB/F}$ 和 $N_{AB/F}$ 的值则是越接近于 0 越好。

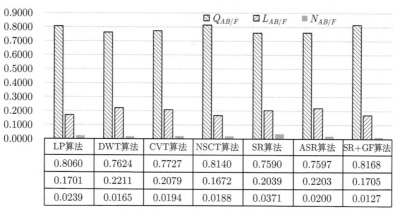

	LP算法	DWT算法	CVT算法	NSCT算法	SR算法	ASR算法	SR+GF算法
	0.8060	0.7624	0.7727	0.8140	0.7590	0.7597	0.8168
	0.1701	0.2211	0.2079	0.1672	0.2039	0.2203	0.1705
	0.0239	0.0165	0.0194	0.0188	0.0371	0.0200	0.0127

图 7.17　第一组融合结果的客观评价指标 (B 组)

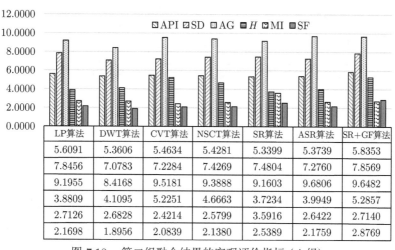

	LP算法	DWT算法	CVT算法	NSCT算法	SR算法	ASR算法	SR+GF算法
	5.6091	5.3606	5.4634	5.4281	5.3399	5.3739	5.8353
	7.8456	7.0783	7.2284	7.4269	7.4804	7.2760	7.8569
	9.1955	8.4168	9.5181	9.3888	9.1603	9.6806	9.6482
	3.8809	4.1095	5.2251	4.6663	3.7234	3.9949	5.2857
	2.7126	2.6828	2.4214	2.5799	3.5916	2.6422	2.7140
	2.1698	1.8956	2.0839	2.1380	2.5389	2.1759	2.8769

图 7.18　第二组融合结果的客观评价指标 (A 组)

从图 7.16、图 7.18 和图 7.20 可以看出，SR+GF 算法在 API 和 H 上的性能都是最好的，这意味着该算法具有较好的信息融合能力。在图 7.16 和图 7.17 中，SR+GF 算法共有 5 个评价指标最优。在图 7.18 和图 7.19 中，SR+GF 算法共有 6 个评价指标最优。在图 7.20 和图 7.21 中，SR+GF 算法共有 5 个评价指标最优。其中，LP 算法的 SD 指标结果最优；对于指标 AG 和 SF 而言，块效应的

不良影响才导致 SR 算法和 ASR 算法的指标数值优于 SR+GF 算法。在图 7.18
和图 7.20 中，SR 算法的 MI 指标数值最大，说明该算法在保存信息方面有很好
的性能，但在图 7.10 ~ 图 7.12 中也能观察到，该算法的融合结果依旧存在伪影
和噪声，且出现斑块。因此 SR+GF 算法具一定保留输入图像信息的能力。

从图 7.17、图 7.19 和图 7.21 可以看出，SR+GF 算法在 $Q_{AB/F}$、$L_{AB/F}$
指标上有最优结果，这说明该算法保留了输入图像中较多信息和输入图像的边缘
及结构信息，并且在融合过程中产生阴影最少。实验结果表明，SR+GF 算法在
融合图像时几乎没有失真，细节和结构都得到了很好的保留，获得高质量的融合
图像。

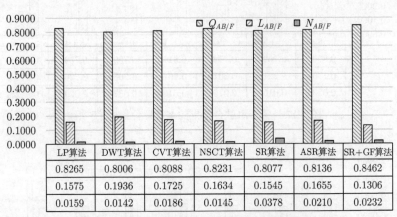

图 7.19　第二组融合结果的客观评价指标 (B 组)

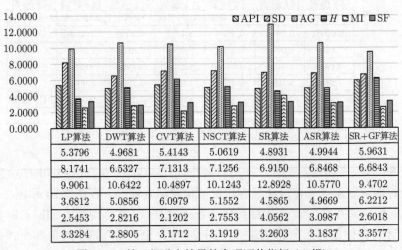

图 7.20　第三组融合结果的客观评价指标 (A 组)

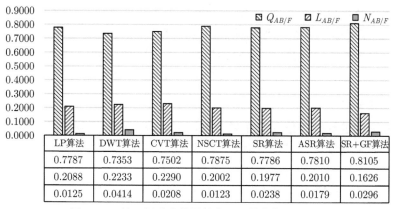

	LP算法	DWT算法	CVT算法	NSCT算法	SR算法	ASR算法	SR+GF算法
	0.7787	0.7353	0.7502	0.7875	0.7786	0.7810	0.8105
	0.2088	0.2233	0.2290	0.2002	0.1977	0.2010	0.1626
	0.0125	0.0414	0.0208	0.0123	0.0238	0.0179	0.0296

图 7.21　第三组融合结果的客观评价指标 (B 组)

7.3　基于自适应稀疏表示与拉普拉斯金字塔的图像融合算法

在上述算法的基础上，本节提出一种基于拉普拉斯金字塔分解和自适应稀疏表示的多模态医学图像融合算法。该算法在性能上将优于 SR+GF 算法，接下来将介绍本节所提算法的流程并给出其算法框图。

7.3.1　算法描述

由于拉普拉斯金字塔容易在分解的过程中在高频层产生噪声，而自适应稀疏表示在图像融合的过程中可以降低高频信息的噪声，所以基于这两种算法本节提出一种图像融合算法，具体流程图如图 7.22 所示，其中，A、B 和 F 分别表示

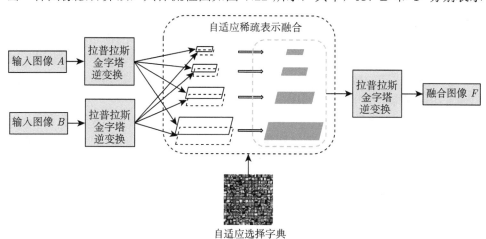

图 7.22　多模态医学图像融合流程图

输入图像和融合图像。该融合方法步骤为：①利用拉普拉斯金字塔分解将医学图像分割成四幅不同大小的图像；②通过多尺度变换得到两个拉普拉斯金字塔，对它们互相对应的每一层进行自适应稀疏表示融合，得到融合后的拉普拉斯金字塔；③对融合拉普拉斯金字塔进行拉普拉斯金字塔逆变换得到最终的融合图像。

1. 图像分解

对源图像进行拉普拉斯金字塔分解，可以得到不同尺度的医学图像的特征。首先，对于大小为 $M \times N$ 的图像，本节需要通过高斯变换得到它的高斯金字塔。假设输入图像是 G_0 层。为了得到大小为 $0.5M \times 0.5N$ 的 G_1 层，需要用高斯核函数对 G_0 层向下采样。将以上步骤重复 3 次就能得到拉普拉斯金字塔 ($l \in L = 4$ 层)。因此该过程可以简化为式 (7.51) 的形式：

$$G_l = \text{Reduce}(G_{l-1}) \tag{7.51}$$

构造拉普拉斯金字塔的第一步是对高斯金字塔的每一层进行向下采样。假设要扩展的图像大小为 $m \times n$。高斯金字塔逆变换是为了将图像扩展为大小为 $2m \times 2n$ 的图像，可以表示为式 (7.52)：

$$G_l^* = \text{Expand}(G_l) \tag{7.52}$$

拉普拉斯金字塔可以表示为

$$\begin{cases} \text{LP}_l = G_l - G_{l+1}^*, & 0 < l < L \\ \text{LP}_L = G_l, & l = L \end{cases} \tag{7.53}$$

2. 自适应稀疏表示融合

用自适应稀疏表示 [63] 算法可以降低高频层的噪声，因此使用该算法对拉普拉斯金字塔最高层 LP_3^A 和 LP_3^B 进行融合，那么自适应字典的构建和选择是此次融合过程中最关键的步骤。从训练出的子字典中挑选出最适合的子字典来进行融合，从而构建出新的融合图像层 LP_3^F。假设 $\{I_1, I_2, \cdots, I_J\}$ 为输入图像，通过这组输入图像训练出的子字典为 $D = \{D_0, D_1, D_2, \cdots, D_K\}$。

(1) 对于每个输入图像 I_j，使用大小为 $\sqrt{n} \times \sqrt{n}$ 的滑动窗口从上至下、从左至右提取步长为 1 个像素的所有图像块。假设 $\{s_1^i, s_2^i, \cdots, s_J^i\}_{i=1}^e$ 是一组具有图像相同位置 i 的图像块，$\{I_1, I_2, \cdots, I_J\}$ 是从每个输入图像中采样的图像块数量，P 是由保留有意义的图像块组成的训练集。

(2) 对每个列向量 v_j^i 的均值 $\bar{v}_j^i$ 进行归一化处理得到 $\hat{v}_j^i$，如式 (7.54) 所示，其中，列向量 $\{v_1^i, v_2^i, \cdots, v_J^i\}$ 由图像块 $\{s_1^i, s_2^i, \cdots, s_J^i\}$ 重新排列获得。

$$\hat{v}_j^i = v_j^i - \bar{v}_j^i \tag{7.54}$$

(3) 从集合 $\{\hat{v}_1^i, \hat{v}_2^i, \cdots, \hat{v}_J^i\}$ 中选取方差最大的 $\hat{v}_m^i$。基于 $\hat{v}_m^i$ 构造梯度方向直方图，随后从 $D = \{D_0, D_1, D_2, \cdots, D_K\}$ 中根据式 (7.23) 选择一个子字典，共有 $K+1$ 个子字典。将 D_{k_m} 定义为自适应子字典。

(4) 根据 D_{k_m} 中 $\{\hat{v}_1^i, \hat{v}_2^i, \cdots, \hat{v}_J^i\}$ 的计算稀疏向量 LP_3^F，该过程如图 7.23 所示：

$$\max_{\alpha_j^i} \|\alpha_j^i\| \quad \text{s.t.} \quad \|\hat{v}_j^i - D_{k_i}\alpha_j^i\|_2 < \sqrt{n}C\sigma + \varepsilon \tag{7.55}$$

式 (7.55) 中常数 $C > 0$，并且 $\varepsilon > 0$ 是误差宽容度。随后用最大 L1 范数规则对稀疏向量进行融合，见式 (7.56)：

$$\alpha_F^i = \alpha_{j*}^i, \quad j^* = \arg\max_j\{\|\alpha_j^i\|_1, \quad j = 1, 2, \cdots, J\} \tag{7.56}$$

融合后的均值 $\bar{v}_F^i$ 由式 (7.57) 计算得出：

$$\bar{v}_F^i = \bar{v}_{j*}^i \tag{7.57}$$

(5) 最后，高频层 LP_3^F 的融合结果 $\{v_1^i, v_2^i, \cdots, v_J^i\}$ 由式 (7.58) 得出：

$$v_F^i = D_{k_i}\alpha_F^i + \bar{v}_F^i \tag{7.58}$$

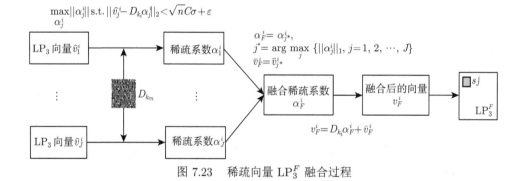

图 7.23 稀疏向量 LP_3^F 融合过程

3. 图像重构

从高频层到低频层，每一层都重复以上过程，得到融合后的拉普拉斯金字塔。接下来，根据式 (7.59) 进行递推叠加，通过拉普拉斯金字塔逆变换重构，得到相应的高斯金字塔：

$$G_{l-1}^F = G_l^{F*} + \mathrm{LP}_{l-1}^F, \quad 0 \leqslant l < 4 \tag{7.59}$$

式中，$G_l^F = \mathrm{LP}_l^F$，且 G_l^F 是高斯金字塔的第 l 层可以通过 LP_l^F 计算得出。

通过高斯金字塔逆变换得到融合后的图像 F。

7.3.2　算法仿真和评价

1. 实验参数

为了说明算法的性能,依旧使用上述三组病变医学图像进行实验。所有的 CT 图像和 MRI 图像的大小均为 256×256。评价分析时使用上述 9 个客观评价指标:平均像素强度 (API)、标准差 (SD)、平均梯度 (AG)、熵 (H)、空间频率 (SF)、互信息量 (MI)、融合质量 ($Q_{AB/F}$)、融合损失 ($L_{AB/F}$) 和融合伪影 ($N_{AB/F}$)。

2. 仿真结果对比

为了便于描述,特将基于拉普拉斯金字塔和自适应稀疏表示的图像融合算法记为 SR+LP 算法。为了验证该算法的优劣性,将 SR+LP 算法与 DWT [59]、CVT [60,61]、NSCT [62]、SR+GF 算法等其他算法进行了比较。三组医学图像融合结果如图 7.24~ 图 7.26 所示。为了直观地对比融合结果之间的差异,采用将细节区域放大的方法,可以用视觉对比细节信息之间的差异,如图 7.27~ 图 7.29 所示,子图 (a1)~(g1) 和子图 (a2)~(g2) 分别是从虚线方框和实线方框中截取并放大的图像。可以看出一般情况下,通过 SR+LP 算法得到的融合图像可以保持较好的边缘结构和细节信息。

从图 7.24~ 图 7.26 中的子图 (d)~(f) 可以看出,DWT、CVT 和 NSCT 算法的融合结果都丢失了大量的 MRI 图像边缘细节。从子图 (g) 可以清楚地看到,SR 算法容易形成阻滞效应。而从子图 (h) 中可以看出,ASR 算法无法消除块效应,梯度、对比度和亮度较差,导致融合结果中部分纹理和结构不清晰。图 7.27~ 图 7.29 的子图 (a1) 显示的是 LP 算法融合结果的边缘信息,由图可知该融合结果的亮度过高,导致 LP 算法的结果丢失了 MRI 图像的部分边缘细节。在 (b2)、(c2)

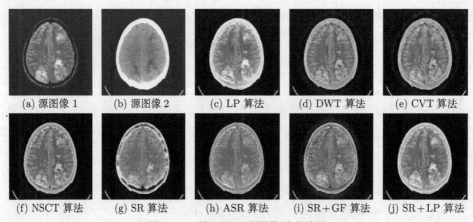

(a) 源图像 1　　(b) 源图像 2　　(c) LP 算法　　(d) DWT 算法　　(e) CVT 算法

(f) NSCT 算法　　(g) SR 算法　　(h) ASR 算法　　(i) SR+GF 算法　　(j) SR+LP 算法

图 7.24　第一组医学图像融合结果

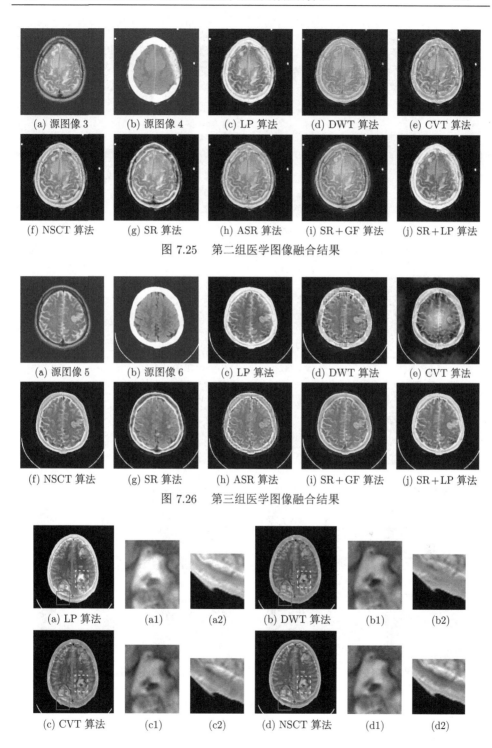

(a) 源图像 3　　(b) 源图像 4　　(c) LP 算法　　(d) DWT 算法　　(e) CVT 算法

(f) NSCT 算法　　(g) SR 算法　　(h) ASR 算法　　(i) SR+GF 算法　　(j) SR+LP 算法

图 7.25　第二组医学图像融合结果

(a) 源图像 5　　(b) 源图像 6　　(c) LP 算法　　(d) DWT 算法　　(e) CVT 算法

(f) NSCT 算法　　(g) SR 算法　　(h) ASR 算法　　(i) SR+GF 算法　　(j) SR+LP 算法

图 7.26　第三组医学图像融合结果

(a) LP 算法　　(a1)　　(a2)　　(b) DWT 算法　　(b1)　　(b2)

(c) CVT 算法　　(c1)　　(c2)　　(d) NSCT 算法　　(d1)　　(d2)

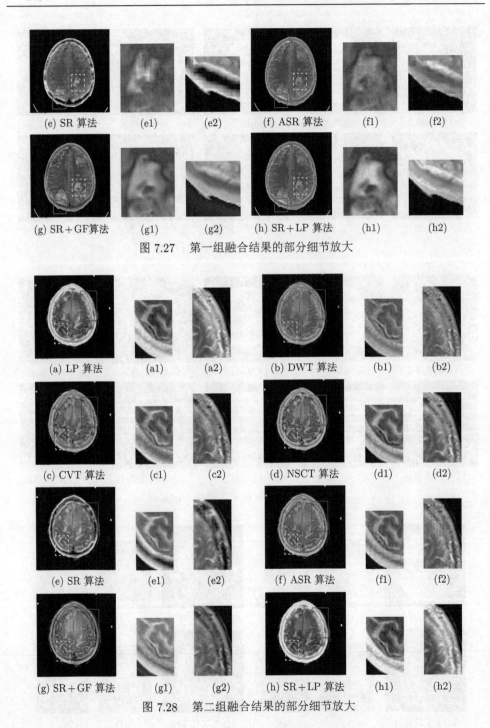

(e) SR 算法　　　(e1)　　　(e2)　　　(f) ASR 算法　　　(f1)　　　(f2)

(g) SR＋GF算法　　　(g1)　　　(g2)　　　(h) SR＋LP 算法　　　(h1)　　　(h2)

图 7.27　　第一组融合结果的部分细节放大

(a) LP 算法　　　(a1)　　　(a2)　　　(b) DWT 算法　　　(b1)　　　(b2)

(c) CVT 算法　　　(c1)　　　(c2)　　　(d) NSCT 算法　　　(d1)　　　(d2)

(e) SR 算法　　　(e1)　　　(e2)　　　(f) ASR 算法　　　(f1)　　　(f2)

(g) SR＋GF 算法　　　(g1)　　　(g2)　　　(h) SR＋LP 算法　　　(h1)　　　(h2)

图 7.28　　第二组融合结果的部分细节放大

和 (d2) 中可以发现，DWT、CVT 和 NSCT 算法的融合结果图丢失边缘信息，导致图像模糊同时也损失了大量能量，进一步降低了融合图像的对比度。总而言之，其余六种算法在医学图像融合中表现不佳，导致融合后的图像边缘不清、对比度低、结构丢失，显著地影响医生诊断的准确性。

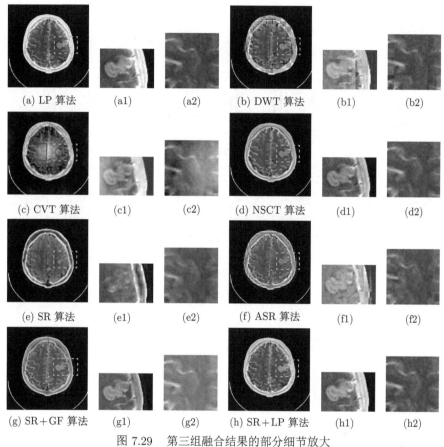

图 7.29　第三组融合结果的部分细节放大

SR+LP 算法和 SR+GF 算法均优于其余算法。相比之下，SR+GF 算法缺少图像对比度和亮度信息。因此经过视觉分析之后可以得出结论：SR+LP 算法优于 SR+GF 算法且能够获得更好的融合效果，十分符合人眼视觉系统，有实用价值可以用于医学诊断。但是，SR+LP 算法和 SR+GF 算法在客观指标的比较还需要下面进一步的验证。

3. 客观指标对比

我们将 9 个评价指标分为 A 和 B 两组。A 组为定量统计指标 API、SD、AG、H、MI 和 SF，如图 7.30、图 7.32 和图 7.34 所示。这 6 个统计指标的值越高，就说明融合图像的质量越好。由于 API、SD 和 SF 的值过大，为了便于观察，本节将这些数据除以 10 来绘制表格。B 组评价指标为 $Q_{AB/F}$、$L_{AB/F}$ 和 $N_{AB/F}$，如图 7.31、图 7.33 和图 7.35 所示。其中，$Q_{AB/F}$ 的值越高就说明图像效果越好，而 $L_{AB/F}$ 和 $N_{AB/F}$ 的值则是越接近于 0 越好。

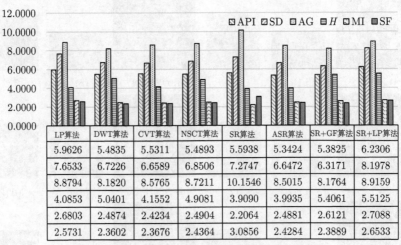

	LP算法	DWT算法	CVT算法	NSCT算法	SR算法	ASR算法	SR+GF算法	SR+LP算法
	5.9626	5.4835	5.5311	5.4893	5.5938	5.3424	5.3825	6.2306
	7.6533	6.7226	6.6589	6.8506	7.2747	6.6472	6.3171	8.1978
	8.8794	8.1820	8.5765	8.7211	10.1546	8.5015	8.1764	8.9159
	4.0853	5.0401	4.1552	4.9081	3.9090	3.9935	5.4061	5.5125
	2.6803	2.4874	2.4234	2.4904	2.2064	2.4881	2.6121	2.7088
	2.5731	2.3602	2.3676	2.4364	3.0856	2.4284	2.3889	2.6533

图 7.30　第一组融合结果的客观评价指标 (A 组)

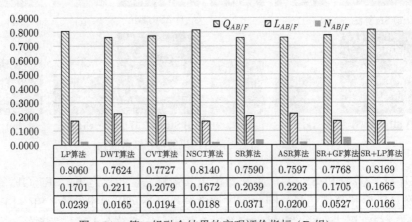

	LP算法	DWT算法	CVT算法	NSCT算法	SR算法	ASR算法	SR+GF算法	SR+LP算法
	0.8060	0.7624	0.7727	0.8140	0.7590	0.7597	0.7768	0.8169
	0.1701	0.2211	0.2079	0.1672	0.2039	0.2203	0.1705	0.1665
	0.0239	0.0165	0.0194	0.0188	0.0371	0.0200	0.0527	0.0166

图 7.31　第一组融合结果的客观评价指标 (B 组)

从图 7.30、图 7.32 和图 7.34 可以看出，SR+LP 算法在 API、SD、AG、H 和 MI 这几个方面的性能都是最好的，这意味着该算法具有优良的保留细节信息的能力。在图 7.30 中，对于指标 AG 和 SF 而言，块效应的问题才导致 SR 算法的指标数值优于 SR+LP 算法。由图 7.31 可知，SR 算法的 $N_{AB/F}$ 数值最大，说明该算法的融合结果存在一些伪影，且融合结果过于平滑导致其丢失了大量内部细节，仔细观察图 7.27~图 7.29 中的子图 (g) 就可以验证这一点。在图 7.32 和图 7.34 中，CVT 算法的 H 指标数值最大，说明该算法在保存信息方面有很好的性能，但在图 7.24~图 7.26 中也能观察到，一些融合结果依旧存在少量的伪影和噪声。从图 7.32 中可知，此时 SR+GF 算法的评价指标 AG 和 SF 数值较高，而其他情况的表现均不突出。

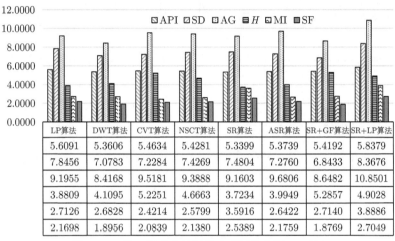

	LP算法	DWT算法	CVT算法	NSCT算法	SR算法	ASR算法	SR+GF算法	SR+LP算法
API	5.6091	5.3606	5.4634	5.4281	5.3399	5.3739	5.4192	5.8379
SD	7.8456	7.0783	7.2284	7.4269	7.4804	7.2760	6.8433	8.3676
AG	9.1955	8.4168	9.5181	9.3888	9.1603	9.6806	8.6482	10.8501
H	3.8809	4.1095	5.2251	4.6663	3.7234	3.9949	5.2857	4.9028
MI	2.7126	2.6828	2.4214	2.5799	3.5916	2.6422	2.7140	3.8886
SF	2.1698	1.8956	2.0839	2.1380	2.5389	2.1759	1.8769	2.7049

图 7.32　第二组融合结果的客观评价指标 (A 组)

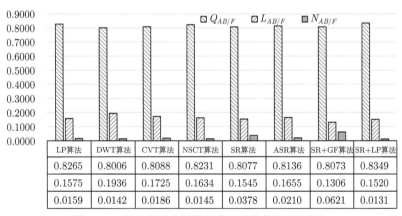

	LP算法	DWT算法	CVT算法	NSCT算法	SR算法	ASR算法	SR+GF算法	SR+LP算法
$Q_{AB/F}$	0.8265	0.8006	0.8088	0.8231	0.8077	0.8136	0.8073	0.8349
$L_{AB/F}$	0.1575	0.1936	0.1725	0.1634	0.1545	0.1655	0.1306	0.1520
$N_{AB/F}$	0.0159	0.0142	0.0186	0.0145	0.0378	0.0210	0.0621	0.0131

图 7.33　第二组融合结果的客观评价指标 (B 组)

　　从图 7.31、图 7.33 和图 7.35 可以看出，SR+LP 算法在 $Q_{AB/F}$、$L_{AB/F}$ 和 $N_{AB/F}$ 指标上有最优或次优的结果，这说明该算法保留了输入图像中最多的信息，并很好地保留了输入图像的边缘和结构，并且在融合过程中产生阴影最少。图 7.31、图 7.33 和图 7.35 中的其他结果表明，SR+LP 算法得到的融合结果产生的噪声或伪影最少, 总体上具有较好的性能。通过以上对融合结果的分析, 可以得出, SR+LP 算法比其他融合算法具有更好的性能。

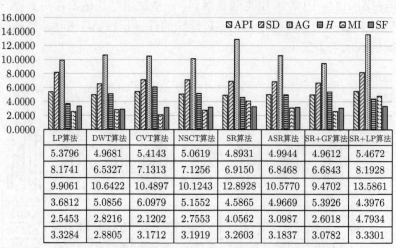

图 7.34　第三组融合结果的客观评价指标 (A 组)

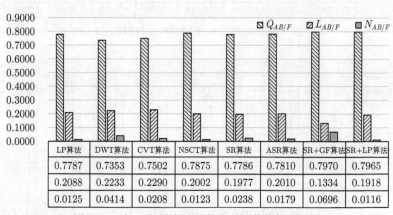

图 7.35　第三组融合结果的客观评价指标 (B 组)

在诊断前, CT 图像和 MRI 图像的融合结果需由医生仔细观察, 才能给患者准确的诊断。因此, 多模态医学图像融合的评价不仅要考虑评价指标的优劣, 还要考虑图像效果是否符合人类视觉系统。通过对比图 7.24~图 7.26、图 7.27~图 7.29 和图 7.30~图 7.35, 无论是主观评价还是客观评价, 都可以发现 SR+LP 算法优于 SR+GF 算法, 并且也超过其他融合算法: LP、DWT、CVT、NSCT、SR 和 ASR。因此, 在本节提出的 SR+GF 和 SR+LP 两种算法中 SR+LP 算法具有较好的实际应用价值。

参 考 文 献

[1] Thomas C, Ranchin T, Wald L, et al. Synthesis of multispectral images to high spatial resolution: A critical review of fusion methods based on remote sensing physics[J]. IEEE Transactions on Geoscience and Remote Sensing, 2008, 46(5): 1301-1312.

[2] James A P, Dasarathy B V. Medical image fusion: A survey of the state of the art[J]. Information Fusion, 2014, 19: 4-19.

[3] Toet A. A morphological pyramidal image decomposition[J]. Pattern Recognition Letters, 1989, 9(4): 255-261.

[4] Petrovic V S, Xydeas C S. Gradient-based multiresolution image fusion[J]. IEEE Transactions on Image Processing, 2004, 13(2): 228-237.

[5] Sundar K J A, Jahnavi M, Lakshmisaritha K. Multi-sensor image fusion based on empirical wavelet transform[C]. 2017 International Conference on Electrical, Electronics, Communication, Computer, and Optimization Techniques, Mysuru, 2017: 93-97.

[6] Liu Y, Wang Z F. Multi-focus image fusion based on sparse representation with adaptive sparse domain selection[C]. 7th International Conference on Image and Graphics, Qingdao, 2013: 591-596.

[7] Nencini F, Garzelli A, Baronti S, et al. Remote sensing image fusion using the curvelet transform[J]. Information Fusion, 2007, 8(2): 143-156.

[8] Zhang Q, Guo B L. Multifocus image fusion using the nonsubsampled contourlet transform[J]. Signal Processing, 2009, 89(7): 1334-1346.

[9] Marshall S, Matsopoulos G K, Brunt J N H. Multiresolution morphological fusion of MR and CT images of the human brain[C]. IEE Colloquium on Multiresolution Modelling and Analysis in Image Processing and Computer Vision, London, 1995: 1-5.

[10] Mao R, Fu X S, Niu P J, et al. Multi-directional Laplacian pyramid image fusion algorithm[C]. 2018 3rd International Conference on Mechanical, Control and Computer Engineering, Huhhot, 2018: 568-572.

[11] Patil U, Mudengudi U. Image fusion using hierarchical PCA[C]. 2011 International Conference on Image Information Processing, Shimla, 2011: 1-6.

[12] Sahu A, Bhateja V, Krishn A, et al. Medical image fusion with Laplacian pyramids[C]. International Conference on Medical Imaging, Greater Noida, 2014.

[13] Du J, Li W S, Xiao B, et al. Union Laplacian pyramid with multiple features for medical image fusion[J]. Neurocomputing, 2016, 194(19): 326-339.

[14] Kou L, Zhang L G, Zhang K J, et al. A multi-focus image fusion method via region mosaicking on Laplacian pyramids[J]. PLoS One, 2018, 13(5): e0191085.

[15] Zhang C F, Yi L Z, Feng Z L, et al. Multimodal image fusion with adaptive joint sparsity model[J]. Journal of Electronic Imaging, 2019, 28(1): 1.

[16] Mao R, Fu X S, Niu P J, et al. Multi-directional Laplacian pyramid image fusion algorithm[C]. 2018 3rd International Conference on Mechanical, Control and Computer Engineering, Huhhot, 2018: 568-572.

[17] 晁锐, 张科, 李言俊. 一种基于小波变换的图像融合算法 [J]. 电子学报, 2004, 32(5): 750-753.

[18] 夏明革, 何友, 苏峰. 基于多小波分析的图像融合算法 [J]. 电光与控制, 2005, 12(2): 19-21, 30.

[19] Li L H. Research on multi-source image fusion method based on FCM and wavelet transform[C]. The International Conference on Cyber Security Intelligence and Analytics, Shenyang, 2019: 1371-1376.

[20] Guo L Q, Cao X, Liu L. Dual-tree biquaternion wavelet transform and its application to color image fusion[J]. Signal Processing, 2020, 171: 107513.

[21] Yan Y, Li L, Fubo, et al. Image fusion based on principal component analysis in dual-tree complex wavelet transform domain[C]. International Conference on Wavelet Active Media Technology and Information Processing, Chengdu, 2012: 70-73.

[22] Nencini F, Garzelli A, Baronti S, et al. Remote sensing image fusion using the curvelet transform[J]. Information Fusion, 2007, 8(2): 143-156.

[23] 宋江山, 徐建强, 司书春. 改进的曲波变换图像融合方法 [J]. 中国光学与应用光学, 2009, 2(2): 145-149.

[24] 贺养慧. 一种基于多通道滤波的曲波变换图像融合算法 [J]. 吕梁学院学报, 2012, 2(2): 13-17.

[25] 张慧, 常莉红, 马旭, 等. 一种基于曲波变换与引导滤波增强的图像融合方法 [J]. 吉林大学学报 (理学版), 2020, 58(1): 113-119.

[26] 颜正恕, 王璟. 基于非下采样轮廓波变换耦合对比度特征的遥感图像融合算法 [J]. 电子测量与仪器学报, 2020, 34(3): 28-35.

[27] Du J, Li W S, Lu K, et al. An overview of multi-modal medical image fusion[J]. Neurocomputing, 2016, 215(26): 3-20.

[28] Elad M, Aharon M. Image denoising via sparse and redundant representations over learned dictionaries[J]. IEEE Transactions on Image Processing, 2006, 15(12): 3736-3745.

[29] Yang J C, Wright J, Huang T S, et al. Image super-resolution via sparse representation[J]. IEEE Transactions on Image Processing, 2010, 19(11): 2861-2873.

[30] Dong W S, Zhang L, Shi G M, et al. Image deblurring and super-resolution by adaptive sparse domain selection and adaptive regularization[J]. IEEE Transactions on Image Processing, 2011, 20(7): 1838-1857.

[31] Townsend D W, Beyer T. A combined PET/CT scanner: The path to true image fusion[J]. The British Journal of Radiology, 2002, 75(9): S24.

[32] Yang B, Li S T. Multifocus image fusion and restoration with sparse representation[J]. IEEE Transactions on Instrumentation and Measurement, 2010, 59(4): 884-892.

[33] Yin H T, Li S T, Fang L Y. Simultaneous image fusion and super-resolution using sparse representation[J]. Information Fusion, 2013, 14(3): 229-240.

[34] Yang B, Li S T. Pixel-level image fusion with simultaneous orthogonal matching pursuit[J]. Information Fusion, 2012, 13(1): 10-19.

[35] Yin H T, Li S T. Multimodal image fusion with joint sparsity model[J]. Optical Engineering, 2011, 50(6): 67007.

[36] Liu Y, Wang Z F. Multi-focus image fusion based on sparse representation with adaptive sparse domain selection[C]. 7th International Conference on Image and Graphics, Qingdao, 2013: 591-596.

[37] Yu N N, Qiu T S, Bi F, et al. Image features extraction and fusion based on joint sparse representation[J]. IEEE Journal of Selected Topics in Signal Processing, 2011, 5 (5): 1074-1082.

[38] Piella G, Heijmans H. A new quality metric for image fusion[C]. International Conference on Image Processing, Barcelona, 2003.

[39] Aharon M, Elad M, Bruckstein A. K-SVD: An algorithm for designing overcomplete dictionaries for sparse representation[J]. IEEE Transactions on Signal Processing, 2006, 54(11): 4311-4322.

[40] Shen R, Cheng I, Basu A. Cross-scale coefficient selection for volumetric medical image fusion[J]. IEEE Transactions on Bio-medical Engineering, 2013, 60(4): 1069-1079.

[41] Barra V, Boire J Y. A general framework for the fusion of anatomical and functional medical images[J]. Neuroimage, 2001, 13(3): 410-424.

[42] Wang Y P, Dang J W, Li Q, et al. Multimodal medical image fusion using fuzzy radial basis function neural networks[C]. International Conference on Wavelet Analysis and Pattern Recognition, Beijing, 2007: 778-782.

[43] Javed U, Riaz M M, Ghafoor A, et al. MRI and PET image fusion using fuzzy logic and image local features[J]. The Scientific World Journal, 2014(5): 708075.

[44] Bhatnagar G, Wu Q M J, Liu Z. Human visual system inspired multi-modal medical image fusion framework[J]. Expert Systems with Applications, 2013, 40(5): 1708-1720.

[45] Zhang Q P, Tang W J, Lai L L, et al. Medical diagnostic image data fusion based on wavelet transformation and self-organising features mapping neural networks[C]. 2004 International Conference on Machine Learning and Cybernetics, Shanghai, 2004: 2708-2712.

[46] Liu Z D, Yin H P, Chai Y, et al. A novel approach for multimodal medical image fusion[J]. Expert Systems with Applications, 2014, 41(16): 7425-7435.

[47] Li W, Zhu X F. A new image fusion algorithm based on wavelet packet analysis and PCNN[C]. International Conference on Machine Learning and Cybernetics, Guangzhou, 2005: 5297-5301.

[48] Wang N Y, Ma Y D, Zhan K, et al. Multimodal medical image fusion framework based on simplified PCNN in nonsubsampled contourlet transform domain[J]. Journal of Multimedia, 2013, 8(3): 270-276.

[49] Daneshvar S, Ghassemian H. MRI and PET images fusion based on human retina model[J]. 浙江大学学报: A卷英文版, 2007(10): 1624-1632.

[50] Jang J H, Bae Y, Ra J B. Contrast-enhanced fusion of multisensor images using subband-decomposed multiscale retinex[J]. IEEE Transactions on Image Processing, 2012, 21(8): 3479-3490.

[51] Vijayarajan R, Muttan S. Iterative block level principal component averaging medical image fusion[J]. Optik-International Journal for Light and Electron Optics, 2014, 125 (17): 4751-4757.

[52] Starck J L, Elad M, Donoho D L. Image decomposition via the combination of sparse representations and a variational approach[J]. IEEE Transactions on Image Processing, 2005, 14(10): 1570-1582.

[53] Jameel A, Ghafoor A, Riaz M M. Wavelet and guided filter based multifocus fusion for noisy images[J]. Optik-International Journal for Light and Electron Optics, 2015, 126 (23): 3920-3923.

[54] Zhang S, Huang F, Liu B, et al. A multi-modal image fusion framework based on guided filter and sparse representation[J]. Optics and Lasers in Engineering, 2021, 137: 106354.

[55] Wang Z B, Chen L N, Li J, et al. Multi-focus image fusion with random walks and guided filters[J]. Multimedia Systems, 2019, 25(4): 323-335.

[56] Yang C, Zhang J Q, Wang X R, et al. A novel similarity based quality metric for image fusion[J]. Information Fusion, 2008, 9(2): 156-160.

[57] Qu G H, Zhang D L, Yan P F. Information measure for performance of image fusion[J]. Electronics Letters, 2002, 38(7): 313-315.

[58] Xydeas C S, Petrovic V. Objective image fusion performance measure[J]. Military Technical Courier, 2000, 56(4): 181-193.

[59] Sundar K J A, Jahnavi M, Lakshmisaritha K. Multi-sensor image fusion based on empirical wavelet transform[C]. 2017 International Conference on Electrical, Electronics, Communication, Computer, and Optimization Techniques, Mysuru, 2017: 93-97.

[60] Lewis J J, O' Callaghan R J, Nikolov S G, et al. Pixel- and region-based image fusion with complex wavelets[J]. Information Fusion, 2007, 8(2): 119-130.

[61] Nencini F, Garzelli A, Baronti S, et al. Remote sensing image fusion using the curvelet transform[J]. Information Fusion, 2007, 8(2): 143-156.

[62] Zhang Q, Guo B L. Multifocus image fusion using the nonsubsampled contourlet transform[J]. Signal Processing, 2009, 89(7): 1334-1346.

[63] Zhang C F, Yi L Z, Feng Z L, et al. Multimodal image fusion with adaptive joint sparsity model[J]. Journal of Electronic Imaging, 2019, 28(1): 013043.